大数据与人工智能技术丛书

文本数据挖掘与Python应用

◎ 刘金岭 钱升华 编著

清华大学出版社
北京

内 容 简 介

本书共分为7章，内容包括文本挖掘概念、文本挖掘预处理技术、文本表示模型、文本分类、文本聚类、文本关联分析及其简单的应用，利用Python语言进行文本数据分析，将文本挖掘的理论与实践相结合。本书用通俗的语言和实例解释了抽象的概念，将抽象概念融合到具体的案例中，便于读者理解和掌握。在编写过程中，力求做到语言精练、概念清晰、取材合理、深入浅出、突出应用。

本书可作为高等院校相关课程的教材及从事相关研究的入门读本，也可作为从事相关技术研发人员的参考书籍。

图书在版编目(CIP)数据

文本数据挖掘与Python应用/刘金岭，钱升华编著. —北京：清华大学出版社，2021.1（2024.2重印）
（大数据与人工智能技术丛书）
ISBN 978-7-302-55786-9

Ⅰ. ①文… Ⅱ. ①刘… ②钱… Ⅲ. ①数据采集 ②软件工具－程序设计 Ⅳ. ①TP274 ②TP311.561

中国版本图书馆CIP数据核字(2020)第105314号

策划编辑：魏江江
责任编辑：王冰飞　吴彤云
封面设计：刘　键
责任校对：时翠兰
责任印制：丛怀宇

出版发行：清华大学出版社
网　　址：https://www.tup.com.cn，https://www.wqxuetang.com
地　　址：北京清华大学学研大厦A座　　**邮　　编**：100084
社 总 机：010-83470000　　**邮　　购**：010-62786544
投稿与读者服务：010-62776969，c-service@tup.tsinghua.edu.cn
质量反馈：010-62772015，zhiliang@tup.tsinghua.edu.cn
课件下载：https://www.tup.com.cn，010-83470236
印 装 者：天津鑫丰华印务有限公司
经　　销：全国新华书店
开　　本：185mm×260mm　　**印　　张**：12.25　　**字　　数**：279千字
版　　次：2021年3月第1版　　**印　　次**：2024年2月第7次印刷
印　　数：11001～13000
定　　价：49.80元

产品编号：083669-01

前言

党的二十大报告中指出：教育、科技、人才是全面建设社会主义现代化国家的基础性、战略性支撑。必须坚持科技是第一生产力、人才是第一资源、创新是第一动力，深入实施科教兴国战略、人才强国战略、创新驱动发展战略，这三大战略共同服务于创新型国家的建设。高等教育与经济社会发展紧密相连，对促进就业创业、助力经济社会发展、增进人民福祉具有重要意义。

随着互联网和移动通信技术的快速发展和普及应用，文本挖掘技术备受关注，尤其随着云计算、大数据和深度学习等一系列新技术的广泛使用，文本挖掘技术已经在众多领域(如舆情分析、医疗和金融数据分析等)发挥了重要作用，具有广阔的应用前景。

目前许多教材都是针对英文文本挖掘编写的，笔者将研究对象锁定在中文文本处理，系统讲述了中文文本理解的基本理论，列举研究成果，使之更加适合作为中文文本理解的工具书。本书的参考文献给出了许多中文信息处理的资源，读者可以由此找到所需的中文语料和工具集。

本书以中文文本数据为处理对象，对文本挖掘中的若干经典算法进行了阐述，主要包括分词、特征提取、文本表示、文本分类、文本聚类和文本关联规则。作为应用，第7章利用 Python 给出了处理文本数据的几个简单案例。

Python 在数据挖掘和数据分析方面有着强大的功能，尤其是含有许多调用库，基本上已经达到了应有尽有的程度。例如，NumPy(Numeric Python)提供了许多高级的数值编程工具，如矩阵数据类型、矢量处理，以及精密的运算库，这些是 Python 的一种开源的数值计算扩展。此外，还有基于 Python 的机器学习模块 sklearn(Scikit-Learn)等，所以 Python 用起来非常方便。在中文文本处理方面 Python 提供了比较成熟的 jieba 中文词库，以及用 Python 编写的类库 SnowNLP，可以方便地处理中文文本内容。

本书的 Python 实验是利用 Python 3.6(64 位)完成的。

本书配套资源丰富，包括教学大纲、教学课件、电子教案、习题答案、实验指导和教学进度表，扫描封底的“课件下载”二维码，在公众号“书圈”下载；本书还提供程序源码，扫描目录上方的二维码下载。

本书的编写得到了蔡博、郭倩倩和王红老师的大力帮助，在此一并向他们表示衷心的感谢！

由于笔者知识水平有限，如有欠妥之处，敬请批评、指正。

刘金岭　钱升华

2020年8月

目 录

源码下载

第 1 章

绪 论

文本挖掘是从数据挖掘发展而来的，因此，其定义与我们熟知的数据挖掘类似。但与传统的数据挖掘相比，文本挖掘有其独特之处，主要表现在：文档本身是半结构化或非结构化的，无确定形式并且缺乏机器可理解的语义；而数据挖掘的对象以数据库中的结构化数据为主，并利用关系表等存储结构发现知识。因此，有些数据挖掘技术并不适用于文本挖掘，即使可用，也需要建立在对文本集预处理的基础之上。

1.1 文本挖掘的研究背景及意义

据中国互联网络信息中心(China Internet Network Information Center，CNNIC)2019 年 2 月发布的第 43 次《中国互联网络发展状况统计报告》显示，截至 2018 年 12 月，我国网民规模达 8.29 亿，普及率达 59.6%，较 2017 年底提升 3.8 个百分点。这预示着随着互联网的飞速发展和大规模普及以及企业信息化程度的提高，互联网上的信息资源将呈爆炸式增长。毋庸置疑，互联网信息量的迅猛增加不断地扩大人们的视野。然而，信息产生的速度远远超过了人们收集信息、利用信息的速度，使人们无法快速有效地查找到自己真正感兴趣的信息，从而造成了时间、资金和精力的巨大浪费。

我们知道，只要是信息资源存在的地方，就很可能存在有价值的知识，这些信息聚集地也就成为传统数据挖掘的用武之地。但是，网络信息最自然的形式是文本，再现信息往往也是以文本形式呈现或者可以转化为文本形式。有研究表明，网络中超过 80%的信息包含于文本文档中。由于文本数据具有无标签性、半结构性、非结构性、高维性、非均匀性和动态性等特性，传统的数据挖掘往往对此无能为力。这就导致了所谓的"信息爆炸但知识相对匮乏"现象，极大地打击了人们充分利用互联网海量文本信息资源的积极性。因此，人们在为能够获得如此丰富的信息资源而欢欣鼓舞的同时，也因无法有效地利用这些海量文本资源而深感惋惜。面对这一问题,一个极富挑战性的课题——如何高效地组织处理和管理这些文本大数据信息并快速、准确、全面地从中获得所需要的信息,成为学术界和企业界十分关注的焦点。在此背景下,文本挖掘应运而生并逐渐成为研究热点。

文本挖掘能够对 Web 上大量文档集合的内容进行关联分析、总结、分类、聚类,以及利用 Web 文档进行趋势预测等,这些功能可以使人们比较准确地找到需要的资料,节约检索时间,提高 Web 文档的利用价值。总的来说,文本挖掘有利于检索结果的组织和加速检索过程,对人们充分利用网络资源意义重大。

1.2 文本挖掘的国内外研究现状

对于文本挖掘的研究工作,国外开展得比较早。20 世纪 50 年代末,H. P. Luhn 在这一领域进行了开创性的研究,提出了词频统计思想,用于自动分类。1960 年,Maron 发表了关于自动分类的第一篇论文,随后,以 K. Spark、G. Salton 和 K. S. Jones 等为代表的学者也在这一领域进行了卓有成效的研究工作。目前,国外的文本挖掘研究已经从实验阶段进入实用化阶段。著名的文本工具有以下几种。

(1) IBM 公司的文本智能挖掘机,其主要功能是文本特征提取、文档聚类、文档分类和检索;支持 16 种语言多种格式的文本检索;采用深层次的文本分析和索引方法;支持全文搜索和索引搜索;搜索条件可以是自然语言和布尔逻辑条件;采用 Client/Server 结构;支持大量并发用户做检索任务,联机更新索引。

(2) Autonomy 公司的核心产品 Concept Agents,经过训练以后,能够自动从文本中抽取概念。

(3) TelTech 公司的 TelTech 提供专家服务、专业文献检索服务及产品与厂商检索服务,TelTech 成功的关键是建立了高性能的知识结构。

文本挖掘属于新兴的前沿技术领域,相对于国外,我国学术界正式引入文本挖掘的概念并开展针对中文的文本挖掘研究是最近几年才开始的。从公开发表的代表性研究成果来看,在文本挖掘方面,我国目前还处于积极吸收国外有关技术理论和小规模实验阶段,工作主要集中在高等院校、科研院所和信息公司,现已取得了以下一些成果。

(1) 清华大学计算机科学与技术系的汉语基本名词短语分析模型、识别模型、文本词义标注、语言建模、分词歧义算法、上下文无关分析、语素和构词研究等。

(2) 中国科学院计算机语言信息工程中心的陈肇雄研究员及其课题组在汉语分词、自然语言接口、句法分析、语义分析、音字转换等方面做出了突破性贡献。

(3) 哈尔滨工业大学计算机科学与工程系研究的自动文摘、音字转换、手写汉字识别、自动分词、中文词句快速查找系统等。

(4) 上海交通大学计算机科学与工程系研究的语句语义、自然语言模型、构造语义解释模型(增量式)、范例推理、树形分层数据库方法(非结构化数据知识方法)等。

(5) 东北大学计算机学院的中文信息自动抽取、词性标注、汉语文本自动分类模型等。

目前，对文本挖掘的理论方法和技术实现，国内外都在进行深入的研究和探讨。研究表明，文本挖掘技术可以应用于以下几个方面。

(1) 信息智能代理。主要为分布式信息网络环境下的信息查询服务。用户可以不知道所要检索的信息的具体形式和存储于何地或何种介质中，只要用户提出查找要求，文本挖掘技术就会自动把信息源中各种形式的相关信息都检索出来。

(2) 文本信息文摘。用包括题目和具有代表性的关键词进行抽取、计算和表达，自动选择重要的句子，产生文本信息摘要。

(3) 基于内容检索。传统的基于几个关键词的检索很难描述具有丰富内涵的信息，而文本挖掘采用基于内容的检索技术，可以从文本信息中抽取一些更为详细的、经过特殊加工的特征信息，大大提高了信息检索的全面性和准确性。

(4) 信息过滤。根据用户需要，通过对多个不同信息集之间的比较进行信息过滤，产生适量的、合乎用户需求的信息。

我国在文本挖掘方面，特别是其商业化应用方面的研究仍明显落后于国外，因此，如何尽快提高我国的文本挖掘研究水平以及应用能力，是计算机科学领域迫切需要研究的重要课题之一。

1.3　文本挖掘概述

文本挖掘的根本价值在于能把从文本中抽取出的特征词进行量化来表示文本信息，将它们从一个无结构的原始文本转化为结构化的、计算机可以识别处理的信息，即对文本进行科学的抽象，建立它的数学模型，用以描述和代替文本，使计算机能够通过对这种模型的计算和操作实现对文本的识别。

1.3.1　文本挖掘的概念

文本挖掘属于多交叉科学研究领域，它涉及数据挖掘、信息检索、自然语言处理、计算机语言学、机器学习、模式识别、人工智能、统计学、计算机网络技术、信息学等多个领域，不同专业的学者从各自的研究目的与领域出发，对其含义有不同的理解，并且应用目的不同，文本挖掘研究的侧重点也不同。目前，文本挖掘作为数据挖掘的一个新分支，引起了国内外学者的广泛关注。对于它的定义，目前尚无定论，这需要国内外学者进行更多的研究以对其进行精确定义。

文本数据是大规模自然语言文本的集合，是面向人的，可以被人部分理解，但不能被人充分利用，它具有自然语言固有的模糊性与歧义性，有大量的噪声和不规则结构，而文本信息是从文本数据中抽取出来的、机器可读的、具有一定格式的、无歧义的、呈显性关系的集合。

文本挖掘是指从大量文本数据中抽取事先未知的、可理解的、最终可用的信息或知识的过程。

文本挖掘又称为文本知识发现。文本数据挖掘的主要目的是从非结构化文本数据中提取满足需求的、有价值的模式和知识，可以看成传统数据挖掘或知识发现的扩展。不过，文本挖掘超出了信息检索的范畴，它主要是发现某些文字出现的规律以及文字与语义、语法间的联系，用于自然语言的处理，如机器翻译、信息检索、信息过滤等。

当然，文本挖掘的很多思路和研究方向来源于对数据挖掘的研究。由此发现，文本挖掘系统和数据挖掘系统在高层次结构上会表现出许多相似之处。例如，这两个系统都依赖于预处理过程、模式发现算法以及表示层元素。此外，文本挖掘在核心知识发现操作中采用了很多独特的模式类型，这些模式类型与数据挖掘的操作有所不同。

1.3.2 文本挖掘的任务

文本挖掘一词出现于1998年第10届欧洲机器学习会议上。Kodratoff认为文本挖掘的目的是从文本集合中，试图在一定的理解水平上尽可能多地提取知识。

1. 文本挖掘预处理

有效的文本挖掘操作依赖于先进的数据预处理方法。事实上，为了从原始非结构化数据源给出或抽取结构化表示，文本挖掘可以说是非常依赖于各种预处理技术，甚至在某种程度上，文本挖掘可由这些预处理技术定义。当然，对于文本挖掘，为了处理原始的非结构化数据，需要不同的预处理技术。

文本挖掘预处理技术的类别繁多。所有方法都以某种方式试图使文本结构化，从而使文本集结构化。所以，同时使用不同的预处理技术从原始文本数据中产生结构化的文本表示是很常见的。

不同的任务所使用的算法通常是不同的，相同的算法也可用于不同的任务。例如，隐马尔可夫模型(Hidden Markov Model，HMM)既可用于词性(Part of Speech，POS)标注，也可用于命名实体(Name Entity，NE)抽取。

不同技术的结合并不是简单地将结果结合，可通过词的语法作用解决词性标注歧义问题，可使用特定领域信息解决结构模糊的问题。

此外，任何文本的大部分内容都不包含有价值的信息，但在最终被丢弃前必须通过所有的处理阶段。

2. 文本模式挖掘

文本挖掘系统的核心功能表现为分析一个文本集合中的各个文本之间概念共同出现的模式。实际上，文本挖掘系统依靠算法和启发式方法跨文本考虑概念分布、频繁项以及各种概念的关联，其目的是使用户发现概念的种类和关联，这种概念的种类和关联是文本集合作为一个整体反映出来的。

一般来说，信息不是任何单个文本提供的，而是文本集合作为一个整体所提供的。模式分析的文本挖掘方法致力于在整个语料库中发现概念之间的关联。

基于大规模和高维度特征集的文本挖掘方法，通常生成大量的模式，这将导致在识别模式时出现严重的问题。这个问题比目标是结构化的数据源的数据挖掘应用所面临的问题还要严重得多。

对于文本挖掘系统，一项主要的操作任务是通过提供求精功能使用户能够限制模式过剩，这种求精功能的关键是对搜索结果采取各种特殊的"兴趣度"措施，可以阻止用户得到过多无法理解的搜索结果。

模式过剩的问题可能存在于所有的知识发现活动中，这个问题在遇到巨大规模的文本集合的时候被简单地放大了。因此，文本挖掘系统必须为用户提供不仅相关而且容易处理的结果集。

3. 挖掘结果可视化

挖掘结果可视化是文本挖掘系统的表示层，简称浏览，充当执行系统的核心知识发现算法的后处理，目前的大多数文本挖掘系统都支持浏览，这种浏览是动态的和基于内容的。浏览是通过特定文本集合对实际原文内容加以引导，而不是通过严格预先定义的结构。一般来说，以层次结构形式用图形来表示概念模式可以方便用户浏览，这种层次结构形式通过为科学研究有效地组织概念来改善交互性能。

文本挖掘系统将面对用户从潜在巨大的文本集合中获取的极其庞大的概念集。因此，文本挖掘系统必须能够使用户跨越这些概念，随时可以选择以"图"的方式浏览文本集概貌或局部细节。

文本挖掘系统使用可视化工具，便于导航和概念模式的搜寻。这些工具使用各种图形化的方法来表达复杂的数据关联。过去，文本挖掘的可视化工具或产生静态的图形和图表，它们是模式的重要且严格的快照，在屏幕上显示或打印机上打印产生的报告。现在的文本挖掘系统越来越依赖于查询结果的高度交互式图形表示方法，这些方法允许用户拖动、单击或与概念模式的图形表示直接交互。

许多文本挖掘系统的设计人员不再限制用户仅能运行一定数量的、固定的、预先程序化的搜索问题。实际上，对用户开放查询语言可以使用户能够直接使用更多的搜索功能。这种开放可以通过语言接口查询或命令行查询的方式来实现。

此外，对于一些特殊的应用或任务，文本挖掘的前端可以通过一套聚类工具(详见第5章)提供给用户聚簇概念的能力。文本挖掘系统允许用户为概念或概念之间的关联自定义概念配置文件，从而为交互式的搜索提供更加丰富的知识环境。

最后，一些文本挖掘系统提供了用户操作、创建和关联等求精约束的能力，以辅助用户浏览，并得到更有用的结果集。在使用这些求精约束时，可以通过结合诸如下拉列表、单选按钮、文本框和选项列表之类的图形元素使用户界面变得更加友好。

1.3.3 文本挖掘与数据挖掘的联系与区别

目前，文本挖掘已经成为数据挖掘的一个重要研究方向，但它又区别于传统数据挖掘。传统数据挖掘面对的是结构化非文本数据，采用的大多是非常明确的定量方法，其过程包括数据取样、文本特征提取、模型选择、问题归纳和知识发现。而文本挖掘是以非结构化和模糊的文本数据为研究对象，利用定量计算和定性分析的办法，从中寻找信息的结构、模型、模式等隐含的具有潜在价值的新知识的过程。由于文本数据的快速增长，文本挖掘的重要性也日益增强，同时由于文本数据具有不同于一般数据的无结构或半结构化、高维数等特点，所以原来的数据挖掘的某些算法不再适用于文本挖掘。文本挖掘比传统数据挖掘要复杂得多,挖掘方法也不同于传统数据挖掘,可以把它看成传统数据挖掘或传统数据库中的知识发现的扩展,它经常使用的方法来源于自然语言处理、Web技术、人工智能、统计学、信息抽取、聚类、分类、可视化、数据库技术、机器学习、数据挖掘以及软计算理论等。

文本挖掘从数据挖掘发展而来,它是数据挖掘的一个分支,二者在各方面都存在一些差异,如表1.1所示。

表1.1 数据挖掘与文本挖掘的比较

比较项	数据挖掘	文本挖掘
研究对象	用数字表示的结构化数据	无结构或半结构化的文本
对象结构	关系数据库	自由开放的文本
目标	获取知识,建立应用模型预测以后的状态	提取概念和知识
方法	归纳学习、决策树、神经网络、关联规则等	提取短语、形成概念、关联分析、聚类、分类等
成熟度	从1994年开始得到广泛应用	从2000年开始得到广泛应用

1.4 文本挖掘的过程

文本挖掘的过程一般从收集文档开始,然后依次为分词、文本特征提取和文本表示、文本特征选择、模式或知识挖掘、结果评价、模式或知识输出。文本挖掘的一般过程如图1.1所示。

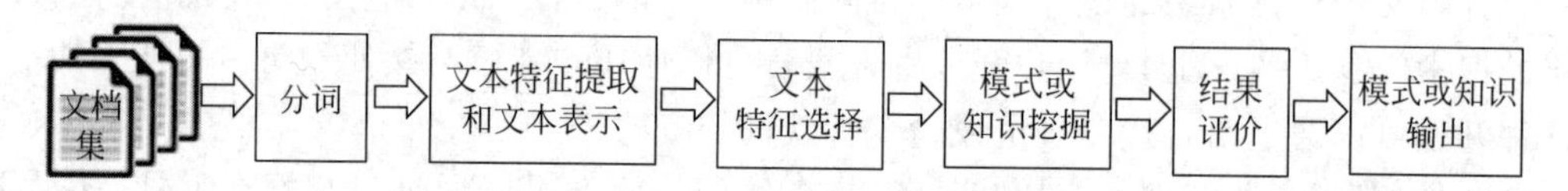

图1.1 文本挖掘的一般过程

(1) 文档收集。这个阶段进行数据采集,主要是收集和挖掘与任务有关的文本数据。

(2) 分词。获得文本数据后不能直接对其应用,还需进行适当的处理,原因在于文本挖掘所处理的是非结构化的文本,它经常使用的方法来自自然语言理解领域,计算机很难处理其语义,现有的数据挖掘技术无法直接对其应用。这就要求对文本进行处理,抽取代表其特征的元数据,这些文本特征可以用结构化的形式保存,作为文档的中间表示形式,形成文本特征库。而对于中文文档,由于中文词与词之间没有固定的间隔符,需要进行分词处理。目前主要存在两种分词技术:基于词库的分词技术和无词典分词技术。对于这两种技术,已有多种成熟的分词算法。

(3) 文本特征提取和文本表示。文本数据集经过分词后由大量文本特征组成,并不是每个文本特征对文本挖掘任务都有益,因此,必须选择那些能够对文本进行充分表示的文本特征。在具体应用中,选择何种文本特征由综合处理速度、精度要求、存储空间等方面的具体要求来决定。

目前存在多种文本表示模型,其中最经典的就是向量空间模型(Vector Space Model,

VSM),该模型认为文本特征之间是相互独立的,因而忽略其依赖性,从而以易理解的方式对文本进行简化表示:$\boldsymbol{D}=(w_1,w_2,\cdots,w_n)$,其中 $w_k(k=1,2,\cdots,n)$ 是文档 $\boldsymbol{D}$ 的第 k 个文本特征词,两个文档 $\boldsymbol{D}_i$ 和 $\boldsymbol{D}_j$ 之间内容的相似度 $\mathrm{Sim}(\boldsymbol{D}_i,\boldsymbol{D}_j)$ 可以通过计算文档向量之间的相似性获得,一般用余弦距离作为相似性的度量方式。

(4) 文本特征选择。文本特征提取后形成的文本特征库通常包含数量巨大且冗余度较高的词,如果在这样的文本特征库中进行文本挖掘,效率无疑是低下的,为此,需要在文本特征提取的基础上进行文本特征选择,以便选择出冗余度低又具代表性的文本特征集。常用的文本特征选择方法有文档频(Document Frequency,DF)、互信息(Mutual Information,MI)、信息增益(Information Gain,IG)等,其中应用较多、效果最好的是信息增益法。

(5) 模式或知识挖掘。经过文本特征选择之后,就可根据具体的挖掘任务进行模式或知识的挖掘。常见的文本挖掘任务有文本结构分析、文本摘要、文本分类、文本聚类、文本关联分析、分布分析和趋势预测等。

(6) 结果评价。为了客观地评价所获得的模式或知识,需要对它们进行评价。现在有很多评价方法,比较常用的有准确率(Precision)和召回率(Recall)。

准确率是在全部参与分类的文本中,与人工分类结果吻合的文本所占的比率,其计算式如下。

$$\text{准确率}=\frac{\text{被正确分类的文本数}}{\text{实际参与分类的文本数}}$$

召回率是在人工分类结果应有的文本中,与分类系统吻合的文本所占的比率,其计算式如下。

$$\text{召回率}=\frac{\text{被正确分类的文本数}}{\text{分类的文本数总数}}$$

在某些情况下,我们也许需要以牺牲另一个指标为代价来最大化准确率或召回率。例如,在对患者进行随访检查的初步疾病筛查中,我们想找到所有实际患病的患者,即希望得到接近于1的召回率。如果随访检查的代价不是很高,我们可以接受较低的准确率。然而,如果我们想要找到准确率和召回率的最佳组合,可以使用F1值对两者进行结合。F1值是对准确率和召回率的调和平均,计算式如下。

$$\mathrm{F1}=2\times\frac{\text{准确率}\times\text{召回率}}{\text{准确率}+\text{召回率}}$$

对所获取的模式或知识评价,若评价结果满足一定的要求,则保存该模式或知识评价,否则,返回至以前的某个环节进行分析改进后进行新一轮的挖掘工作。

(7) 知识或模式输出。这个阶段主要是输出与具体挖掘任务有关的最终结果。

1.5 文本挖掘的主要研究领域

目前,国内外学者主要在文本特征选择、文本结构分析、文本摘要、文本分类、文本聚类、文本关联分析、分布分析与趋势预测等方面进行研究。由于目前计算机的运算能力还达不到文本挖掘研究的要求,国内外学者在这方面的研究进展都非常慢。

1.5.1 文本特征选择

文本特征选择就是从原始的文本特征集中选择具有代表性、冗余度较低的文本特征子集的过程。当以经典的向量空间模型为基础对文本挖掘进行研究,并且文本集经过文本特征抽取并用空间向量表示之后,其向量往往会达到数万维,如此高维数的文本特征集对后续的文本挖掘任务(如文本分类)是很不利的,不仅大大限制了分类算法的选择,降低了分类算法的性能,影响了分类器的设计,还增加了机器的学习时间,因此需要进行文本特征选择以避免"维数灾难"。

在文本特征选择过程中,通常设计一个文本特征评价函数,然后计算每个文本特征的评价值,如果这个评价值高于给定的阈值,则选择该文本特征,否则,放弃不用。对于文本特征选择,国外在这方面研究得比较多,尤其是用于文本分类的文本特征选择;国内主要是在国外技术的基础上研究适用于中文文本集的文本特征选择。

1.5.2 文本结构分析

文本结构分析的目的是更好地理解文本的主题思想,了解文本所表达的内容及采用的方式。它包括识别文本的标题、子标题、段落、句子、词汇以及文本层次的划分,分析文本主题与层次、段落、句子之间的关系。最终结果是建立文本的逻辑结构,即文本结构树,根节点为文本主题,内部节点和叶节点依次为层次和段落。

1.5.3 文本摘要

文本摘要是指从文档中抽取关键信息,用简洁的形式对文档内容进行解释和概括。这样,用户不需要浏览全文就可以了解文档或文档集合的总体内容。任何一篇文章总有一些主题句,大部分位于整篇文章的开头或末尾部分,而且往往是在段首或段尾。因此,文本摘要自动生成算法主要考查文本的开头和末尾,而且在构造句子的权值函数时,相应地给标题、子标题、段首和段尾的句子较大的权值,按权值大小选择句子组成相应的摘要。

1.5.4 文本分类

文本分类是文本挖掘中一种最常用、最重要的技术,它是一种有监督机器学习技术,主要让机器记住一个分类模型并利用该模型给文本分配一个或多个预先给定的类别,从而以较高的准确率加快检索或查询的速度。这样,用户不但能够方便地浏览文档,而且可以限制搜索范围,使文档的搜索更容易、快捷。

近年来,随着互联网技术的发展和普及,文本信息积累得越来越多,文本分类成为文本挖掘中的一个研究热点,出现了许多分类算法。不过,这些算法大多适用于英文文本分类,如基于案例的推理、KNN、基于中心点的分类方法等,但也有少量适用于中文文本分类的算法,如向量空间模型、朴素贝叶斯分类等。

1.5.5 文本聚类

文本分类的目的是将未知类别的文档归入预定义的类中,而文本聚类是一种无监督机器学习技术,没有预先定义的类别,目的是将文档集划分成若干个簇,要求同一簇内文档的内容尽可能相似,而不同簇间的文档内容尽可能不相似。这样看来,它们的目的基本上是一致的,只是实现的方法不同。

文本聚类也是文本挖掘中的一个研究热点,近年来出现了许多文本聚类算法,这些算法大致分为两类:层次凝聚法,以 G-HAC 算法为代表;平面划分法,以 k-means 算法为代表。由于传统文本聚类算法在搜索样本空间时具有一定的盲目性,所以它们在处理高维和海量文本数据时的效率不是很高。

1.5.6 文本关联分析

传统关联分析的目的是发现特征之间或数据之间相互依赖的关系,其中,最早研究的是关联规则挖掘。关联规则挖掘一般包括两个主要步骤:第一步是挖掘频繁项集,第二步是根据频繁项集生成关联规则。在这两个步骤中,第一步是关联规则挖掘的关键,它决定了关联规则挖掘的整体性能,因此,现有的研究都集中在该步骤,也就是频繁项集挖掘上。

在文本关联分析中,研究较多的是文本关联规则挖掘,研究的重点也是频繁项集的挖掘。通常在文本集上产生的频繁项集数量巨大,相应地,产生的规则数量也十分巨大,但是有用的规则很少。由此可见,在给定的文本集上挖掘出适合的频繁项集是一个研究难点与热点。

1.5.7 分布分析与趋势预测

分布分析与趋势预测是指通过对文档的分析,得到特定数据在某个历史时刻的情况或将来的取值趋势。Feldman 等使用多种分布模型对路透社的两万多篇新闻进行了挖掘,得到主题、国家、组织、人、股票交易之间的相对分布,揭示了一些有趣的趋势。Wuthrich 等通过分析 Web 上出版的权威性经济类文章,对每天的股票市场指数进行预测,取得了良好的效果。

鉴于篇幅关系,本书只对文本特征选择、文本分类、文本聚类和文本关联分析进行探讨。

1.6 文本挖掘在制药行业的应用案例

随着互联网技术的出现及广泛应用,越来越多的人乐于借助网络平台发表对社会政治、经济、文化生活中事务的看法。网络媒体作为一种新媒体得以迅猛发展,对于热点及重大事件,能马上形成有巨大影响力的网络舆论,进而产生强大的社会舆论压力。现代企业充分利用文本数据挖掘可以快速获得相关信息。

1. 检索科学出版物

在大量的科学出版物中,文本挖掘可以帮助我们找到相关的文章,进而节省时间和资金。

在法律上，如果在药品使用中发现了任何副作用，欧美制药公司都有义务召回其产品，并修改其传单页和其他相关文件中涉及患者的信息。除了公司自己的研究方式以外，发现副作用的主要途径便是阅读其他研究人员的科学文章。由于每年发表的文章数量庞大，手动处理所有的文章几乎是不可能的。

这样，制药公司就陷入了两难的局面：一方面，根据法律，他们有义务跟踪其产品的所有副作用，以便修改产品规格或从市场上召回其产品；另一方面，购买所有可能提到某种药物的文章是一笔昂贵的开销，更不用说需要花费时间来处理所有这些文字了。为了解决此问题，科学出版商（或与出版商有关联的数据分析公司）会根据客户（制药公司）所指定的算法和方法，提供自动化的文章检索服务。

因此，我们可以为制药行业的客户开发了一种自动化文章检索方案：运用文本挖掘平台来检索文章及其元数据，从而保证客户只为最有可能包含相关文本的文章买单。

鉴于此类任务的复杂性，针对来源于非标准化书目的数据，我们采用单独的检索方式，有时甚至需要通过机器学习去解析元数据里包含的公司地址等信息。

2. 定位社交媒体空间及产品评价

文本挖掘的相关应用有助于定位目标公司所处的社交媒体空间，并分析它在空间里的认可程度。

制药公司往往需要对自己的产品及其竞争产品进行客观的评估，以制定出独有的发展战略。在此，文本挖掘处理系统更适合应对大量的信息来源（包括学术文章、杂志、新闻、产品评论网站等），以及五花八门的产品使用评论。

3. 甄别虚假评论

我们还需要进一步将各种虚假的评论，与那些公平公正的评论区别开来。

在医药领域，“产品评论”是指那些发表在可信学术杂志上的药物检测结果。由于业界对于学术论文的标准要求比较高，因此它们很难出现“虚假评论”。但是，如果把分析目标锁定为所有可公开访问的来源（包括互联网），那么我们就必须对评论的作者和评论来源的信誉予以排名，以甄别出虚假的评论。而在学术论文领域，这被称为引文索引（Citation Index，CI）。因此，在文章检索中，我们引入了这些参考因素，并将其包含在最终的报告中，以便读者自行判定是否信任那些给出的信息源。

另一个相关但又不相同的参考因素叫作情绪分析（也称为观点挖掘）。其目标是评估作者对于给定对象的情绪态度。这同样有助于对各种评论进行分类，并且找出针对制药公司的负面舆论。

4. 优化文书工作

对于文书工作的优化，有助于制药公司了解到有哪些可用的数据和文档，并设置针对它们的快速访问。

许多企业在其规模扩大的过程中，积累了大量的知识资产。不过，这些资产往往存在结构不良、没有实现标准化等问题。各部门可能持续使用着自己保存的内部文档，或者根本就没有任何保存的意识。那么当不同的公司合并到一起时，问题就会整体爆发，他们几乎不可能找到所需要的信息。因此，为了更好地利用过去所积累的知识，利用文本挖掘系统可以实现：

(1) 自动收集和标准化不同来源的数据；

(2) 添加元数据(如文档源、作者、创建日期等)；

(3) 对文档进行索引和分类；

(4) 通过用户定义的参数，提供文档搜索的界面。

另外，此类文本挖掘系统还应该根据相关的安全标准，配备用户角色与授权级别的管控。

除了各种内部文档，制药公司往往还需要从外部获取大量的文本数据，如导入从网站录入的表单和订单。因此，文本挖掘系统可以对传入的请求进行排序，并提供客户需要的详细信息。通过最小化订单的处理时间，客户服务部门可以为更多的客户提供服务，企业也能够增加盈利。

习题 1

1-1 简述文本挖掘的定义。

1-2 文本挖掘与数据挖掘有何联系和区别?

1-3 目前文本挖掘的领域主要涉及哪些?

1-4 根据你的了解，给出文本挖掘的具体应用案例。

第2章

文本切分及特征词选择

一般来说,文本挖掘算法不能直接在原始文本形式上处理。因此,首先需要将原始文本数据转换为容易被计算机识别的信息,即对文本进行形式化处理。

2.1 文本数据采集

文本语料数据采集的内容覆盖工作、生活、娱乐等人类活动的各个方面,形式包含新闻、博客、论坛、微博、对话设计、学术期刊、商业单证等,可以满足文本挖掘等技术建模研究的需要。

2.1.1 软件接口对接方式

利用软件接口对接各个软件厂商提供的数据接口,实现数据汇集,为客户构建出自己的业务大数据平台。接口对接方式的数据可靠性较高,一般不存在数据重复的情况,且都是客户业务大数据平台需要的有价值的数据。同时,数据通过接口实时传递过来,完全满足了大数据平台对于实时性的要求。但是,需要花费大量人力和时间协调各个软件厂商进行数据接口对接,同时其扩展性不高。例如,由于业务需要,各软件系统开发出新的业务模块和大数据平台之间的数据接口也需要做相应的改动,甚至要推翻以前的所有数据接口编码,工作量大且耗时长。

2.1.2 开放数据库方式

一般情况下,来自不同公司的系统,不太会开放自己的数据库给对方连接,因为这样会有安全性的问题。为实现数据的采集和汇聚,开放数据库是最直接的一种方式。不同类型的数据库之间的连接比较麻烦,需要做很多设置才能生效,这里不作详细说明。开放数据库方式可以直接从目标数据库中获取需要的数据，准确性很高，是最直接、便捷的一种方式，同时实时性也有保证。开放数据库方式需要协调各个软件厂商开放数据库，其难度很大；一个平台如果要同时连接很多个软件厂商的数据库，并且实时获取数据，这对平台本身的性能也是个巨大的挑战。

2.1.3　基于底层数据交换的数据直接采集方式

目前，由于数据采集融合技术的缺失，往往依靠各软件原厂商研发数据接口才能实现数据互通，不仅需要投入大量的时间、精力和资金，还可能因为系统开发团队解体、源代码丢失等原因出现死局，导致数据采集融合实现难度极大。在如此急迫的需求环境下，基于底层数据交换的数据直接采集方式应运而生，从各式各样的软件系统中开采数据，源源不断地获取所需的精准、实时的数据，自动建立数据关联，输出利用率极高的结构化数据，让数据有序、安全、可控地流动到所需要的企业和用户当中，让不同系统的数据源实现联动流通，为客户提供决策支持、提高运营效率、产生经济价值。

异构数据采集的原理是通过获取软件系统的底层数据交换、软件客户端和数据库之间的网络流量包，进行包流量分析，采集到应用数据，同时还可以利用仿真技术模拟客户端请求，实现数据的自动写入。实现过程如下：使用数据采集引擎对目标软件的内部数据交换(网络流量、内存)进行侦听，再把其中所需的数据分析出来，经过一系列处理和封装，保证数据的唯一性和准确性，并且输出结构化数据。经过相应配置，实现数据采集的自动化。

基于底层数据交换的数据直接采集方式的技术特点如下。

(1) 独立抓取，不需要软件厂家配合。

(2) 实时数据采集，数据端到端的延迟在数秒之内。

(3) 兼容 Windows 平台的几乎所有软件(C/S、B/S)，作为数据挖掘、大数据分析的基础。

(4) 自动建立数据间关联。

(5) 配置简单，实施周期短。

(6) 支持自动导入历史数据。

2.1.4　网络爬虫采集网页数据

网络爬虫是搜索引擎抓取系统的重要组成部分。爬虫的主要目的是将互联网上的网页下载到本地形成一个或联网内容的镜像备份。

1. 简单网页数据采集

对于 Python 3，urllib 是一个非常重要的模块，它可以非常方便地模拟浏览器访问互联网，帮助我们方便地处理统一资源定位符(Uniform Resource Locator，URL)。urllib.request 是 urllib 的一个子模块，可以打开和处理一些复杂的网址。

访问一个网址的语句：urllib.request.urlopen('网址')。

打开的也可以是一个 urllib.request.Request 对象，后边也可以跟数据参数，当有传入数据时会自动变为 POST 请求。

例 2.1 一个简单网页数据采集的例子的源代码如下。

```
import urllib.request
url = "http://www.baidu.com"
page_info = urllib.request.urlopen(url).read()
page_info = page_info.decode('utf - 8')
print(page_info)
```

urllib.request.urlopen()方法实现了打开 URL 并返回一个 http.client.HTTPResponse 对象，通过 http.client.HTTPResponse 的 read()方法获得 response body，转码后通过 print()方法打印出来。

decode('utf-8')用来将页面转换成 UTF-8 的编码格式，否则会出现乱码。

2. 模拟浏览器采集信息

在访问某些网站的时候，网站通常会用判断访问是否带有头文件的方法鉴别该访问是否为爬虫，用来作为反爬取的一种策略。

先来看一下 Chrome 浏览器的头信息(按 F12 键打开开发者模式)，如图 2.1 所示。

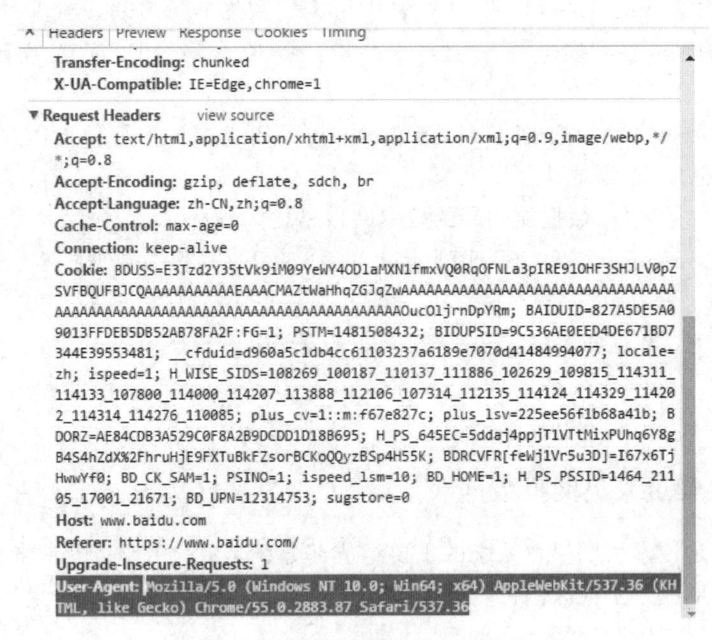

图 2.1 Chrome 浏览器的头信息

访问头信息中显示了浏览器以及系统的信息(headers 所含信息众多，具体可自行查询)，Python 中 urllib 的 request 模块提供了模拟浏览器访问的功能，代码如下。

```
from urllib import request
url = 'http://www.baidu.com'
```

```
# page = request.Request(url)
# page.add_header('User-Agent', 'Mozilla/5.0 (Windows NT 10.0; Win64; x64) AppleWebKit/
537.36 (KHTML, like Gecko) Chrome/55.0.2883.87 Safari/537.36')
headers = {'User-Agent':'Mozilla/5.0 (Windows NT 10.0; Win64; x64) AppleWebKit/537.36
(KHTML, like Gecko) Chrome/55.0.2883.87 Safari/ 537.36'}
page = request.Request(url, headers=headers)
page_info = request.urlopen(page).read().decode('utf-8')
print(page_info)
```

有些js动态网站和反抓取的网站，对request的检查比较严格，使用request包很难抓取数据。这时可以考虑使用Selenium模拟浏览器，它可以建立一个真实的浏览器窗口，并模拟鼠标点击、键盘输入等操作。

3. 采集新浪新闻数据

新浪国内新闻(http://news.sina.com.cn/china/)列表中提供了标题名称、时间、链接。需要用到的库为Beautiful Soup和requests，然后解析网页。

采集新闻详情页的标题、时间(进行格式转换)、新闻来源。

首先，插入需要用到的库：Beautiful Soup、requests、datetime(时间处理)、json(解码：把json格式字符串解码转换成Python对象)、re(正则表达式)，然后解析网页。代码如下。

```
import requests
from bs4 import BeautifulSoup
from datetime import datetime
res = requests.get('https://news.sina.com.cn/c/2019-10-11/doc-iicezuev1530807.shtml')
res.encoding = 'utf-8'
soup = BeautifulSoup(res.text,'html.parser')
#抓取新闻内文标题
title = soup.select('.main-title')[0].text
#获得新闻内文时间
date = soup.select('.date')[0].contents[0].strip()  #字符串类型
print(date)
#字符串转换数字
dt = datetime.strptime(date,'%Y年%m月%d日  %H:%M')
#数字转字符串
print(dt.strftime('%Y-%m-%d'))
#获取新闻来源
source = soup.select('.source')[0].text
print(title,dt,source)
```

运行结果如图2.2所示。

4. 使用Beautiful Soup实现采集小说内容

Beautiful Soup是Python的第三方库，可以从网页抓取数据，它的主要特点如下。

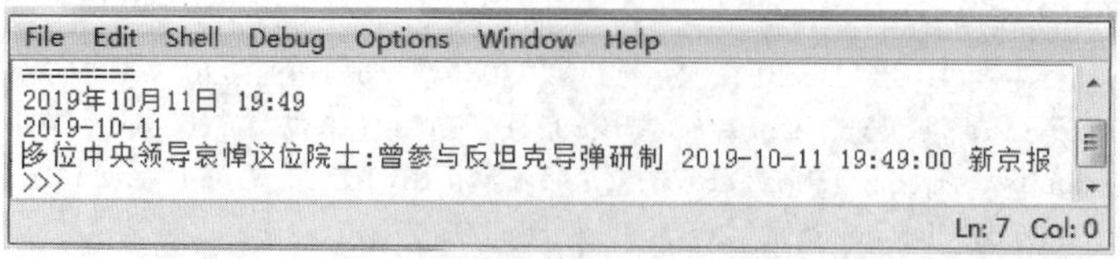

```
File  Edit  Shell  Debug  Options  Window  Help
========
2019年10月11日 19:49
2019-10-11
移位中央领导哀悼这位院士:曾参与反坦克导弹研制 2019-10-11 19:49:00 新京报
>>>
                                                    Ln: 7  Col: 0
```

图 2.2　源程序运行结果

(1) Beautiful Soup 可以从超文本标记语言(Hyper Text Markup Language,HTML)或可扩展标记语言(Extensible Markup Language,XML)提取数据,它包含了简单的处理、遍历、搜索文档树、修改网页元素等功能。

(2) Beautiful Soup 几乎不用考虑编码问题。一般情况下,它可以将输入文档转换为 Unicode 编码,并且以 UTF-8 编码方式输出。

爬取思路分析:打开目录页,可以看到章节目录,想要爬取小说的内容,就要找到每个目录对应的 URL,并且爬取其中的正文内容,然后将正文内容取出来,放在本地文件中。这里选取《芈月传》作为示例。

按 F12 键查看网页的审查元素菜单,在目录中选择想要爬取的章节标题,本例选择了"第六章 少司命(3)",可以看到网页的源代码中,加深显示了该章的链接。

```
#爬取单章节的文字内容
from urllib import request
from bs4 import BeautifulSoup
if __name__ == '__main__':
    #第 6 章的网址
    url = 'http://www.136book.com/mieyuechuanheji/ewqlwb/'
    head = {}
    #使用代理
    head['User - Agent'] = 'Mozilla/5.0 (Linux; Android 4.1.1; Nexus 7 Build/JRO03D)
AppleWebKit/535.19 (KHTML, like Gecko) Chrome/18.0.1025.166  Safari/535.19'
    req = request.Request(url, headers = head)
    response = request.urlopen(req)
    html = response.read()
    #创建 request 对象
    soup = BeautifulSoup(html, 'lxml')
    #找出 div 中的内容
    soup_text = soup.find('div', id = 'content')
    #输出其中的文本
    print(soup_text.text)
```

运行结果如图 2.3 所示。

5. 将采集的信息存储到文本文件

之前我们都是将爬取的数据直接输出到控制台,这样显然不利于对数据的分析利用,也不利于保存数据,下面将采集的数据存储到本地硬盘的文本文件中,代码如下。

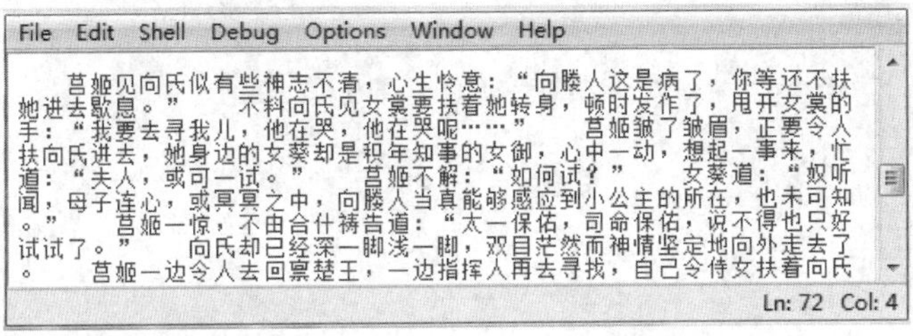

```
File  Edit  Shell  Debug  Options  Window  Help
    莒姬见向氏似有些神志不清，心生怜意：“向媵人这是病了，你等还不扶
她进去歇息。”    不料向氏见女裳要扶着她转身，顿时发作了，甩开女裳的
手：“我要去寻我儿，他在哭，他在哭呢……”    莒姬皱了皱眉，正要令人
扶向氏进去，她身边的女葵却是积年知事的女御，心中一动，想起一事来，忙
道：“夫人，或可一试。”    莒姬不解：“如何试？”    女葵道：“奴听
闻，母子连心，或冥冥之中，向媵人当真能够感应到小公主的所在，也未可知
。”    莒姬一惊，不由合什祷告道：“太一保佑，司命保佑，说不得也只好
试试了。”    向氏却已经深一脚浅一脚，双目茫然而神情坚定地向外走去了
。    莒姬一边令人去回禀楚王，一边指挥人再去寻找，自己令侍女扶着向氏
                                                    Ln: 72  Col: 4
```

图 2.3　Beautiful Soup 抓取内容实验结果

```
# - * - coding:UTF - 8 - * -
from urllib import request
from bs4 import BeautifulSoup
url = r'http://www.jianshu.com'
headers = {'User - Agent':'Mozilla/5.0 (Windows NT 10.0; WOW64) AppleWebKit/537.36 (KHTML,
like Gecko) Chrome/55.0.2883.87 Safari/537.36'}
page = request.Request(url, headers = headers)
page_info = request.urlopen(page).read().decode('utf - 8')
soup = BeautifulSoup(page_info, 'html.parser')
titles = soup.find_all('a', 'title')
try:
    #在 E 盘以只写的方式打开/创建一个名为 titles 的文本文件
    file = open(r'E:\titles.txt', 'w')
    for title in titles:
    #将爬取到的文章题目写入文本文件中
        file.write(title.string + '\n')
finally:
    if file:
        #关闭文件(很重要)
        file.close()
```

6. 微博数据采集

简单的微博采集数据程序源代码如下。

```
import requests
from urllib.parse import urlencode
from pyquery import PyQuery as pq
host = 'm.weibo.cn'
base_url = 'https://%s/api/container/getIndex?' % host
user_agent = 'User - Agent: Mozilla/5.0 (iPhone; CPU iPhone OS 9_1 like Mac OS X)
AppleWebKit/601.1.46 (KHTML, like Gecko) Version/9.0 Mobile/13B143 Safari/601.1
wechatdevtools/0.7.0 MicroMessenger/6.3.9 Language/zh_CN webview/0'
headers = {
    'Host': host,
    'Referer': 'https://m.weibo.cn/u/6995372775',
    'User - Agent': user_agent
}
```

```
#按页数抓取数据
def get_single_page(page):
    params = {
        'type': 'uid',
        'value': 1665372799,
        'containerid': 1076036995372799,
        'page': page
    }
    url = base_url + urlencode(params)
    try:
        response = requests.get(url, headers=headers)
        if response.status_code == 200:
            return response.json()
    except requests.ConnectionError as e:
        print('抓取错误', e.args)
#解析页面返回的 json 数据
def parse_page(json):
    items = json.get('data').get('cards')
    for item in items:
        item = item.get('mblog')
        if item:
            data = {
                'id': item.get('id'),
                'text': pq(item.get("text")).text(),
                  #仅提取内容中的文本
                'attitudes': item.get('attitudes_count'),
                'comments': item.get('comments_count'),
                'reposts': item.get('reposts_count')
            }
            yield data
if __name__ == '__main__':
    for page in range(1, 10):  #抓取前 10 页的数据
        json = get_single_page(page)
        results = parse_page(json)
        for result in results:
            print(result)
```

运行后，采集到的微博部分数据如图 2.4 所示。

7. 网络数据采集

网络爬虫的主要作用是将互联网上的网页下载到本地形成一个互联网内容的镜像备份，其基本结构及工作流程如下。

(1) 首先选取一部分精心挑选的种子 URL。

(2) 将这些 URL 放入待抓取 URL 队列。

(3) 从待抓取 URL 队列中取出待抓取的 URL，解析 DNS，并且得到主机的 IP，然后

将 URL 对应的网页下载下来，存储到已下载网页库中。此外，将这些 URL 放入已抓取 URL 队列。

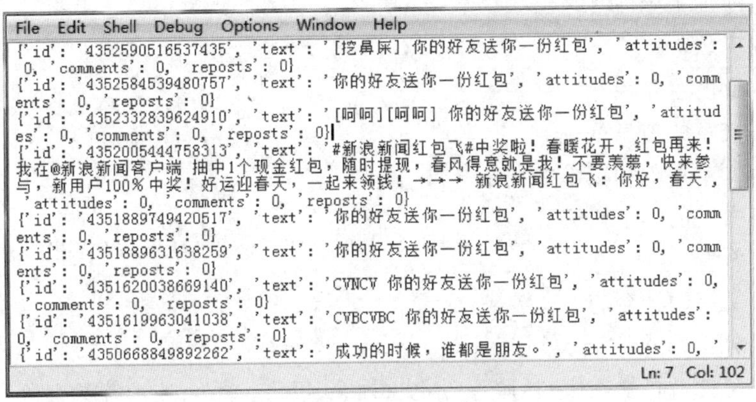

File Edit Shell Debug Options Window Help
{'id': '4352590516537435', 'text': '[挖鼻屎] 你的好友送你一份红包', 'attitudes': 0, 'comments': 0, 'reposts': 0}
{'id': '4352584539480757', 'text': '你的好友送你一份红包', 'attitudes': 0, 'comments': 0, 'reposts': 0}
{'id': '4352332839624910', 'text': '[呵呵][呵呵] 你的好友送你一份红包', 'attitudes': 0, 'comments': 0, 'reposts': 0}
{'id': '4352005444758313', 'text': '#新浪新闻红包飞#中奖啦！春暖花开，红包再来！我在@新浪新闻客户端 抽中1个现金红包，随时提现，春风得意就是我！不要羡慕，快来参与，新用户100%中奖！好运迎春天，一起来领钱！→→→ 新浪新闻红包飞：你好，春天', 'attitudes': 0, 'comments': 0, 'reposts': 0}
{'id': '4351889749420517', 'text': '你的好友送你一份红包', 'attitudes': 0, 'comments': 0, 'reposts': 0}
{'id': '4351889631638259', 'text': '你的好友送你一份红包', 'attitudes': 0, 'comments': 0, 'reposts': 0}
{'id': '4351620038669140', 'text': 'CVNCV 你的好友送你一份红包', 'attitudes': 0, 'comments': 0, 'reposts': 0}
{'id': '4351619963041038', 'text': 'CVBCVBC 你的好友送你一份红包', 'attitudes': 0, 'comments': 0, 'reposts': 0}
{'id': '4350668849892262', 'text': '成功的时候，谁都是朋友。', 'attitudes': 0, '
Ln: 7 Col: 102

图 2.4　微博采集的部分数据

(4) 分析已抓取 URL 队列中的 URL，然后分析其他 URL，并且将 URL 放入待抓取 URL 队列，从而进入下一个循环。

2.2　语料库与词典简介

语料库和词典常常用来作为各种分词、词频统计系统训练和测试的知识材料，同时也作为测评各系统的标准。目前网上流行的语料库和词典较多，本节只介绍几个具有代表性的语料库和词典。

2.2.1　语料库

在语言学中，语料库(Corpus)是指大量文本的集合，库中的文本(称为语料)通常经过整理，具有既定的格式与标记，特指计算机存储的数字化语料库，可进行检索、查询和分析。语料库具有“大规模”和“真实”这两个特点，因此是最理想的语言和知识资源，是直接服务于语言文字信息处理等领域的基础工程。

1. 国家语委现代汉语语料库

国家语委现代汉语语料库(http://corpus.zhonghuayuwen.org/)是一个大规模的平衡语料库，语料选材类别广泛，时间跨度大。全库约有 1 亿字符，其中 1997 年以前的语料约 7000 万字符，均为手工录入印刷版语料；1997 之后的语料约 3000 万字符，人工录入和取自电子文档各半。标注语料库是国家语委现代汉语语料库全库的子集，约 5000 万字符。标注是指分词和词类标注，已经经过 3 次人工校对，准确率大于 98%。

1) 语料库的主要内容

- 未经标注加工的生语料库。
- 标注语料库：词语切分、词类标注。

- 句法树库：内部结构、外部功能。
- 分词词表：约 88000 词条、词性标注、频率信息。
- 语料库加工标注规范。
- 语料库软件工具。

2）语料库的主要用途

- 语言文字的信息处理。
- 语言文字规范和标准的制定。
- 语言文字的学术研究。
- 语文教育。
- 语言文字的社会应用。

3）语料分类（3 个主要类别）

- 人文与社会科学类，包括政法、历史、社会、经济、文学、艺术等类别语言材料。
- 自然科学类，包括自然科学的语言材料（含农业、工业、医学、电子、工程技术等），涉及科学技术发展的各个领域。
- 综合类，包括应用文和难以归类的语言材料。

4）语料库应用软件

- 语料切分和标注软件。
- 树库标注软件。
- 语料库校对加工软件。
- 语料检索工具软件。
- 语料库查询与统计工具软件。
- 基于互联网的语料库例句检索。

利用现代汉语语料库检索特征词“挖掘”，要求输出“语料出处”，结果如图 2.5 所示。

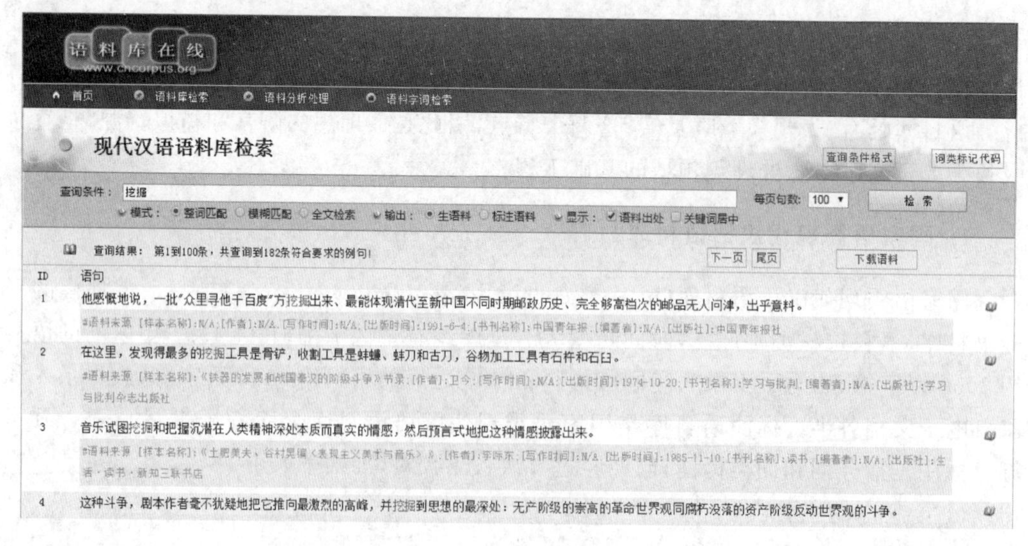

图 2.5 现代汉语语料库检索

利用现代汉语语料库进行汉语分词和词性自动标注，如图 2.6 所示。

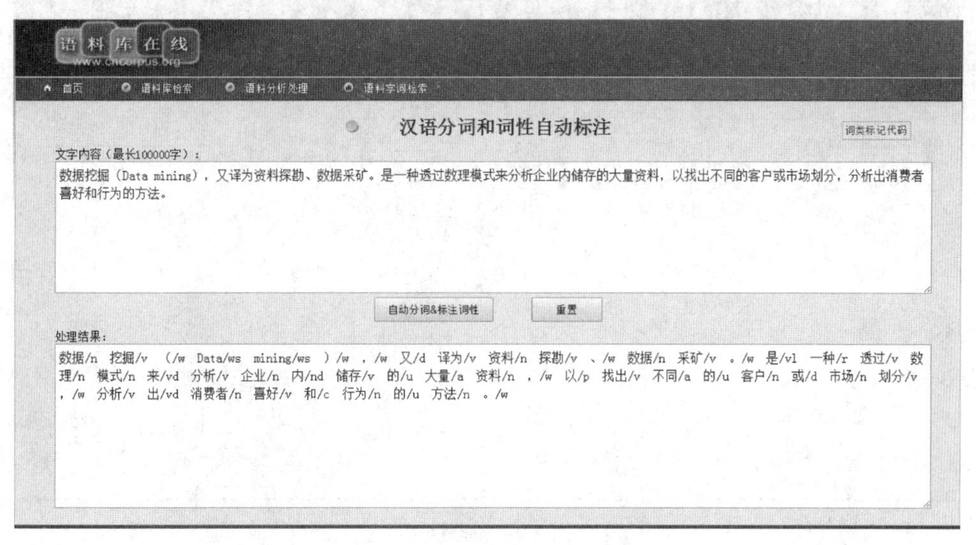

图 2.6　汉语分词和词性自动标注

利用现代汉语语料库进行一段文字的字频统计，如图 2.7 所示。

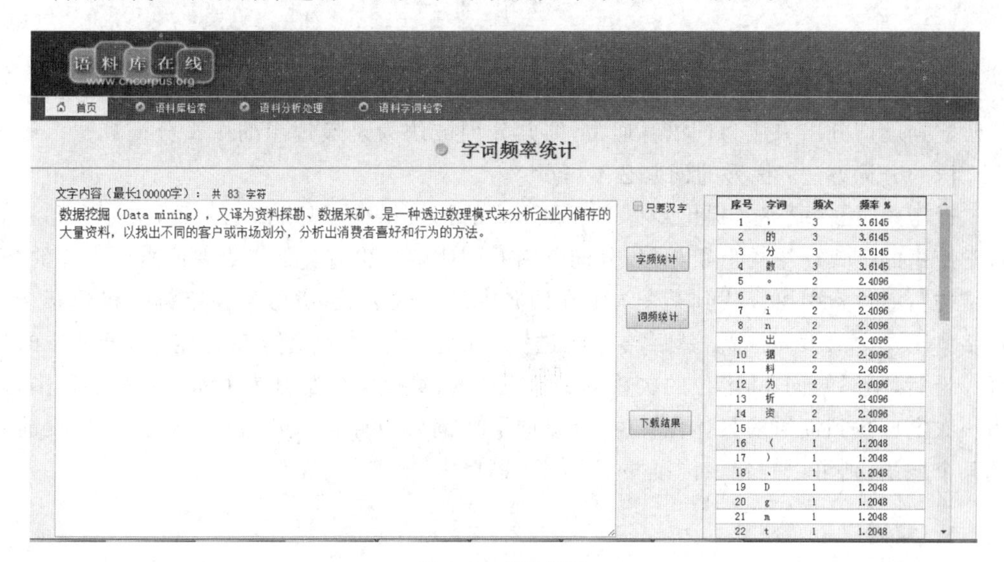

图 2.7　字频统计

利用现代汉语语料库进行一段文字的词频统计，如图 2.8 所示。

2. 美国国家语料库

美国国家语料库（American National Corpus，ANC）是目前规模最大的关于美国英语使用现状的语料库，它包含从 1990 年起的各种文字材料、口头材料的文字记录。ANC 已经出版过两个版本，第一个版本包含 1000 万个口语和书面语美式英语词汇，第二个版本包含 2200 万个口语和书面语美式英语词汇。

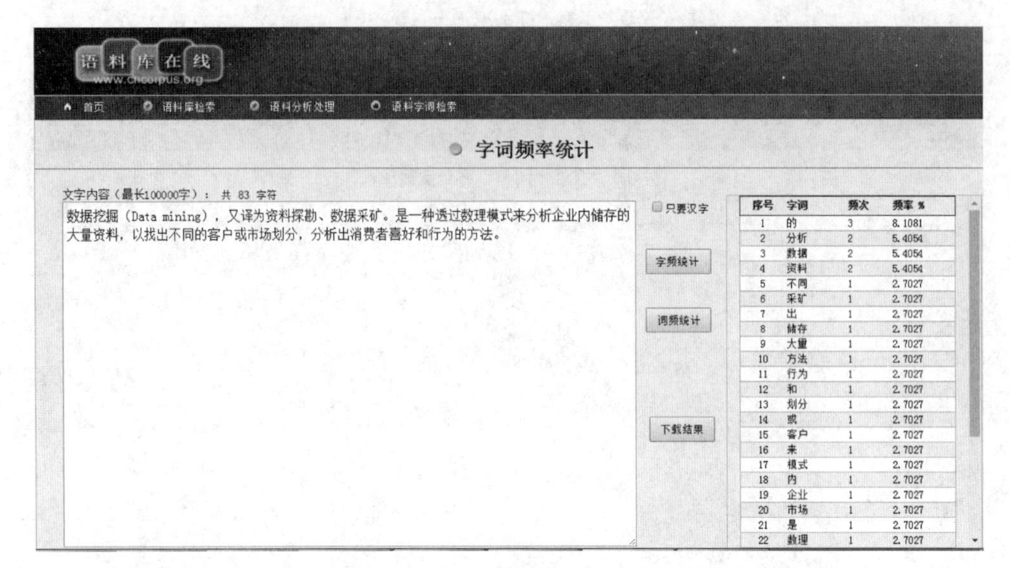

图 2.8　词频统计

2.2.2　词典

在进行文本挖掘的时候，首先要做的预处理就是分词，现代分词都是基于字典或统计的分词，而字典分词依赖于词典，即按某种算法构造词，然后去匹配已建好的词典集合，如果匹配到就切分出来成为词语。通常，词典分词被认为是最理想的中文分词算法。不论什么样的分词方法，优秀的词典必不可少。

近年来，相关研究者提出了很多不同形式的词典结构，思路基本一致，整体上和我们日常使用的字典在结构上很相似，分词所用的词典结构也有类似于字典的索引一样的“索引结构”，通过索引可以找到某个词汇在词典中的大致区域，类似于在字典中找到某个字在字典正文中的大体位置，然后再进行进一步的查找。归结起来就是定位、再定位的过程。当然，不同的词典，定位的次数也是不一样的，每次定位都是为了缩小查找的范围，最后一次定位找到词语的具体位置（如果该词语在词典中存在），若最后一次定位也没能找到某个词语，则可以判定该词语并不存在于词典中。

1. 知网

知网（http://www.keenage.com/）英文名称为 HowNet，是一个以英汉双语中的概念为描述对象，以揭示概念与概念之间以及概念所具有的属性之间的关系为基本内容的常识知识库。计算机化是知网的重要特色，知网是面向计算机的，是借助计算机建立的。

“知网——中文信息结构库”的研究与建设，是“知网”这一知识系统向中文研究延伸的具体体现。目前公布的中文信息结构库包含 268 种信息结构模式，附带 1 万多个实例，总字数 6 万余。就其规模而言，它还只能算是一个雏形，但就其所包含的模式而言，应该说已趋于成熟。中文信息结构库将是中文信息处理重要的甚至是不可或缺的资源之一。

它也被称为袖珍型经典语料库，这是因为它的素材来源于实际语料，又是经过人工精心筛选整理的，覆盖面广，又能避免统计价值不高的重复。

中文信息结构库现有规模包含：

- 信息结构模式：271 个；
- 句法分布式：49 个；
- 句法结构式：58 个；
- 实例：11000 个词语；
- 总字数：中文 60000 余字。

知网中两个主要的概念是"概念"与"义原"。概念是对词汇语义的一种描述，每个词可以表达为几个概念。概念是用一种知识表示语言来描述的，这种知识表示语言所用的词汇叫作义原，义原是用于描述一个概念的最小意义单位。知网一共采用了 1700 多个义原，这些义原分为以下十大类。

- event|事件
- entity|实体
- attribute|属性
- aValue|属性值
- quantity|数量
- qValue|数量值
- SecondaryFeature|次要特征
- syntax|语法
- EventRole|动态角色
- EventFeatures|动态属性

对于这些义原，我们把它们分为 3 组：第一组包括上述前 7 类义原，称为"基本义原"，用来描述单个概念的语义特征；第二组只包括第 8 类义原，称为"语法义原"，用于描述词语的语法特征，主要是词性(Part of Speech)；第三组包括第 9 和第 10 类义原，称为"关系义原"，用于描述概念和概念之间的关系。

知网并不是简单地将所有的概念归结到一个树状的概念层次体系中，而是试图用一系列的义原对每个概念进行描述，如下所示。

```
NO. = 017144
W_C = 打
G_C = V
E_C = ～网球,～牌,～秋千,～太极,球～得很棒
W_E = play
G_E = V
E_E =
DEF = exercise|锻炼,sport|体育
```

其中，NO. 为概念编号；W_C、G_C 和 E_C 分别是汉语的词语、词性和例子；W_E、G_E 和 E_E 分别是英语的词语、词性和例子；DEF 是知网对于该概念的定义，称为一个语义

表达式。DEF是知网的核心,我们这里所说的知识描述语言也就是DEF的描述语言。

如果用户需要使用知网资源,可以进行“知网使用申请”,以获得使用权,如图2.9所示。

图2.9 知网使用申请

2. THUOCL

THUOCL(THU Open Chinese Lexicon)是由清华大学自然语言处理与社会人文计算实验室整理推出的一套高质量的中文词库,词表来自主流网站的社会标签、搜索热词、输入法词库等。THUOCL具有以下特点。

(1) 包含词频统计信息DF值(Document Frequency),方便用户个性化选择使用。

(2) 词库经过多轮人工筛选,保证词库收录的准确性。

(3) 开放更新,将不断更新现有词表,并推出更多类别词表。

该词库可以用于中文自动分词,提升中文分词效果。

清华大学开放的THUOCL中文分类词库如表2.1所示。

表2.1 开放的THUOCL中文分类词库

类 别 名	词汇数/条	链接日期	类 别 名	词汇数/条	链接日期
IT	16000	2016-12-24	医学	18749	2017-01-20
财经	3830	2016-12-24	饮食	8974	2017-04-20
成语	8519	2016-12-24	法律	9896	2017-04-28
地名	44805	2017-06-01	汽车	1752	2017-05-15
历史名人	13658	2016-12-24	动物	17287	2017-06-01
诗词	13703	2017-01-20			

词库包含了11类别的词汇,词汇由两部分组成,分别是词和DF值(存在此单词的文档个数)。图2.10所示为部分IT类词汇。

21635二进制文件 21583C++ 21548当前用户 21547实体类
21513拖拽 21493ip地址 21480错误提示 21479嵌入式
21416析构函数 21398内存泄露 21342用户登录 21337主函数
21315下载安装 21248目标文件 21239上传文件 21199回滚
21163动画效果 21119基本操作 21077删除操作 21021运行时间
21006安装过程 20972死锁 20839实现原理 20816宽高
20793指定位置 20774单例模式 20733不执行 20695消息队列
20665提示信息 20622抽象方法 20568地址空间 20472root用户
20438最小化 20357体系结构 20264默认值 20246用户信息
20237XML文件 20209文件类型 20204单引号 20193带参数
20188首字母 20163机器学习 20106背景色 20001高亮
19903相对路径 19903类定义 19900引用类型 19845唯一标识
19827选择器 19770操作数 19754函数定义 19660派生类
19648HTTP协议 19646互斥 19639新特性 19631继承关系
19628入栈 19563java代码 19506get方法 19483执行效率
19458测试类 19446压缩包 19445进度条 19437字符数组
19352可扩展性 19331本地文件 19328模块化 19222删除文件

图 2.10 部分 IT 类词汇

3. ICTCLAS

ICTCLAS(Institute of Computing Technology, Chinese Lexical Analysis System)是由中国科学院计算技术研究所研制的汉语词法分析系统,主要功能包括中文分词、词性标注、命名实体识别、新词识别、同时支持用户词典,其内核升级 6 次,目前已经升级到了 ICTCLAS3.0。ICTCLAS3.0 分词速度为单机 996KB/s,分词精度为 98.45%,应用程序接口(Application Programming Interface,API)不超过 200KB,各种词典数据压缩后不到 3MB,是当前世界上最好的汉语词法分析器。

ICTCLAS 分词系统的基本思路是通过层叠隐马尔可夫模型(Cascaded Hidden Markov Model,CHMM)进行分词,使用该模型不仅增加了中文分词的切分精度,同时也保证了切分速度。模型包括原子切分、普通未登录词识别、嵌套的复杂未登录词识别、基于类的切分和词类标注 5 个层面的隐马尔可夫模型。

ICTCLAS 分词系统具有以下特点。

(1) 提供了开源的版本,有利于学习和分析中文分词系统并在开源版本的基础上实现一些改进。

(2) 在切分速度与切分精度上都比较优秀。

(3) 一般汉语分词系统牵涉到的环节众多,大多数系统缺乏统一的处理方法,而 ICTCLAS 采用了层叠隐马尔可夫模型,该模型将分词系统中的所有环节都统一到了一个完整的理论框架中,获得了很好的总体效果。

(4) 系统全部采用 C/C++编写,支持 Linux、Windows 等系列操作系统,支持 C、C++、C#、Delphi、Java 等主流的开发语言。

(5) ICTCLAS1.0 在国内"973 计划"专家组组织的评测中获得了第一名,ICTCLAS2.0 在第一届国际中文处理研究机构 SigHan 组织的评测中获得了多项第一名。

利用 ICTCLAS 进行词汇切分,如图 2.11 所示。

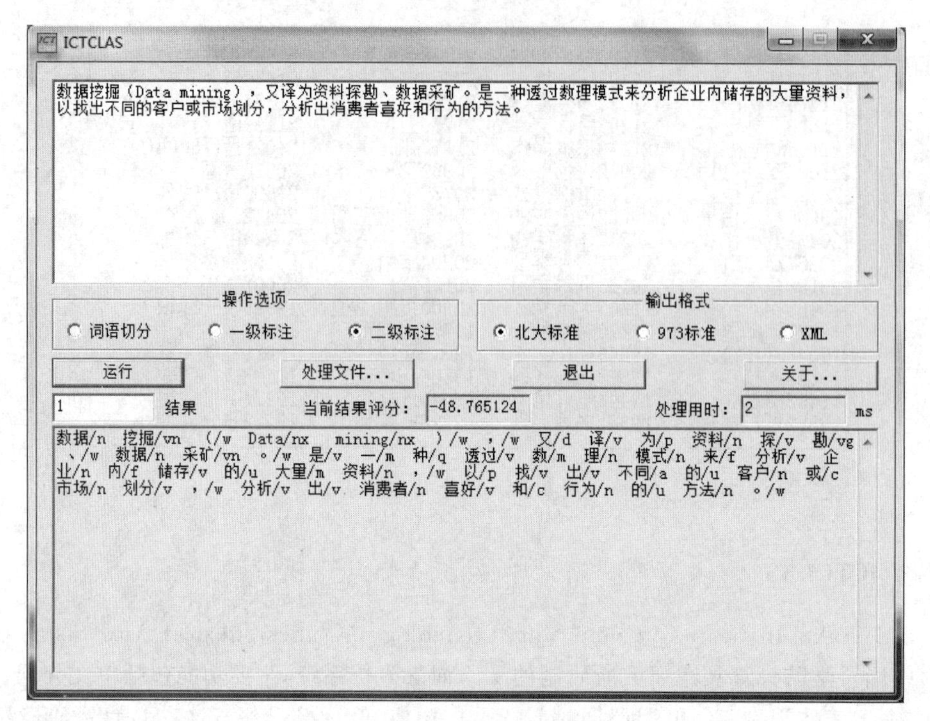

图 2.11 ICTCLAS 分词

2.3 文本切分

想要获得文档集的信息，需要将文档进一步细分为语句或词汇。最流行的文档切分技术包括句子切分和词汇切分，用于将文档集分解成句子，并将每个句子进一步分解成词汇。因此，文本切分可以定义为将文本数据分解或拆分为具有更小且有意义的成分的过程。

2.3.1 句子切分

句子切分是将文本语料库分解成句子的过程，这些句子是组成语料库的第一级切分结果。这个过程也称为句子分割，因为我们尝试将文本分割成有意义的句子。任何文本语料库都是文本的集合，其中每一段落都包含多个句子。

执行句子切分有多种技术，基本技术包括在句子之间寻找特定的分隔符，如句号(.或。)、换行符(\n)或分号(;)等。

2.3.2 词汇切分

英语、法语、西班牙语等拉丁文语系的语言最小单位均是相互独立的词语，词与词之间有着很明显的间隔，但中文的词语之间没有明显的间隔，所以对中文信息处理一般都要进行词汇切分处理。

中文词汇切分的概念是在20世纪80年代被提出来的。第一个被提出来的算法是基于词典的正向最大匹配算法，该方法可以说是奠定了中文词汇切分的基础，以后出现的各种不同的算法多是以此方法为基础发展而来的。中文词汇切分技术发展到今天，大体上可以将其分为基于词典的词汇切分方法（又称为机械词汇切分）、基于统计的词汇切分方法、基于理解的词汇切分方法、词典与统计相结合的词汇切分方法。下面只对前两种基本的词汇切分方法进行介绍，其他方法读者可以参考相关文献，这里不再赘述。

1. 基于词典的词汇切分方法

基于词典的词汇切分方法的优点是速度比较快，效率比较高，其过程可以转化为和词典中的词语相匹配的过程。基于词典的词汇切分方法相对容易实现些，而它的缺点也是显而易见的。首先，词典词汇切分受制于词典的质量，即词典的容量和广度，这些直接对词汇切分的结果造成影响，如“打击了”就很有可能被切分为“打击/了”，失去了应该表达的含义。其次，词典词汇切分不能对歧义问题进行有效的处理，例如，“羽毛球拍卖完了”这句话，在词汇切分的过程中，就可能出现以下两种不同的切分方式。

- 情况1：羽毛球拍/卖/完/了。
- 情况2：羽毛球/拍卖/完/了。

1）正向最大匹配算法

正向最大匹配算法是基于“每次从句子中切分出尽量长的词语”的原理，即一个词的长度越长，从这个词中所获取的信息就有可能越多，同时也越确切。例如“王小花”，这是一个人名，假设其存在于词典中，而“王”“小”“花”也均为词典中存在的单字词，倘若我们将“王小花”分为“王/小/花”，这将让人感到不知所云，而使用正向最大匹配的方法将会匹配出“王小花”这个三字词。

在具体的词汇切分过程中，我们将待切分的中文字符串记为 S，存放切分结果的字符串变量记为 R，词汇切分所使用的词典为 Dic，词汇切分过程中设定的最大比较长度为 MaxLen，最大比较长度表示每次最多从待切分字符串 S 中切取 MaxLen 个汉字在词典中查找。具体算法如下。

（1）初始化各个参数值，结果字符串 R="" ，临时字符串 Sub=" "。

（2）比较待切分中文字符串的长度以及设定的 MaxLen 的大小，得到二者中较小的值，记为 L。

（3）如果待切分字符串 S 长度为0，直接转到步骤(5)；从待切分中文字符串 S 头部开始切取长度为 L 的子字符串 Sub，在词典中查找，如果在词典 Dic 中找不到该字符串，则将 L 值减1，即 $L=L-1$，去除 Sub 最右边的字，如果此时 L 值不为1，继续执行步骤(3)，如果此时 L 的值为1，转到步骤(4)；如果在词典 Dic 中找到了子字符串 Sub，转到步骤(4)。

（4）将 S 值重新赋值为 $S-$Sub，即 $S=S-$Sub，将存放结果的字符串 R 赋值为 $R+$Sub+"/"，即 $R=R+$Sub+"/"，将临时存储字符串重新赋值为空串，即 Sub=" "。

（5）返回字符串最终的切分结果 R，算法结束。

2）逆向最大匹配算法

逆向最大匹配算法的主体思想与正向最大匹配算法相同，区别在于正向最大匹配算法是从待处理的字符串的头部开始切分，而逆向最大匹配算法是从待处理字符串的尾部开始切分。

3）双向匹配算法

下面来看两个正向与逆向最大匹配算法的例子。

例 2.2 例句 1：咱们连长说明天下午回营里休整。

正向最大匹配算法结果：咱们/连长/说明/天下/午/回营/里/休整/。

逆向最大匹配算法结果：咱们/连长/说/明天/下午/回/营里/休整/。

在例句 1 中，我们发现逆向最大匹配算法切分的结果是正确的。

例 2.3 例句 2：一只小猫出现在房子旁边。

正向最大匹配算法结果：一只/小猫/出现/在/房子/旁边/。

逆向最大匹配算法结果：一只/小猫/出/现在/房子/旁边/。

在例句 2 中，正确的切分结果是使用正向最大匹配的方法得到的。那么，使用双向匹配算法时如何进行取舍呢？我们给出以下的取舍策略。

实际上，有相关的统计数据表明，单独使用正向最大匹配算法和逆向最大匹配算法时，逆向最大匹配算法切分的正确率是高于正向最大匹配算法的，当然在实际的词汇切分过程中，很少单独使用一种词汇切分方法。

使用双向匹配算法的另一个直接优点在于，两种切分结果有助于歧义的发现，有不少词汇切分方法都是从双向匹配入手，然后进行更深层次研究。

双向匹配算法策略如下。

(1) 当两种匹配算法的词汇切分结果完全相同时，此时词汇切分的正确率很高，取任一结果均可。

(2) 当两种匹配算法的词汇切分结果不同时，分别统计两种词汇切分算法切分词语的个数，取数目小的作为切分结果。

(3) 当两种匹配算法的词汇切分结果不同，而且切割后的词语的数目又相同时，选择逆向匹配算法的切分结果。

双向匹配算法中的策略(2)保证了切分结果的数目少，这对于同样的中文字符串长度，表明了平均每个词汇的长度较长，也就意味着这种词汇切分结果整体的信息量更多，正确的可能性也就越高；双向匹配算法中的策略(3)利用了单独使用逆向匹配算法错误率相对于单独使用正向匹配算法更低一些的思想。有相关的实验表明，单独使用正向最大匹配算法切分的错误率约为 0.592%，而单独使用逆向最大匹配算法进行切分时，整体的分割错误率大概约为 0.481%。因此，当只使用一种匹配算法的时候，逆向最大匹配算法的切分效果会稍微好一些。

在这里还要说明的一点是，虽然双向匹配算法将正向匹配和逆向匹配结合起来，提高了词汇切分的准确率，降低了一定的错误率，但也付出了一定的代价。一是执行效率上的代价，执行双向匹配算法时需要同时调用正向匹配和逆向匹配两种算法，增加了执行时间，速率相对较慢；二是两种不同的匹配算法可能需要不同的词典结构，因此，执行双向匹配的时候就要加载两个不同的词典，从而加大了内存空间的使用，加载两个词典同时在时间上也是一种耗费。总而言之，双向匹配算法在提高词汇切分准确率的同时，付出了时间和空间上的代价。

基于词典的词汇切分方法的优点很明显。首先,我们可以确保使用基于词典的词汇切分方法所切分出来的中文字符串百分之百是"词汇",因为切分出来的字符串全是和词典匹配得到的;其次,进行中文词汇切分时只需要一个中文词典,不需要额外的语料集,不需要建立额外的语言模型,没有非常复杂的计算,计算量相对较少,因而词汇切分的效率相对较高。然而,基于词典的词汇切分方法的弊端和它的优点一样,也是显而易见的。基于词典的词汇切分方法是一种"机械的"词汇切分方法,因为基于词典的词汇切分方法只是单纯地在词典中进行中文字符串的匹配工作,某个字符串在词典中匹配到了,我们便认为它是一个词语,匹配不到,便认为它不是一个词语,根本没有考虑词语与词语之间的关系,也没有进行语法方面的考量,这也是基于词典的词汇切分方法很容易出现歧义的根本原因。

2. 基于统计的词汇切分方法

基于统计的词汇切分方法与基于词典的词汇切分方法的最明显区别是,基于统计的词汇切分方法摒弃了词典,它在进行词汇切分的时候不需要词典作为输入,而它需要的输入是各种各样的语言模型,语言模型的训练需要中文语料集。所谓中文语料集,一般是包含大规模(最低在十万数量级)的中文句子的文档。基于统计的词汇切分方法的大体流程如图 2.12 所示。

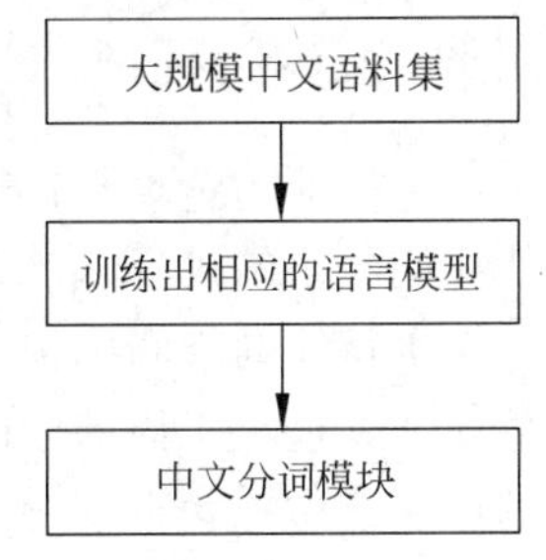

图 2.12 基于统计的词汇切分方法的大体流程

下面介绍一种常见的统计模型——互现信息模型。

互现信息模型根据语料库中词(字)与词(字)之间的"紧密度"判断其组合是否为词汇。如果两个词(字)总是紧挨着出现,那么这两个词(字)在很大程度上就可以被判定为一个中文词汇;如果两个词(字)没有相邻出现过或只是偶尔相邻出现,而单独出现了很多次,那么便可以得出这两个词(字)之间的"紧密度"并不是那么强的结论,从而可以判定这两个词(字)不能组成一个词汇。

该模型利用互现信息公式对"紧密度"进行量化,如下所示。

$$T(w_i,w_j)=\frac{P(w_i,w_j)}{P(w_i)P(w_j)} \tag{2-1}$$

其中,$P(w_i,w_j)$代表两个词(字)同时在语料集中出现的频数;$P(w_i)$为词(字)w_i 在语料集中单独出现的频数;$P(w_j)$为词(字)w_j 在语料集中单独出现的频数;$T(w_i,w_j)$表示词(字)与词(字)之间"紧密度"的互现信息。我们可以设定一个通过大量计算及观察得到的一个阈值,在使用公式对两个词(字)进行计算之后,当结果大于这个设定的阈值时,判定它们组成一个词汇,否则,不能组成一个词汇。

互现信息模型能够很好地从语料库中识别出词语,但是也有以下 3 个缺点。

(1) 会出现错误识别的情况。语料库中很多经常相邻出现但并不是词语的组合会被识别出来,这种情况很常见,如"吃了一个苹果"和"想了一会儿"中的"了一"经常紧接着出现,很有可能别误认为是个词汇,类似的还有"想一"和"都不"等。

（2）还可能出现低频的词语不能被识别出来的情况。这多见于一些生僻的词语，如“落锁”这个词，在语料库中出现的频率很有可能远远低于“落”“锁”两个字单独出现的频率，从而导致计算的结果小于设定的阈值，被识别为非中文词汇，产生错误识别。

（3）计算成本过大。计算出语料库中的每两个相邻的词汇的互现信息，这将是一个很大的时间与空间开销，这在实际的应用中是难以想象的，也是难以承担的。

基于统计的词汇切分方法具有较好的歧义识别能力，其不足之处在于需要大量的语料库作为输入来训练相关的模型，而且有可能切分出在语料库中出现的频率高但实际上不是词汇的汉字字符串。例如，基于统计的算法很有可能将“了一”“想一”“都不”等识别出来误认为是一个词汇。而将词典与统计的方法有效地结合起来，其中基于词典的词汇切分法切分效率高，基于统计的词汇切分法歧义识别能力强，取长补短，达到比较好的词汇切分效果。

2.4 文本特征词选择

文本特征词是影响文本挖掘系统性能最主要的因素，因此，关于文本特征词的研究对文本挖掘具有非常重要的意义。面对维数巨大的原始文本特征词集，重点是选择出对挖掘任务最具代表性的文本特征词子集。

2.4.1 文本特征词选择概述

文本特征词选择是指按照一定的规则从原始文本特征词集中选择出较具代表性的文本特征词子集的过程。从这个定义上可以看出，文本特征词选择是一个搜索过程，即从原始的文本特征词空间中搜索出一个最优的子空间的过程。被选择的文本特征词子空间的维数通常远远小于原始空间的维数，并且在语义层次上还能更好地表征原始数据的分布，能够更好地实现文本挖掘过程。

在文本分类中，使用文本特征词抽取方法得到的原始文本特征词集规模很大，从而使得采用向量空间模型表示文本时，文本向量的维数常常高达数万维。从理论上讲，在一个文本特征词集中选择出的特征词越多，越能更好地表示文本，但实践证明并非总是如此。高维的文本特征词集对后续的文本分类过程未必全是重要的、有益的，它会大大增加文本分类的计算开销，使整个处理过程的效率非常低下，而且可能仅仅产生与小得多的文本特征词子集相似的挖掘结果，并且巨大的文本特征词空间将导致此后的文本分类过程耗费更多的时间和空间资源。因此，必须对文本集的文本特征词集做进一步净化处理，在保持原文含义的基础上，从原始文本特征词集中找出最能反映文本内容又比较简洁的、较具代表性的文本特征词子集。此外，文本特征词选择在一定程度上能够消除噪声词语，使文本之间的相似度更高，既能提高语义上相关的文本之间的相似度，同时也能降低语义上不相关的文本之间的相似度。

2.4.2 常用的文本特征词选择方法

在文本挖掘中，文本特征词选择方法一般是利用设定的文本特征词评估函数对每个原始文本词汇进行评估并计算其得分，选取一定数目分值高的文本词汇组成文本特征词子集，其基本过程如下。

(1) 初始情况下，初始文本词汇集包含所有原始文本词汇。

(2) 计算文本词汇集中每个文本词汇的评估函数值。

(3) 按文本词汇评估函数值的大小排序文本词汇。

(4) 选取前 k 个文本词汇(k 是所要选取的文本特征词数)作为文本特征词子集。目前，对于选择多少个文本特征词(即 k 的取值问题)还没有很好的确定方法。如果 k 初始值设置过高，就会选择较多的文本特征词，其冗余度也较高，从而降低文本挖掘的质量；如果 k 值设置过低，则许多与文本内容高度相关的文本特征词就会被过滤掉，也会影响文本挖掘的质量。一般做法是先给定一个初始值，然后根据实验测试和统计结果调整 k 值。

(5) 根据选取的文本特征词子集，进行文本向量维数压缩，简化文本向量的表示。

目前常用的文本特征词选择方法主要有独立评估和综合评估两类。

1. 独立评估方法

独立评估方法主要是构造一个文本特征词评价函数，对文本词汇集中的每个文本词汇进行独立评估，让每个文本词汇都获得一个权值，然后按权值大小排序，根据权阈值或预定的文本特征词数目选取最佳文本特征词子集。

1) TF-IDF 权值

TF-IDF(Term Frequency-Inverse Document Frequency)是一种统计方法，用来评估文本特征词对于某文档或某文档集的重要程度。主要思想是：如果某个文本特征词在某文档中出现的频率高，并且在其他文档中很少出现，则认为此词或短语具有很好的类别区分能力，适合用来分类。具体来说，在 TF-IDF 中，TF 表示文本特征词 w 在文档 D_i 中出现的频率；IDF 表示如果包含文本特征词 w 的文档越少，则说明 w 具有很好的类别区分能力。在实际应用中，TF-IDF 有很多表达形式，这里给出常用的两种形式。

(1) 形式 1

$$\text{TF-IDF}(w)=\text{TF}(w)\text{IDF}(w) \tag{2-2}$$

其中，$\text{TF}(w)=\dfrac{w\text{ 在文档 }D_j\text{ 中的出现次数}}{\text{文档 }D_j\text{ 的总词数}}$；$\text{IDF}(w)=\log_2\left(\dfrac{\text{文档集 }D\text{ 中文档总数}}{\text{包含 }w\text{ 的文档数}+1}\right)$。

(2) 形式 2

$$\text{TF-IDF}(w)=\frac{[\log_2(\text{wf}_j)+1]\log_2\left(\dfrac{N}{n}\right)}{\sqrt{\sum_{i=1}^{s}\left[\log_2(\text{wf}_j+1)\log_2\left(\dfrac{N}{n}\right)\right]}} \tag{2-3}$$

其中，wf_j 表示文本特征词 w 在文档 D_j 中的词频；N 表示文档集 D 中总的文档数；n 表示文档集中包含文本特征词 w 的文本数；s 表示文档 D_j 中特征词的个数。

TF-IDF 的优点是简单快速，而且容易理解，在自然语言处理中应用十分广泛，也是选择文本特征词的常用方法；缺点是只用词频衡量文档中的一个词的重要性不够全面，有时候重要的词出现得可能不够多，而且这种计算无法体现位置信息，无法体现词在上下文的重要性。

2）信息增益

信息增益(IG)是一种在机器学习领域应用较为广泛的特征词选择方法，它从信息论角度出发，根据各个特征词取值情况来划分学习样本空间时所获信息增益的多少选择相应的特征词。信息增益表示文本中包含某一文本特征词时文本类别的平均信息量，它体现了某一个特征词的存在与否对类别预测的影响能力，即一个特征词 w 能够为分类系统带来的信息越多，则表示特征词 w 越重要。信息增益的计算式为

$$\begin{aligned}\mathrm{IG}(w) &= -\sum_{i=1}^{m} p(c_i)\log_2 p(c_i) + p(w)\sum_{i=1}^{m} p(c_i \mid w)\log_2 p(c_i \mid w) + \\ &\quad p(\bar{w})\sum_{i=1}^{m} p(c_i \mid \bar{w})\log_2 p(c_i \mid \bar{w}) \\ &= \sum_{i=1}^{m} p(c_i \mid w)\log_2 \frac{p(c_i \mid w)}{p(c_i)p(w)} + \sum_{i=1}^{m} p(c_i \mid \bar{w})\log_2 \frac{p(c_i \mid \bar{w})}{p(c_i)p(\bar{w})}\end{aligned} \tag{2-4}$$

其中，m 为类别总数；c_i 代表一个类；w 为一个文本特征词；$p(w)$ 代表文本特征词 w 出现的概率；$p(c_i)$ 代表类别为 c_i 的概率；$p(c_i|w)$和 $p(c_i|\bar{w})$分别代表文本特征词 w 出现与否的条件下类 c_i 出现的概率。

信息增益的不足之处在于，它既考虑了文本特征词出现的情况，又考虑了文本特征词未出现的情况，也就是说，即使一个文本特征词不出现在文本中也可能对判断这个文本特征词的归属类有所帮助，不过这种帮助与其所带来的贡献相比要小得多。尤其是在各类别训练样本分布十分不均衡的情况下，属于某些类的文本特征词占全部文本特征词的比例很小，较大比例的文本特征词在这些类别中是不存在的，也就是此时的信息增益中文本特征词不出现的部分占绝大多数，这将导致信息增益的效果大大降低。

3）交叉熵

交叉熵(Cross Entropy，CE)反映了文本类别的概率分布和在出现某个特定词的条件下文本类别的概率分布之间的距离，文本特征词的交叉熵越大，对文本类别分布的影响也越大。交叉熵的计算式为

$$\mathrm{CE}(w) = \sum_{i=1}^{m} p(c_i \mid w)\log_2 \frac{p(c_i \mid w)}{p(c_i)p(w)} \tag{2-5}$$

其中，m 为类别总数；c_i 代表一个类；w 为一个文本特征词；$p(w)$代表文本特征词 w 出现的概率；$p(c_i)$代表类别为 c_i 的概率；$p(c_i|w)$代表文本特征词 w 出现的条件下类 c_i 出现的概率。

交叉熵与信息增益相似，它与信息增益唯一的不同之处在于没有考虑单词未发生的情况。所以，在文本特征词选择时，交叉熵法的精度始终优于信息增益法。

4）互信息

在统计学中，互信息(Mutual Information，MI)常用于表征两个变量的相关性，被用作文本特征词相关的统计模型及其相关应用的标准，其计算式为

$$\mathrm{MI}(w,c)=\sum_{i=1}^{m}\log_2\frac{p(c_i \mid w)}{p(w)} \tag{2-6}$$

其中，m 为类别总数；c_i 代表一个类；w 为一个文本特征词；$p(c_i|w)$表示文本特征词 w 在 c_i 类文档中出现的概率；$p(w)$表示 w 在整个文档集中出现的概率。

互信息的不足之处在于，它受临界文本特征词的概率影响较大，当两个文本特征词的 $p(c_i|w)$值相等时，$p(w)$小的互信息值较大，从而使得概率相差太大的文本特征词互信息值不具有可比性。互信息与交叉熵的本质不同在于它没有考虑单词发生的频度，这是互信息一个很大的缺点，因为它造成了互信息评估函数经常倾向于选择稀有特征词。在一些文本特征词选择算法的研究中发现，如果用互信息进行文本特征词选择，它的精度极低(只有约 30.06%)，原因是它删掉了很多高频的有用单词。

5）词频法

词频法选择文本特征词时仅考虑文本特征词在文档集中出现的次数，如果某个文本特征词在文档集中出现的次数达到一个事先给定的阈值，则留下该文本特征词，否则删除。如果利用词频(WF)计算文本特征词评估函数中的概率，则评估函数中用到的概率计算式为

$$p(c_i)=\frac{|c_i|}{|D|} \tag{2-7}$$

$$p(w)=\frac{\mathrm{WF}(w,D)}{|D|} \tag{2-8}$$

$$p(\bar{w})=\frac{\mathrm{WF}(\bar{w},D)}{|D|} \tag{2-9}$$

$$p(c_i \mid w)=\frac{\mathrm{WF}(w,c_i)}{\mathrm{WF}(w,D)} \tag{2-10}$$

$$p(c_i \mid \bar{w})=\frac{\mathrm{WF}(\bar{w},c_i)}{\mathrm{WF}(\bar{w},D)} \tag{2-11}$$

其中，$p(c_i)$表示类别为 c_i 的概率；$|c_i|$表示类别 c_i 所包含的文档数目；$|D|$表示整个文档集的文档数目；$p(w)$表示特征词 w 出现的概率；$\mathrm{WF}(w,D)$表示文本特征词 w 在文档集 D 中出现的次数；$p(\bar{w})$表示非特征词 $\bar{w}$ 出现的概率；$\mathrm{WF}(\bar{w},D)$表示整个文档集 D 中非特征词 $\bar{w}$ 出现的次数；$P(c_i|w)$表示特征词 w 对类别 c_i 的贡献；$\mathrm{WF}(w,c_i)$表示特征词 w 在类别 c_i 文档中出现的次数；$\mathrm{WF}(w,D)$表示特征词在整个文档集 D 中出现的次数；$P(c_i|\bar{w})$表示非特征词 $\bar{w}$ 的词对类别 c_i 的贡献。

将式(2-7)～式(2-11)代入式(2-4)或其他方法中就形成了基于词频的方法。

词频法的缺点在于，它仅选择出现频繁的词作为文本特征词而忽略了出现频率较低的词。

6）文档频法

文档频(DF)法选择文本特征词时仅考虑文本特征词所在的文档数，如果某个文本特征词在文本集中所在的文档数达到一个事先给定的阈值，则留下该文本特征，否则删除。如果用文档频法计算文本特征评估函数中的概率，则评估函数中用到的概率计算式为

$$p(c_i)=\frac{|c_i|}{|D|} \tag{2-12}$$

$$p(w)=\frac{\mathrm{DF}(w,D)}{|D|} \tag{2-13}$$

$$p(\bar{w})=\frac{\mathrm{DF}(\bar{w},D)}{|D|} \tag{2-14}$$

$$p(c_i \mid w)=\frac{\mathrm{DF}(w,c_i)}{\mathrm{DF}(w,D)} \tag{2-15}$$

$$p(c_i \mid \bar{w})=\frac{\mathrm{DF}(\bar{w},c_i)}{\mathrm{DF}(\bar{w},D)} \tag{2-16}$$

其中，$\mathrm{DF}(w,D)$表示在整个文档集 D 中出现文本特征词 w 的文档数；$\mathrm{DF}(\bar{w},D)$表示在整个文档集 D 中没有出现文本特征词 w 的文档数；$\mathrm{DF}(w,c_i)$表示在 c_i 类文档中出现文本特征词 w 的文档数；$\mathrm{DF}(\bar{w},c_i)$表示在 c_i 类文档中没出现文本特征词 w 的文档数；$|c_i|$表示 c_i 类文档数；$|D|$表示整个文档集的文档数。将式(2-12)～式(2-16)代入式(2-4)或其他方法中就形成了基于文档频的方法。

文档频法的缺点在于，它只考虑文本特征词在文档中出现与否，并不考虑文本特征词在文档中出现的次数。这样就产生了一个问题：如果文本特征词 w_i 和 w_j 的文档频相同，那么该方法会认为这两个文本特征词的贡献是相同的，而忽略它们在文档中出现的次数。但是，通常情况是文档中仅出现次数较少的词是噪声词，这样就导致该方法所选择的文本特征词不具有代表性。文档频法最大的优点就是速度特别快，它的时间复杂度与文本规模呈线性关系，非常适用于超大规模文本集的文本特征词选择。

7) χ^2 统计量

在统计学中，χ^2 统计量用于检验两个变量的独立性，也用于表征两个变量间的相关性，它同时考虑了特征词出现与不出现的情况。对于特征词 w 和类别 c_i，其 χ^2 统计量的计算式为

$$\chi^2(w,c_i)=\frac{p(w,c_i)p(\bar{w},\overline{c_i})-p(\bar{w},c_i)p(w,\overline{c_i})}{p(c_i)p(w)p(\overline{c_i})p(\bar{w})} \tag{2-17}$$

显然，χ^2 值越大，特征词 w 与类别 c_i 的相关性就越强，这就表明该特征词是标识类的重要特征。χ^2 统计量方法的缺点是对低频词汇的测量不一定准确。

2. 综合评估方法

在选择文本特征词时，独立评估方法仅依靠权重作为选择的标准，而没有充分考虑文本特征词之间、类内文档之间的分布特性以及文本特征词之间的潜在关系，从而使得到的文本特征子集存在大量冗余，并不具备较好的代表性。

文本特征词的重要性不仅与它在文档中是否出现以及出现的次数有关，还与在文档中的位置、它与类别的相关程度以及在类内的分布情况也有很大关系，为此，在特征词选择时要对文本特征词进行综合考虑，给出一种基于综合评估的文本选择方法。为了描述该方法，首先给出以下文本特征词重要性度量。

1）优化的文档频

通过分析词频法和文档频法发现，词频法的优点可以弥补文档频法的缺点，文档频法的优点也可以弥补词频法的缺点。因此，把这两种方法结合起来使用可以获得较好的效果。为此，提出了一个优化的文档频，该优化的文档频既考虑文本特证词出现的文档数，又考虑文本特征词在文档中出现的次数。

文本特征词 w 优化的文档频是指出现文本特征词 w 的频率达到一定次数的文档数，记为 Opti_DF_n，其中 n 为文本特征词在文档中至少出现的频率。如果用优化的文档频计算文本特征评估函数中的概率，则函数中用到的概率计算式为

$$p(c_i)=\frac{|c_i|}{|D|} \tag{2-18}$$

$$p(w)=\frac{\text{Opti\_DF}_n(w,D)}{|D|} \tag{2-19}$$

$$p(\bar{w})=\frac{\text{Opti\_DF}_n(\bar{w},D)}{|D|} \tag{2-20}$$

$$p(c_i \mid w)=\frac{\text{Opti\_DF}_n(w,c_i)}{\text{Opti\_DF}_n(w,D)} \tag{2-21}$$

$$p(c_i \mid \bar{w})=\frac{\text{Opti\_DF}_n(\bar{w},c_i)}{\text{Opti\_DF}_n(\bar{w},D)} \tag{2-22}$$

其中，$|c_i|$表示 c_i 类文档数；$|D|$表示整个文档集的文档数；$\text{Opti_DF}_n(w,c_i)$表示在 c_i 类文档中文本特征 w 至少出现 n 次的文档数；$\text{Opti_DF}_n(\bar{w},c_i)$表示在 c_i 类文档中文本特征词 w 出现少于 n 次的文档数；$\text{Opti_DF}_n(w,D)$表示在整个文档集 D 中文本特征词 w 至少出现 n 次的文档数；$\text{Opti_DF}_n(\bar{w},D)$表示在整个文档集 D 中文本特征 w 出现少于 n 次的文档数。

2）文本特征词区分度

如果一个文本特征词对某个类的贡献较大，那么该文本特征词对这个类的区分能力应该较强。下面给出文本特征词区分度的概念。

文本特征词 w_i 对类别 c_j 的区分能力称为文本特征词区分度，记为 $\text{Feat\_Dist}(w_i,c_j)$。

由于一个类别的文本特征词有多个，因此可用式(12-23)表示文本特征词 w_i 的区分度。

$$\text{Feat\_Dist}(w_i,c_j)=\sum_{k=1\wedge k\neq j}^{m}\left[\frac{\text{Opti\_DF}_n(w_i,c_j)}{\sum_q \text{Opti\_DF}_n(w_q,c_j)}\right]^2 \tag{2-23}$$

其中，m 为类别的个数；$\text{Feat_Dist}(w_i,c_j)$不但考虑了文本特征词出现的文档数，而且考虑了文本特征词在文档中出现的次数，使文档频和词频有机结合。$\text{Feat_Dist}(w_i,c_j)$越大，表明文本特征词 w_i 对类别的区分能力越强，即该文本特征词的分类能力越强，从而说明该文本特征也就越重要。

3）类内集中度

如果一个文本特征词对某个类别贡献较大，那么该文本特征词应该集中出现在该类的文档中，而不是分散地出现在各类文档中。为此，下面定义了类内集中度，用于表现文

本特征词在类别中的集中程度。

类内集中度表示文本特征词 w_i 在类别 c_j 的文档集中的分布情况，用 Class_concentrat(w_i,c_j)表示。因此，可用式(2-24)表示类内集中度。

$$\text{Class\_concentrat}(w_i,c_j)=\frac{\text{Opti\_DF}_n(w_i,c_j)}{\sum_{k=1}^{m}\text{Opti\_DF}_n(w_k,c_j)}\times\frac{\text{WF}(w_i,c_j)}{\sum_{k=1}^{m}\text{WF}(w_k,c_j)} \tag{2-24}$$

Class_concentrat(w_i,c_j)越大，表明文本特征词 w_i 在类别 c_j 中的集中程度越高，那么该文本特征词的分类能力也就越强，即该文本特征词越重要。

4）位置重要性

一般来说，在人工分类时，人们不一定要通读全文而仅须阅读标题、摘要、引言或第一段就可确切地判别文档所属的类别。这说明不同位置的文本特征词对判别文档所属类别的作用是不同的，有些文本特征词出现的频率虽然不高，如标题中的文本特征词，却能直接反映文档的类别。因此，文本特征词的位置也应该作为度量文本特征词重要性的一个指标，称为位置重要性，用 Loca(w_i,c_j)表示。可用式(2-25)表示文本特征词的位置重要性。

$$\text{Loca}(w_i,c_j)=ar_{ij} \tag{2-25}$$

$$a=\begin{cases}3, & w_i\text{出现在题目或摘要中}\\2, & w_i\text{出现在首段或引言中}\\1, & w_i\text{出现在其他位置}\end{cases}$$

$$r_{ij}=\frac{\text{Feat\_Dist}(w_i,c_j)+\text{Class\_concentrat}(w_i,c_j)}{2}$$

5）同义词度量

在中文自然语言中，不同的词之间同义或近义的现象十分普遍。例如，电脑和计算机表示同一个概念，如果把它们看成两个不同的文本特征词，分类时就会产生错误。对于这个问题，通常的做法就是使用主题词词典或同义词词典对同义或近义词进行标准化处理。这种处理方法简单，易理解且易实现，但是忽略了同义词尤其是近义词之间的语义联系和差别。针对这个问题，提出了同义词度量，简言之，就是使用同义词集将同义词看成一个基于类别的同义概念来处理。

对于文本特征词 w_i 和类别 c_j，首先确定 w_i 的同义词集 Syno_set(w_i,c_j) $=\{w_k \mid w_k\in T_j, w_k\approx w_j\}$，其中，$\approx$ 表示同义，T_j 表示类别 c_j 文本特征词集。因此，可以用式(2-26)表示文本特征词 w_k 在类别 c_j 中的同义词。

$$\text{Syno\_set}(w_i,c_j)=\frac{\text{Opti\_DF}_n(w_i,c_j)}{\sum_{k=1}^{s}\text{Opti\_DF}_n(w_k,c_j)/m} \tag{2-26}$$

其中，$s=|\text{Syno_set}(w_i,c_j)|$表示 w_i 同义词集中所包含特征词的个数。

6）同义词权值

文本特征词 w_i 对于类别 c_j 的综合权值反映 w_i 对于类别 c_j 的综合重要性。可以用式(2-27)表示文本特征词 w_k 关于类别 c_j 的同义词权值。

$$\text{Weight}(w_i, c_j) = \sum_{k=1}^{s} \text{Loca}(w_k, c_j)\text{Syno\_set}(w_k, c_j) \tag{2-27}$$

7）综合文本特征词选择具体算法

根据上面的讨论，提出一种综合中文文本特征词选择方法，该方法综合考虑了文本特征词的位置、词频、文档频、类内集中度、文本特征词区分度、同义或近义词权重等因素，其简单描述如下。

输入 经过分词处理的训练文档集（即原始文本词汇集）：设 T 为原始文本词汇集，C 为类别集，对于 $\forall c_j \in C$，设 c_j 的训练文档集为 DS_j，给定最小权重阈值 ω_j。

输出 原始文本词汇集的一个特征集。

类 c_j 的文本特征词选择方法如下。

令 $T_j = T$，$\forall w_i \in T_j$：

（1）计算文本词汇 w_i 的 $\text{Opti\_DF}_n(w_i, c_i)$、$\text{Feat\_Dist}(w_i, c_j)$、$\text{Class\_concentrat}(w_i, c_j)$、$\text{Loca}(w_i, c_j)$、$\text{Syno_ set}(w_i, c_j)$和 $\text{Weight}(w_i, c_j)$；

（2）若 $\text{Weight}(w_i, c_j) \geqslant \omega_0$ 则保留文本词汇 w_i，否则从 T_j 中删除 w_i；

（3）若 T 中还存在没考查的元素，则转到步骤(1)；

（4）若 C 中还存在没考查的类别，则转到步骤(1)；

（5）扫描一遍步骤(4)所得的文本词汇子集，以调高那些对分类贡献比较大的文本词汇的权重，然后按照权重从大到小的顺序输出前 P_j 个文本词汇作为文本特征词。

2.5 Python jieba 分词模块及其用法

jieba 库是一款优秀的 Python 第三方中文分词库，在 2015 年更新的词库中，词的数量为 16.6 万。词库具有中文句子/词性分割、词性标注、未登录词识别、支持用户词典等功能，该组件的分词精度达到了 97%以上。

jieba 支持 3 种分词模式：精确模式、全模式和搜索引擎模式。

- 精确模式：试图将语句最精确地切分，不存在冗余数据，适合做文本分析。
- 全模式：将语句中所有可能成词的词汇都切分出来，速度很快，但是不能解决歧义。
- 搜索引擎模式：在精确模式的基础上，对长词再次进行切分，提高召回率，适用于搜索引擎分词。

2.5.1 jieba 方法

jieba 方法主要是基于统计词典构造一个前缀词典，然后利用前缀词典对输入句子进行切分，得到所有的切分可能，根据切分位置，构造一个有向无环图(Directed Acyclic Graph, DAG)；通过动态规划算法，计算得到最大概率路径，也就得到了最终的切分形式。

1. jieba.cut 分词

jieba.cut()方法接受以下输入参数。

（1）第一个参数为需要分词的字符串。

（2）cut_all 参数用来控制是否采用全模式，用法：cut_all=True 或 cut_all=False。

（3）HMM 参数用来控制是否使用 HMM 模型，用法：HMM=True 或 HMM=False。

jieba.cut_for_search()方法接受两个输入参数：需要分词的字符串、是否使用 HMM 模型。该方法适用于搜索引擎构建倒排索引的分词，粒度比较细。

注意：待分词的字符串可以是 GBK 字符串、UTF-8 字符串或 Unicode 字符串。

jieba.cut() 以及 jieba.cut_for_search() 返回的结构都是一个可迭代的生成器(Generator)，可以使用 for 循环获得分词后得到的每个词语(Unicode)，也可以用 list (jieba.cut(…))转化为 list。

```
import jieba
seg_list = jieba.cut("我来到北京清华大学", cut_all = True)
print("全模式：" + "/ ".join(seg_list))                    #全模式
seg_list = jieba.cut("我来到北京清华大学", cut_all = False)
print("精准模式：" + "/ ".join(seg_list))                  #精确模式
seg_list = jieba.cut("他来到了网易杭研大厦")                #默认是精确模式
print("精准模式：" + "/ ".join(seg_list))
seg_list = jieba.cut_for_search("小明硕士毕业于中国科学院计算所，后在日本京都大学深
造")  #搜索引擎模式
print("搜索引擎模式：" + "/ ".join(seg_list))
```

程序运行后结果如图 2.13 所示。

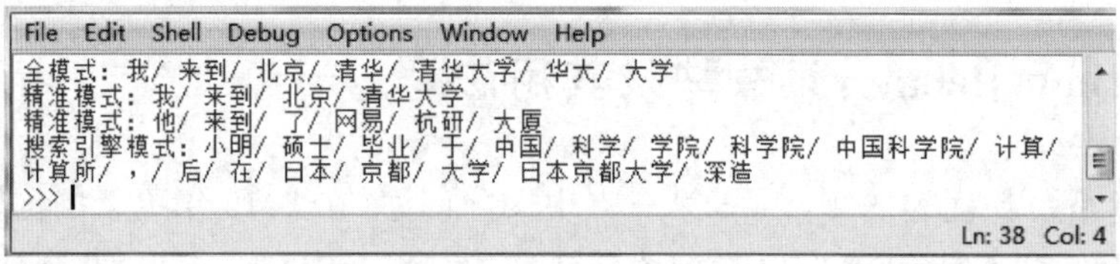

```
File  Edit  Shell  Debug  Options  Window  Help
全模式：我/ 来到/ 北京/ 清华/ 清华大学/ 华大/ 大学
精准模式：我/ 来到/ 北京/ 清华大学
精准模式：他/ 来到/ 了/ 网易/ 杭研/ 大厦
搜索引擎模式：小明/ 硕士/ 毕业/ 于/ 中国/ 科学/ 学院/ 科学院/ 中国科学院/ 计算/
计算所/ ，/ 后/ 在/ 日本/ 京都/ 大学/ 日本京都大学/ 深造
>>>
                                                    Ln: 38  Col: 4
```

图 2.13　jieba.cut 分词结果

2. jieba 词典增加、删除词

有时针对实际问题，需要为 jieba 词典增加、删除一些特征词，但增加或删除词只对长词起作用，对于比 jieba 自己分的还短的词不起作用。

在上面的例子中，增加短词“北”，代码如下。

```
import jieba
jieba.add_word("北")
seg_list = jieba.cut("我来到北京清华大学",cut_all = False)
print("" + "/ ".join(seg_list))
```

分词结果如图 2.14 所示。

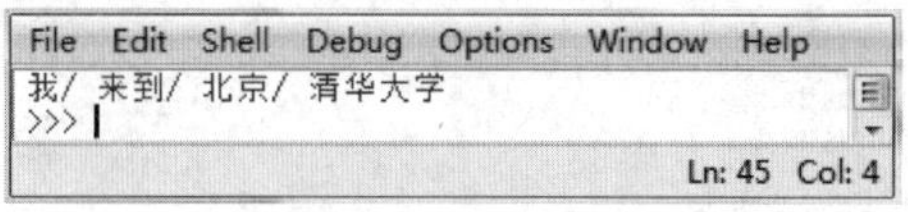

```
File  Edit  Shell  Debug  Options  Window  Help
我/ 来到/ 北京/ 清华大学
>>>
                                    Ln: 45  Col: 4
```

图 2.14　增加短词的运行结果

增加长词“我来到”，代码如下。

```
import jieba
jieba.add_word("我来到")
seg_list = jieba.cut("我来到北京清华大学",cut_all = False)
print("" + "/ ".join(seg_list))
```

分词结果如图 2.15 所示。

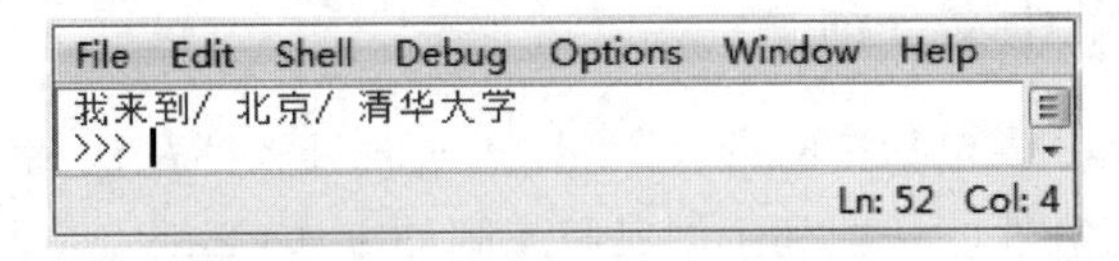

图 2.15 增加长词的运行结果

删除长词“我来到”和“清华大学”，代码如下。

```
import jieba
jieba.del_word("我来到")
jieba.del_word("清华大学")
seg_list = jieba.cut("我来到北京清华大学",cut_all = False)
print("" + "/ ".join(seg_list))
```

分词结果如图 2.16 所示。

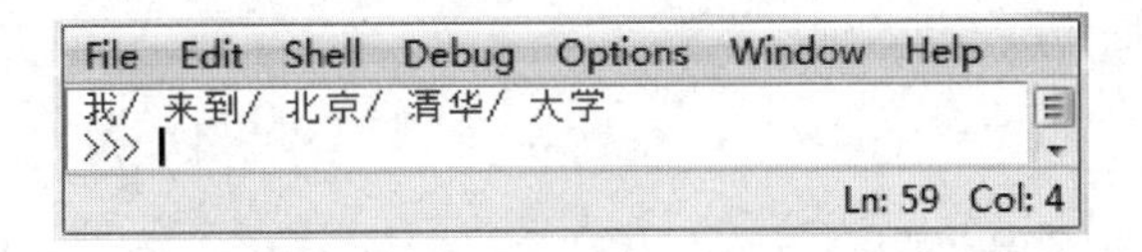

图 2.16 删除长词的运行结果

3. 词性标注

jieba 分词中提供了词性标注功能，可以标注分词后每个词的词性，词性标注集采用北大计算所词性标注集，代码如下。

```
#引入词性标注接口
import jieba.posseg as psg
text = "我来到北京清华大学"
#词性标注
seg = psg.cut(text)
#将词性标注结果打印出来
for ele in seg:
    print(ele)
```

程序运行结果如图 2.17 所示。

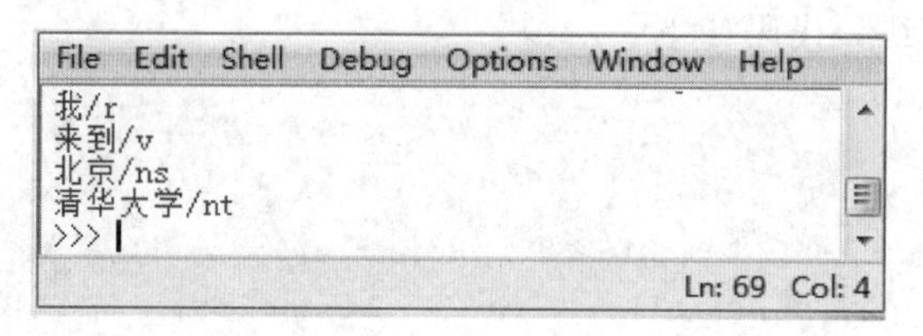

图 2.17 词性标注示例

2.5.2 基于规则的中文分词

基于规则的中文分词包括正向最大匹配法、逆向最大匹配法和双向最大匹配法。最大匹配方法是最有代表性的一种基于词典和规则的方法,其缺点是严重依赖词典,无法很好地处理分词歧义和未登录词。但由于这种方法简单,速度快,且分词效果基本可以满足需求,因此很受人们的欢迎。

1. 正向最大匹配法

正向最大匹配法的思想是对句子从左到右选择词典中最长的词条进行匹配,获得分词结果。

(1) 统计分词词典,确定词典中最长词条的字符数 m。

(2) 从左向右取待切分语句的 m 个字符作为匹配字段,查找词典。如果匹配成功,则作为一个切分后的词语;否则,去掉待匹配字符的最后一个继续查找词典,重复上述步骤直到切分出所有词语。

示例代码如下。

```
dictA = ['南京市', '南京市长', '长江大桥', '大桥']
maxDictA = max([len(word) for word in dictA])
sentence = "南京市长江大桥"
def cutA(sentence):
    result = []
    sentenceLen = len(sentence)
    n = 0
    while n < sentenceLen:
        matched = 0
        for i in range(maxDictA, 0, -1):
            piece = sentence[n:n + i]
            if piece in dictA:
                result.append(piece)
                matched = 1
                n = n + i
                break
        if not matched:
            result.append(sentence[n])
            n += 1
```

```
    print(result)
cutA(sentence)
```

程序运行结果如图 2.18 所示。

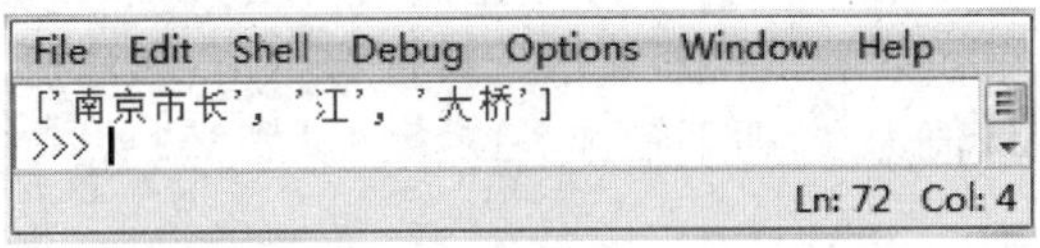

```
File  Edit  Shell  Debug  Options  Window  Help
['南京市长', '江', '大桥']
>>> |
                                    Ln: 72  Col: 4
```

图 2.18　正向最大匹配例子运行结果

2. 逆向最大匹配法

逆向最大匹配法的思想与正向最大匹配法相同,主要差异如下。

(1) 对句子从右到左选择词典中最长的词条进行匹配,获得分词结果。

(2) 当匹配失败时,去掉待匹配字符的最前面的一个继续查找词典。

示例代码如下。

```
dictB = ['南京市', '南京市长', '长江大桥', '大桥']
maxDictB = max([len(word) for word in dictB])
sentence = "南京市长江大桥"
def cutB(sentence):
    result = []
    sentenceLen = len(sentence)
    while sentenceLen > 0:
        word = ''
        for i in range(maxDictB, 0, -1):
            piece = sentence[sentenceLen - i:sentenceLen]
            if piece in dictB:
                word = piece
                result.append(word)
                sentenceLen -= i
                break
        if word is '':
            sentenceLen -= 1
            result.append(sentence[sentenceLen])
    print(result[::-1])
cutB(sentence)
```

程序运行结果如图 2.19 所示。

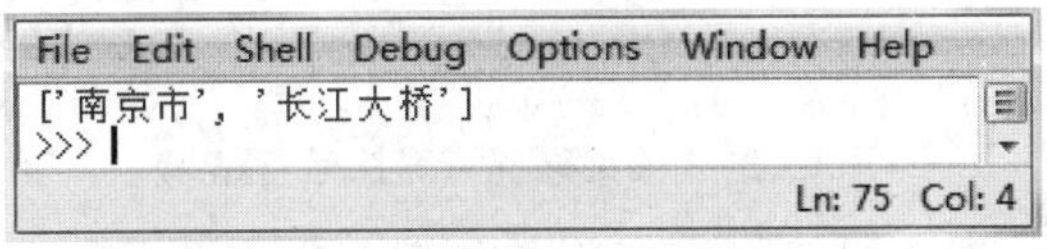

```
File  Edit  Shell  Debug  Options  Window  Help
['南京市', '长江大桥']
>>> |
                                    Ln: 75  Col: 4
```

图 2.19　逆向最大匹配例子运行结果

2.5.3 关键词提取

这里只介绍基于jieba.analyse.extract_tags()方法的关键词抽取。关键词抽取源代码如下。其中,sentence为待提取的文本;topK为返回几个TF-IDF权重最大的关键词,默认值为20;withWeight为是否一并返回关键词权重值,默认值为False;allowPOS仅包括指定词性的词,默认值为空,即不筛选。

```
import jieba
import jieba.analyse
sentence = '2020年是全面建成小康社会和"十三五"规划收官之年,要实现第一个百年奋斗目标,为"十四五"发展和实现第二个百年奋斗目标打好基础,做好经济工作十分重要。要以习近平新时代中国特色社会主义思想为指导,全面贯彻党的十九大和十九届二中、三中、四中全会精神,坚决贯彻党的基本理论、基本路线、基本方略,增强"四个意识"、坚定"四个自信"、做到"两个维护",紧扣全面建成小康社会目标任务,坚持稳中求进工作总基调,坚持新发展理念,坚持以供给侧结构性改革为主线,坚持以改革开放为动力,推动高质量发展,坚决打赢三大攻坚战,全面做好"六稳"工作,统筹推进稳增长、促改革、调结构、惠民生、防风险、保稳定,保持经济运行在合理区间,确保全面建成小康社会和"十三五"规划圆满收官,得到人民认可、经得起历史检验。'
keywords = jieba.analyse.extract_tags(sentence, topK = 20, withWeight = True, allowPOS =
('n','nr','ns'))
#print(type(keywords))
# <class 'list'>
for item in keywords:
    print(item[0],item[1])
```

运行结果如图2.20所示。

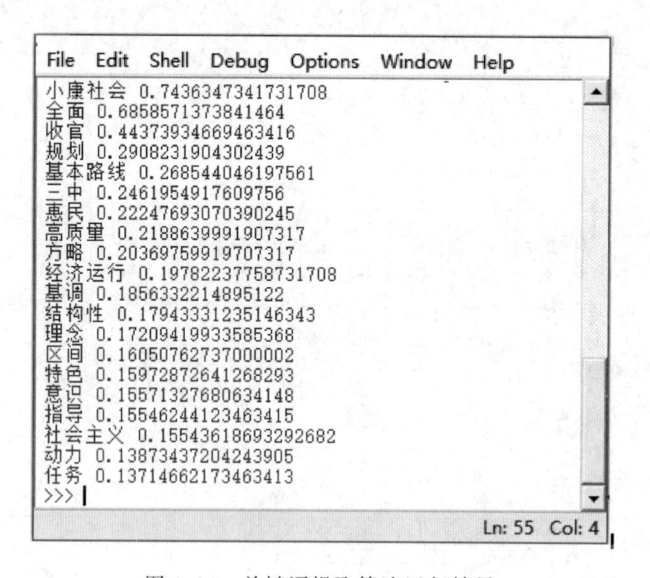

图2.20 关键词提取算法运行结果

习题 2

2-1　简述数据采集的意义及具体实现。

2-2　验证数据采集的示例，抓取相关数据。

2-3　利用现代汉语语料库进行一段中文文本的汉语分词、词性自动标注、字频统计和词频统计。

2-4　用 Python 实现双向最大匹配的算法。

2-5　利用 jieba 进行一段中文文本的 3 种模式的分词。

2-6　利用 Python 实现一段中文文本特征词提取。

第 3 章

文本表示模型

一般来说,文本挖掘算法不能直接在原始文本形式上处理。因此,在预处理阶段,将文本转化为更易计算机识别的信息,即对文本进行形式化处理。这一形式化的结果称为文本表示,不同的文本表示模型有不同的特点,所以根据文本的特点和文本处理的要求选择合适的文本表示模型是非常重要的。目前比较常见的文本表示模型包括向量空间模型、概率模型、主题模型等。

3.1 文本预处理

我们得到的数据(如利用爬虫从网页上爬取的数据)包含了丰富的描述数据,因为数据具有多样性,因此一般是非结构化数据,而直接对非结构化的文本数据分析有一定的限制和困难。尤其是一些低质量的数据进入系统将导致昂贵的操作费用和系统漫长的响应时间,并且对从数据集中抽取的模式的正确性和导出规则的准确性产生巨大的影响,更严重的会使决策支持系统产生错误的分析结果,误导决策。所以,在进行数据挖掘之前,需要对数据进行预处理,将数据处理成适合文本挖掘的格式。

3.1.1 原始数据处理

在一些搜索引擎应用系统中,由爬虫发现的文档或由信息源提供的文档,通常都不是纯文本,它们的格式多种多样,如 HTML、XML、Adobe PDF、Microsoft Word 或 Microsoft PowerPoint 等格式的文本。还有些数据来源于文档数据库,它用于管理大量的文档及与这些文档相关的结构化数据。结构化数据包括文档的元数据,以及从文档中抽取出来的其他信息,如超链接和锚文本(Anchor Text,与超链接关联的文本)。

1. 去除数据中非文本部分

这一步主要是针对用爬虫收集的语料数据，由于爬取的内容中有很多 HTML 的标签，需要去掉。少量的非文本内容可以直接用 Python 的正则表达式(re)去除，复杂的则可以用 Beautiful Soup 去除。去除掉这些非文本的内容后，我们就可以进行真正的文本预处理了。Beautiful Soup 是 Python 的一个库，最主要的功能就是从网页爬取我们需要的数据。Beautiful Soup 将 HTML 解析为对象进行处理，全部页面转换为字典或数组，相对于正则表达式的方式，可以大大简化处理过程。

例 3.1 Python 正则提取字符串里的中文。

```
# - * - coding: UTF - 8 - * -
import re
#过滤掉除中文以外的字符
str = "hello,world!! % [545]你好 234 世界..."
str = re.sub("[A - Za - z0 - 9\!\ % \[\]\,\.]", "", str)
print(str)
#提取字符串里的中文,返回数组
pattern = "[\u4e00 - \u9fa5] + "
regex = re.compile(pattern)
results = regex.findall("adf 中文 adf 发京东方")
print(results)
```

程序运行结果如图 3.1 所示。

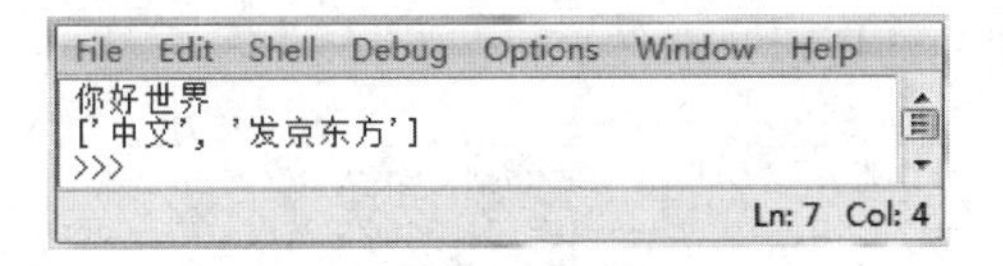

图 3.1 汉字提取运行结果

2. 经典数据集

Python NLTK 提供了非常多经典的数据集，很多数据集都是手工标注而成。NLTK 是由宾夕法尼亚大学计算机与信息科学系使用 Python 语言实现的一种自然语言工具包，其收集的大量公开数据集、模型上提供了全面、易用的接口，涵盖了分词、词性标注(Part-of-Speech Tag，POS-Tag)、命名实体识别(Named Entity Recognition，NER)、句法分析(Syntactic Parse)等各项自然语言处理(Natural Language Processing，NLP)领域的功能。

THUCNews 是根据新浪新闻 RSS 订阅频道 2005—2011 年间的历史数据筛选过滤生成，包含 74 万篇新闻文档(2.19 GB)，均为 UTF-8 纯文本格式。

3. 编码处理

1) 乱码问题

若开启的文档或下载的网页有乱码现象，通常是因为发送端与接收端的字符编码

(Character Encoding)设定不同所致。所以，在遇到乱码时，掌握文件(网页)的编码与Python环境的字符编码，确定这两个地方字符编码一致以后就没有问题了。

例 3.2 Python乱码处理的例子。

(1) Python不能将汉字编码直接输出汉字，需要转换成Unicode，然后用print()函数输出，代码如下。

```
str = b'\xc7\xeb\xca\xb9\xd3\xc3\xca\xda\xc8\xa8\xc2\xeb\xb5\xc7 \xc2\xbc\xa1\xa3\xcf\
xea\xc7\xe9\xc7\xeb\xbf\xb4'
print(str.decode('gbk'))
```

程序运行结果如图3.2所示。

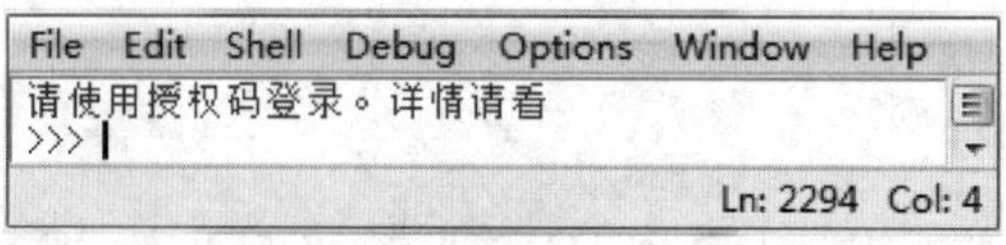

File Edit Shell Debug Options Window Help
请使用授权码登录。详情请看
>>>
Ln: 2294 Col: 4

图 3.2 汉字编码转换成Unicode输出

(2) 将百分比编码的序列解码为Unicode字符。

```
import urllib.parse
c = 'cardId = 110110110110&mobile = 13123456789&realName = %E6 %9D %8E %E 9 %9B %B7'
res = urllib.parse.unquote(c)
print(res)
```

程序运行结果如图3.3所示。

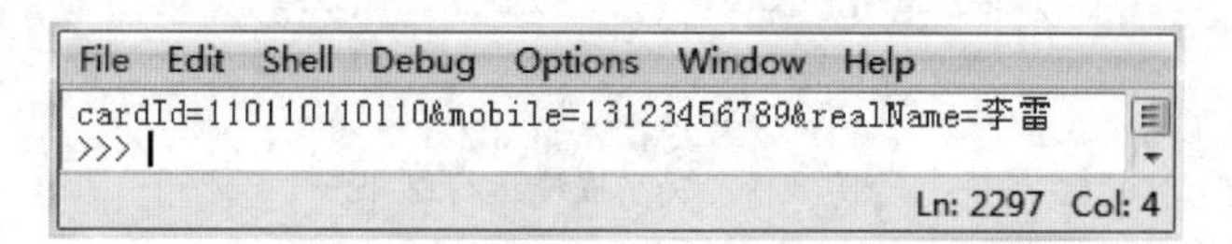

图 3.3 百分比编码的序列解码为Unicode字符

2) 字符编码种类

字符编码主要可以分为地区性编码与国际性编码。地区性编码为各地区自行发展出来的编码方式，各地皆有专属的字符编码，以中文为例，惯用繁体字的地区使用的编码是大五码(Big5)，惯用简体字的地区使用的是汉字内码扩展规范(GBK)。在现今网络无国界，交流越来越频繁的情况下，因字符编码不同导致的乱码问题影响会越来越大。

国际性编码，即为解决地区性编码所导致的混乱问题所发展出的解决之道。最典型的例子为UTF-8(8-bit Unicode Transformation Format)，它是由万国码(Unicode)延伸出来的编码方式，但是与Unicode属不同的编码方式。这个编码系统的发展可以收录更多的字符，因此可以处理更大数量的字符，统一了所有国家的不同编码，使UTF-8通用于繁体中文与简体中文。

3.1.2 文本预处理简述

文本预处理是文本分类的初始阶段,是将原始的文本表示成计算机可识别的特定的数学模型。

1. 文本预处理的一般过程

中文文本预处理的一般过程有分段、分句、分词、词性标注、停用词过滤、权重设置等,如图 3.4 所示。

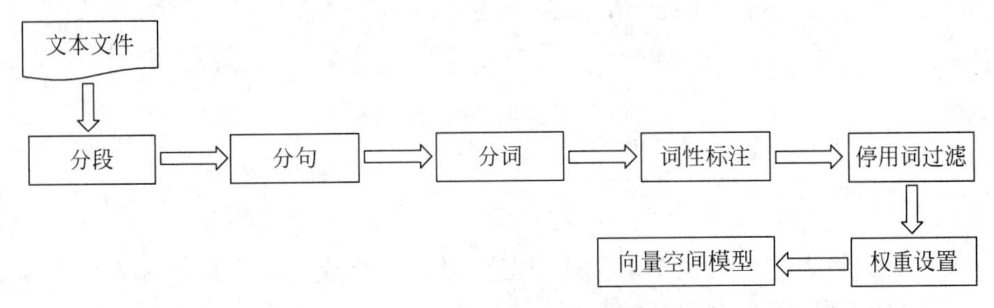

图 3.4 文本预处理的一般过程

(1) 对输入的文本进行删除开始、结尾以及段与段之间的空格等操作。

(2) 识别换行符号,对文本进行分段,并用分段标记标识段落。

(3) 识别断句符号,如“。”“!”“?”“;”等,并用断句符号标记句子。

(4) 对断句出来的句子用分词算法进行分词,并进行词性标注。

(5) 处理完成之后,采用一定的策略对之前得到的词汇进行特征词选取。

(6) 设置特征词汇的权重。

(7) 形成文本的向量空间模型。

2. 文本分段和分句

文本分段一般采用识别分段符号的方法,在 ASCII 码中,分段(换行)符是“10”和“13”。在 HTML 网页中出现的大段文字,通常采用< p ></p >标签进行分段规划,即段落的开始用< p >标签,段落的结束用</p >标签。

与分段相似,文本的断句也使用识别断句符号的方法。常用的中文断句标点符号如下。

(1) 中文常用句末标点符号,如“。”“!”“?”“:”“……”“;”等;

(2) 中文右匹配标点符号,如“ ” ”“)”“】”“》”等也视为断句符号;

(3) 英文句末标点符号,如“.”“!”“?”“:”“;”等;

(4) 英文右匹配符号,如“'”“"”“)”等。

例 3.3 使用 re.split()函数,可以进行一次性分隔、断句。

```
import re
pattern = r',|\.|/|;|\'|`|\[|\]|<|>|\?|:|"|\{|\}|\~|!|@|#|\$|%|\^|&|\(|\)|-|=
|\_|\+|,|.|、|;|'|'|【|】|«|»|·|!| |…|(|)'
```

```
test_text = '人民网北京 10 月 27 日电（记者 刘洁妍)第十三届全国人民代表大会常务委员会第十四次会议 26 日表决通过«全国人民代表大会常务委员会关于授权澳门特别行政区对横琴口岸澳方口岸区及相关延伸区实施管辖的决定»。'
result_list = re.split(pattern, test_text)
print(result_list)
```

程序运行结果如图 3.5 所示。

```
File  Edit  Shell  Debug  Options  Window  Help
['人民网北京10月27日电', '', '记者', '刘洁妍', '第十三届全国人民代表大会常务委员会第十四次会议26日表决通过', '全国人民代表大会常务委员会关于授权澳门特别行政区对横琴口岸澳方口岸区及相关延伸区实施管辖的决定', '', '']
>>> |
Ln: 132  Col: 4
```

图 3.5　re. split()函数断句示例

3. 分词处理

中文与英文最大的区别在于中文的词汇可以由一个或是两个以上邻近的字组成，而词汇与词汇之间不像英文有明显的间隔。此时我们就需要利用分词将文档中的句子分成词汇。

4. 词性标注

词性标注是指为分词结果中的每个单词标注一个正确的词性，即确定每个词是名词、动词、形容词或其他词性。在汉语中，词性标注比较简单，因为汉语词汇词性多变的情况比较少见，大多词语只有一个词性，或者出现频次最高的词性远远高于第二位的词性。由于在词性标注中早期出现的错误会在后续处理中被放大，因此会直接影响到后续文本挖掘的效果。

目前常用的词性标注方法主要分为 3 种：基于规则的方法、基于统计的方法以及规则和统计相结合的方法。表 3.1 给出部分汉语词性对照表。

表 3.1　汉语词性对照表(部分)

代码	名　称	说　　明	举　　例
n	名词	取英语名词 noun 的第 1 个字母	希望/v 双方/n 在/p 市政/n 规划/vn
v	动词	取英语动词 verb 的第 1 个字母	举行/v 老/a 干部/n 迎春/vn 团拜会/n
a	形容词	取英语形容词 adjective 的第 1 个字母	最/d 大/a 的/u
d	副词	取 adverb 的第 2 个字母，因其第 1 个字母已用于形容词	两侧/f 台柱/n 上/分别/d 雄踞/v 着/u
c	连词	取英语连词 conjunction 的第 1 个字母	全军/n 和/c 武警/n 先进/a 典型/n 代表/n
p	介词	取英语介词 prepositional 的第 1 个字母	往/p 基层/n 跑/v。/w
q	量词	取英语 quantity 的第 1 个字母	不止/v 一/m 次/q 地/u 听到/v，/w
m	数词	取英语 numeral 的第 3 个字母，n 和 u 已有他用	科学技术/n 是/v 第一/m 生产力/n

续表

代码	名　称	说　　明	举　　例
r	代词	取英语代词 pronoun 的第 2 个字母，因 p 已用于介词	有些/r 部门/n
u	助词	取英语助词 auxiliary 的第 2 个字母，因 a 已用于形容词	工作/vn 的/u 政策/n
t	时间词	取英语 time 的第 1 个字母	当前/t 经济/n 社会/n 情况/n
w	标点符号		生产/v 的/u5G/nx、/w8G/nx 型/k 燃气/n 热水器/n
k	后接成分		权责/n 明确/a 的/u 逐级/d 授权/v 制/k
e	叹词	取英语叹词 exclamation 的第 1 个字母	嗬/e！/w
vn	动名词	指具有名词功能的动词。动词和名词的代码并在一起	股份制/n 这种/r 企业/n 组织/vn 形式/n，/w
nx	字母专名		ATM/nx 交换机/n
ad	副形词	直接作状语的形容词	一定/d 能够/v 顺利/ad 实现/v。/w

例 3.4　对中文文本文件中的内容进行分词及词性标注。

```
import jieba
import jieba.posseg as pseg
p = open(r'D://python3sy/test.txt', 'r', encoding = 'gbk')
q = open(r'D://python3sy/test1.txt', 'w', encoding = 'gbk')
for line in p.readlines():
    words = pseg.cut(line)
    for word, flag in words:
        q.write(str(word) + "/" + str(flag) + "; ")
    q.write('\n')
    q.close()
```

源文本文件和标注后结果如图 3.6 所示。

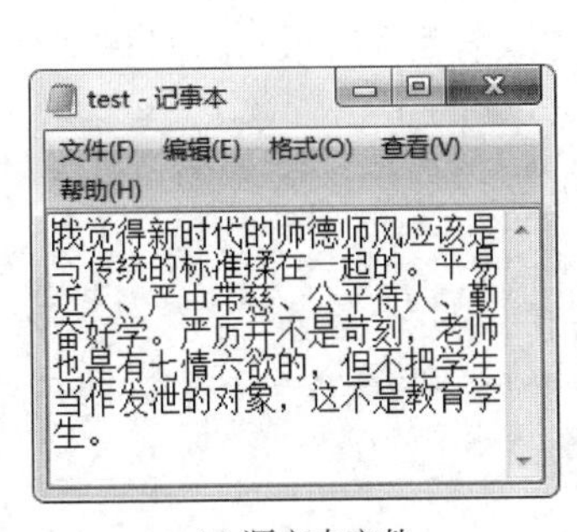

(a) 源文本文件

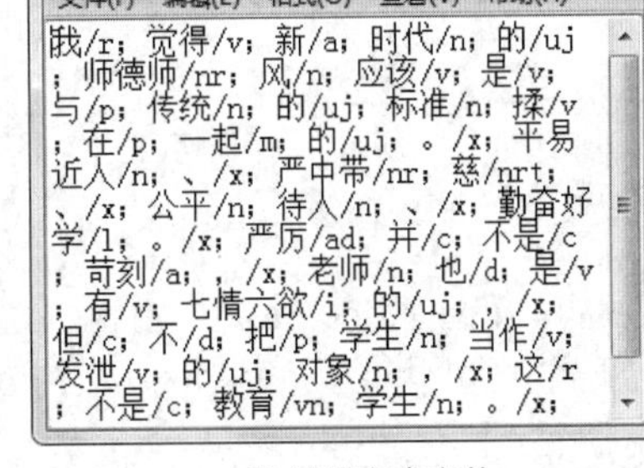

(b) 结果文本文件

图 3.6　词性标注前后的文本文件

5. 停用词过滤

在对文本进行分词之后，文本就变成了一系列词集的表示。但是文本中的词并不是出现频率越高，代表性就越强。事实上，如果一个词项在文档集中出现过于频繁(英语里诸如 a、the、or 等使用频率很高的词)，则对文档的区分是没有意义的，我们称之为停用词。停用词对于文本所表达的内容几乎没有任何贡献，即对于文本分类没有太大作用。因此，有必要将这些停用词从原始文本中过滤掉，这个过程称为停用词过滤。

停用词过滤通常有两种方法：一种方法是基于统计的，统计每个词项在文档集中出现的文档数，如果超过总数量的某个百分比(如 80%)，就将这个词项作为停用词过滤；另一种是通过建立一个停用词表来实现，这个列表包含所有的停用词，如哈工大停用词词库、四川大学机器学习智能实验室停用词库、百度停用词表等各种停用词表，如表 3.2 所示。

表 3.2 停用词表(部分)

啊	吧	鄙人	不成	不怕	趁着	从	的	多少	反过来说
阿	吧哒	彼	不单	不然	乘	从而	的话	而	反之
哎	把	彼此	不但	不如	冲	打	等	而况	非但
哎呀	罢了	边	不独	不特	除	待	等等	而且	非徒
哎哟	被	别	不管	不惟	除此之外	但	地	而是	否则
唉	本	别的	不光	不问	除非	但是	第	而外	嘎
俺	本着	别说	不过	不只	除了	当	叮咚	而言	嘎登
俺们	比	并	不仅	朝	此	当着	对	而已	该
按	比方	并且	不拘	朝着	此外	到	对于	尔后	赶
按照	比如	不比	不论	趁	此间	得	多	反过来	个

使用停用词表过滤停用词的过程很简单，就是一个查询过程，对每个词汇，看其是否位于停用词表中，如果是，则从词汇中删除。

停用词过滤一方面可以降低特征维度，提高文本分类算法的效率和速度，节省计算资源；另一方面可以准确地表示文本。

例 3.5 读出源文本文件，去除停用词，完成操作后将结果写入目标文件。

```
from collections import Counter
import jieba
#创建停用词列表
def stopwordslist(filepath):
    stopwords = [line.strip() for line in open('D://python3sy/stopword.txt', 'r').
readlines()]
    return stopwords
#对句子进行分词
def seg_sentence(sentence):
    sentence_seged = jieba.cut(sentence.strip())
    stopwords = stopwordslist('D://python3sy/stopword.txt')
```

```
    #这里加载停用词的路径
    outstr = ''
    for word in sentence_seged:
        if word not in stopwords:
            if word != '\t':
                outstr += word
                outstr += " "
    return outstr
inputs = open('D://python3sy/test.txt', 'r')      #加载要处理的文件的路径
outputs = open('D://python3sy/out.txt', 'w')      #加载处理后的文件路径
for line in inputs:
    line_seg = seg_sentence(line)                 #这里的返回值是字符串
    outputs.write(line_seg)
    outputs.close()
    inputs.close()
```

原始文本数据在路径 D://python3sy/下的文本文件 test.txt 中，去除停用词后的数据在文本文件 out.txt 中，如图 3.7 所示。

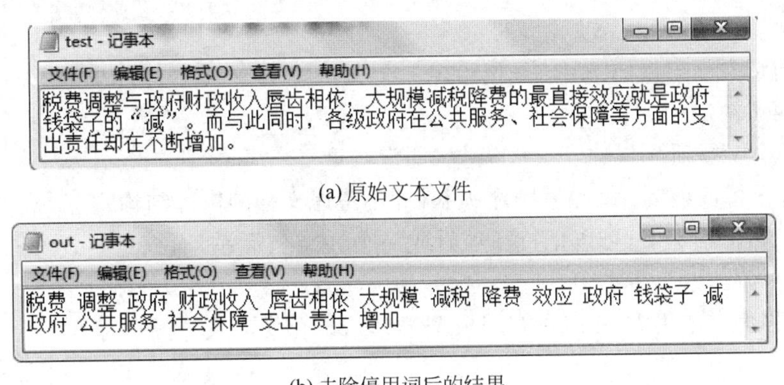

(a) 原始文本文件

(b) 去除停用词后的结果

图 3.7　去除停用词的原始文本和结果数据

6. 特征词选择与权重设置

经过前面的分词得到的文本词汇，再进行文本特征词的选择后，一个文本就由自然语言描述转化为由一系列的特征词描述。由于特征词对于进一步分类的影响不同，有些特征词区分能力强，而有些则弱，因此需要对特征词进一步加权处理，以尽量提高具有类别区分能力的特征词的权重，降低缺乏类别区分能力的特征词的权重。

目前最常用的特征词加权算法是 2.4 节讲述的基于统计的 TF-IDF 算法。TF-IDF 算法最早是由 Salton 和 Buckley 于 1988 年提出并用于信息检索领域的，后来被应用于文本分类和聚类等数据挖掘中的特征词加权。

权值的计算需要视具体情况而定，至今没有普遍适用的“最优公式”。国内外相关工作者在这方面也做了大量的工作，并取得了一些较好的成果，如第 2 章讲述的综合文本特征词选择的方法。

3.2 向量空间模型

向量空间模型(Vector Space Model,VSM)是由哈佛大学的 Gerard Salton 等专家于 20 世纪 60 年代提出的,已经在文本分类、自动标引、信息检索等许多领域得到了广泛的应用。

3.2.1 向量空间模型的概念

向量空间模型(VSM)的基本思想是把文本表示成向量空间中的向量,采用向量之间的夹角余弦作为文本间的相似性度量。向量维对应文本特征词在文档集中的权值,这种表示形式也称为词袋(Bag of Words)。为了将文本向量化,首先把文本的内容简单地看作它含有的基本语言单位(字、词、词组或短语)所组成的集合,这些基本的语言单位统称为特征项。假设文本集是特征项的集合 $D=\{w_{ij} \mid w_{ij}$ 是特征项, $1\leqslant i\leqslant |D|, 1\leqslant j\leqslant n\}$,则对于 D 中的某文本 $\boldsymbol{D}_i$,可以用特征项集表示为 $\boldsymbol{D}_i=(w_{i1}, w_{i2}, \cdots, w_{in})$,其中 $1\leqslant i\leqslant |D|$,本节将文本集 D 和某文本 $\boldsymbol{D}_i$ 都看作特征项(词)的集合,其关系为 $\boldsymbol{D}_i \subseteq D$。然后根据各个项 w_{ij} 在文本中的重要性为其赋予一定的权重 t_{ij},此时,文本 $\boldsymbol{D}_i$ 就可以标记为$\boldsymbol{D}_i=(w_{i1}, t_{i1}; w_{i2}, t_{i2}; \cdots; w_{in}, t_{in})$。

所谓向量空间模型(VSM),是指给定一个文档集 $D=(w_1, t_1; w_2, t_2; \cdots; w_n, t_n)$,$D$ 符合以下两条约定。

(1) 各个特征项 $w_k(1\leqslant k\leqslant n)$互异(即没有重复)。

(2) 各个特征项 w_k 无先后顺序关系(即不考虑文档的内部结构)。

在以上两个约定下,可以把特征项看成一个 n 维坐标系,而权重 $t_1, t_2, \cdots, t_n$ 为相应的坐标值。因此,一个文本 $\boldsymbol{D}_i=(w_{i1}, t_{i1}; w_{i2}, t_{i2}; \cdots; w_{in}, t_{in})$就表示为 n 维空间中的一个向量,称为文本集 D 的向量空间模型,如图 3.8 所示。

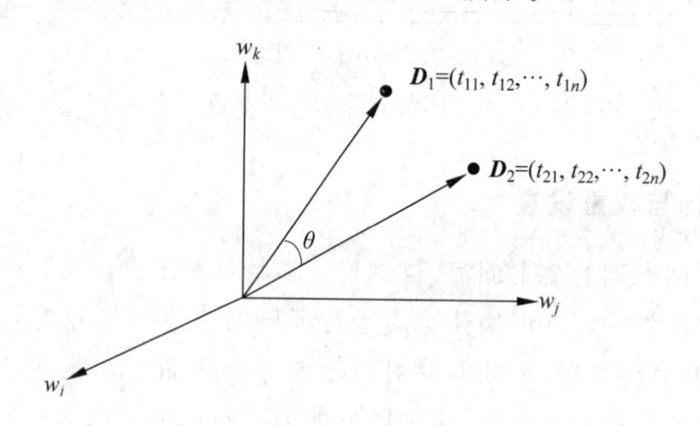

图 3.8 向量空间模型

图 3.8 中,$\theta(0\leqslant\theta\leqslant\pi)$为文本向量 $\boldsymbol{D}_1$ 和 $\boldsymbol{D}_2$ 的夹角。

3.2.2 文本向量的相似度

在文本挖掘的过程中,我们经常需要知道两个文本向量间差异的大小,进而来评价文本向量的相似度和类别。相似度是描述两个文本向量之间相似程度的一种度量。任意两

个文档 $\boldsymbol{D}_i=(w_{i1},w_{i2},\cdots,w_{in})$和 $\boldsymbol{D}_j=(w_{j1},w_{j2},\cdots,w_{jn})$之间的相似度指两个文档内容的相关程度(Degree of Relevance)。

1. 向量内积

当文本被表示成空间向量时,可以借助向量之间的某种距离来表示文本之间的相似程度,目前常用的方法是使用向量内积来计算,即

$$\operatorname{Sim}(\boldsymbol{D}_i,\boldsymbol{D}_j)=\sum_{k=1}^{n}t_{ik}t_{jk} \tag{3-1}$$

其中,t_{ik} 和 t_{jk} 分别为词项 w_{ik} 和 w_{jk} 的权重。内积代数值越大,相似度越大。

如果两个向量离得越近,那么这两个向量的夹角就越小,直到这两个向量平行且模相同时,这两个向量才完全相等。考虑到向量的归一化,内积也可以使用两个向量夹角 θ 的余弦值来表示,即

$$\operatorname{Sim}(\boldsymbol{D}_i,\boldsymbol{D}_j)=\cos\theta=\frac{\sum_{k=1}^{n}(t_{ik}\times t_{jk})}{\sqrt{\sum_{k=1}^{n}t_{ik}^2}\sqrt{\sum_{k=1}^{n}t_{jk}^2}} \tag{3-2}$$

从式(3-1)和式(3-2)可以看出,对于向量空间模型,存在两个重要因素,即文本特征词的选择和文本特征词的权重计算,其中文本特征词的权重计算对文本分类效果影响很大。

例 3.6 计算文档 $\boldsymbol{D}_i=(0.2,0.4,0.11,0.06)$和 $\boldsymbol{D}_j=(0.14,0.21,0.026,0.34)$的相似度。

程序源代码如下。

```
import numpy as np
Di = [0.2,0.4,0.11,0.06]
Dj = [0.14,0.21,0.026,0.34]
dist1 = np.dot(Di,Dj)/(np.linalg.norm(Di) * np.linalg.norm(Dj))
print("余弦相似度: sim(Di,Dj) = \t" + str(dist1))
```

程序运行结果如图 3.9 所示。

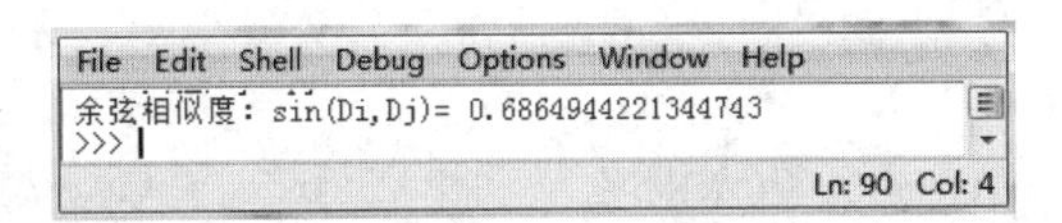

图 3.9 文档 $\boldsymbol{D}_i$ 和 $\boldsymbol{D}_j$ 的相似度

该程序段中用到了内积函数 dot()和范式函数 linalg.norm()。

2. 向量间的距离

度量两个文本向量关系的另一个重要指标是文本向量距离。文本向量距离与文本向量相似度之间有着密切的关系。两个文本向量的距离越大,其相似度越低;反之,两个文

本向量的距离越小,其相似度越大。

两个文本向量 $\boldsymbol{D}_i=(w_{i1},w_{i2},\cdots,w_{in})$和 $\boldsymbol{D}_j=(w_{j1},w_{j2},\cdots,w_{jn})$之间的相似度记为 $\mathrm{Sim}(\boldsymbol{D}_i,\boldsymbol{D}_j)$,其文本向量距离为 $\mathrm{Dis}(\boldsymbol{D}_i,\boldsymbol{D}_j)$,那么可以定义一个满足以上条件的简单的转换关系为

$$\mathrm{Sim}(\boldsymbol{D}_i,\boldsymbol{D}_j)=\frac{\alpha}{\mathrm{Dis}(\boldsymbol{D}_i,\boldsymbol{D}_j)+\alpha} \tag{3-3}$$

其中,α 是一个可调节的参数。α 的含义是当相似度为 0.5 时的文本向量距离值。

常用文本向量距离的表达式如下。

1）绝对值距离

$$\mathrm{Dis}(\boldsymbol{D}_i,\boldsymbol{D}_j)=\sum_{k=1}^{n}\mid w_{ik}-w_{jk}\mid \tag{3-4}$$

2）欧几里得距离

$$\mathrm{Dis}(\boldsymbol{D}_i,\boldsymbol{D}_j)=\sqrt{\sum_{k=1}^{n}(w_{ik}-w_{jk})^2} \tag{3-5}$$

3）切比雪夫距离

$$\mathrm{Dis}(\boldsymbol{D}_i,\boldsymbol{D}_j)=\max_{k}\mid w_{ik}-w_{jk}\mid \tag{3-6}$$

在很多情况下,直接计算文本向量的相似度比较困难,通常可以先计算文本向量的距离,然后再转换成文本向量的相似度。所以有时我们只谈论文本向量的距离,而没有提及文本向量的相似度,因为这二者是可以互相转换的。

3.2.3 向量模型的 Python 实现

Python 可以使用 jieba.analyse 提取句子级的特征词,格式如下。

```
jieba.analyse.extract_tags(sentence,topK = 5,withWeight = True, allowPOS = ())
```

参数说明：sentence 是需要提取的字符串,必须是 str 类型,不能是 list 类型；topK 为提取前多少个关键字；withWeight 为是否返回每个关键词的权重；allowPOS 是允许提取的词性,默认为 allowPOS=‘ns’,‘n’,‘vn’,‘v’,即提取地名、名词、动名词、动词。

例 3.7 简单的文本向量模型。

```
import jieba
import jieba.analyse
import collections
sen1 = '各级党委和政府必须适应我国发展进入新阶段、社会主要矛盾发生变化的必然要求,紧紧扭住新发展理念推动发展,把注意力集中到解决各种不平衡不充分的问题上'
sen2 = '要树立全面、整体的观念,遵循经济社会发展规律,重大政策出台和调整要进行综合影响评估,切实抓好政策落实,坚决杜绝形形色色的形式主义、官僚主义。'
sen3 = '要确保脱贫攻坚任务如期全面完成,集中兵力打好深度贫困歼灭战,政策、资金重点向“三区三州”等深度贫困地区倾斜,落实产业扶贫、易地搬迁扶贫等措施,严把贫困人口退出关,巩固脱贫成果。'
```

```
sen4 = '要建立机制,及时做好返贫人口和新发生贫困人口的监测和帮扶。要打好污染防治攻
坚战,坚持方向不变、力度不减,突出精准治污、科学治污、依法治污,推动生态环境质量持续
好转。'
sen5 = '要重点打好蓝天、碧水、净土保卫战,完善相关治理机制,抓好源头防控。我国金融体系总
体健康,具备化解各类风险的能力。要保持宏观杠杆率基本稳定,压实各方责任。'
for item in [sen1,sen2,sen3,sen4,sen5]:
    keywords = jieba.analyse.extract_tags(item, topK = 10, withWeight = True, allowPOS =
('n','nr','ns'))
    counter = collections.Counter(keywords)
    print(counter) print(" ==========================================================
============ ")
```

程序运行结果如图 3.10 所示。

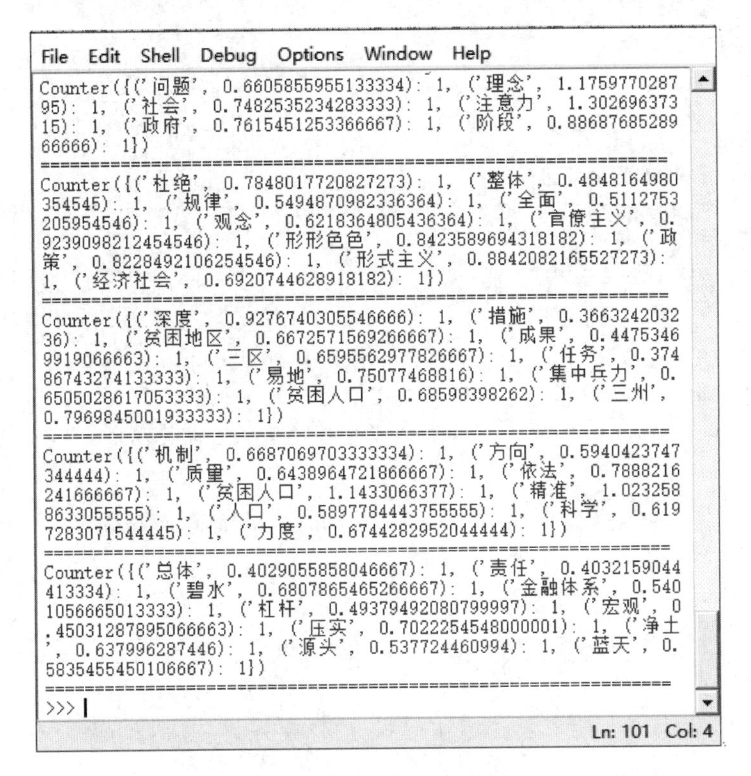

```
File Edit Shell Debug Options Window Help
Counter({('问题', 0.6605855955133334): 1, ('理念', 1.175977028795): 1, ('社会', 0.7482535234283333): 1, ('注意力', 1.30269637315): 1, ('政府', 0.7615451253366667): 1, ('阶段', 0.8868768528966666): 1})
============================================================
Counter({('杜绝', 0.7848017720827273): 1, ('整体', 0.4848164980354545): 1, ('规律', 0.5494870982336364): 1, ('全面', 0.5112753205954546): 1, ('观念', 0.6218364805436364): 1, ('官僚主义', 0.9239098212454546): 1, ('形形色色', 0.8423589694318182): 1, ('政策', 0.8228492106254546): 1, ('形式主义', 0.8842082165527273): 1, ('经济社会', 0.6920744628918182): 1})
============================================================
Counter({('深度', 0.9276740305546666): 1, ('措施', 0.366324203236): 1, ('贫困地区', 0.6672571569266667): 1, ('成果', 0.4475346991906663): 1, ('三区', 0.6595562977826667): 1, ('任务', 0.37486743274133333): 1, ('易地', 0.75077468816): 1, ('集中兵力', 0.6505028617053333): 1, ('贫困人口', 0.68598398262): 1, ('三州', 0.7969845001933333): 1})
============================================================
Counter({('机制', 0.6687069703333334): 1, ('方向', 0.5940423747344444): 1, ('质量', 0.6438964721866667): 1, ('依法', 0.7888216241666667): 1, ('贫困人口', 1.1433066377): 1, ('精准', 1.0232588633055555): 1, ('人口', 0.5897784443755555): 1, ('科学', 0.619728307154445): 1, ('力度', 0.6744282952044444): 1})
============================================================
Counter({('总体', 0.4029055858046667): 1, ('责任', 0.4032159044413334): 1, ('碧水', 0.6807865465266667): 1, ('金融体系', 0.540105666501333): 1, ('杠杆', 0.4937949208079997): 1, ('宏观', 0.45031287895066663): 1, ('压实', 0.7022254548000001): 1, ('净土', 0.637996287446): 1, ('源头', 0.537724460994): 1, ('蓝天', 0.5835455450106667): 1})
============================================================
>>> |
Ln: 101 Col: 4
```

图 3.10 向量模型的结果

例 3.8 利用 Python 计算中文文本的相似度。在 D://python3sy/下创建两个文本文件 data1.txt 和 data2.txt 作为语料库,再创建一个文本文件 data3.txt 作为需要对比的文件,分别计算 data3.txt 与 data1.txt 和 data2.txt 的相似度。

基本思路：jieba 进行分词,整理为指定格式,gensim 库将要对比的文档通过 doc2bow 转换为稀疏向量,再通过 models 中的 TF-IDF 将语料库进行处理,特征值和稀疏矩阵相似度建立索引,最后得到相似结果。

```
import jieba
from gensim import corpora,models,similarities
from collections import defaultdict
#用于创建一个空的字典,在后续统计词频可清理频率少的词语
#1. 读取文档
doc1 = "D://python3sy/data1.txt"
doc2 = "D://python3sy/data2.txt"
d1 = open(doc1,encoding = 'GBK').read()
d2 = open(doc2,encoding = 'GBK').read()
#2. 对要计算的文档进行分词
data1 = jieba.cut(d1)
data2 = jieba.cut(d2)
#3. 对分词完的数据整理为指定格式
data11 = ""
for i in data1:
    data11 += i + " "
data21 = ""
for i in data2:
     data21 += i + " "
documents = [data11,data21]
texts = [[word for word in document.split()] for document in documents]
#4. 计算词语的频率
frequency = defaultdict(int)
for text in texts:
      for word in text:
          frequency[word] += 1
#5. 对频率低的词语进行过滤
texts = [[word for word in text if frequency[word]> 2] for text in texts]
#6. 通过语料库将文档的词语建立词典
dictionary = corpora.Dictionary(texts)
dictionary.save("./dict.txt")            #可以将生成的词典进行保存
#7. 加载要对比的文档
doc3 = "D://python3sy/data3.txt"
d3 = open(doc3,encoding = 'GBK').read()
data3 = jieba.cut(d3)
data31 = ""
for i in data3:
    data31 += i + " "
#8. 将要对比的文档通过 doc2bow 转换为稀疏向量
new_xs = dictionary.doc2bow(data31.split())
#9. 对语料库进一步处理,得到新语料库
corpus = [dictionary.doc2bow(text)for text in texts]
#10. 将新语料库通过 TF - IDF model 进行处理,得到 TF - IDF
tfidf = models.TfidfModel(corpus)
#11. 通过 token2id 得到特征数
featurenum = len(dictionary.token2id.keys())
#12. 稀疏矩阵相似度,从而建立索引
index = similarities.SparseMatrixSimilarity(tfidf[corpus],num_features = featurenum)
```

```
#13. 得到最终相似结果
sim = index[tfidf[new_xs]]
print("")
print("文本 data3.txt 与 data1.txt、data2.txt 相似度分别为: ")
print(sim)
```

程序运行结果如图 3.11 所示。

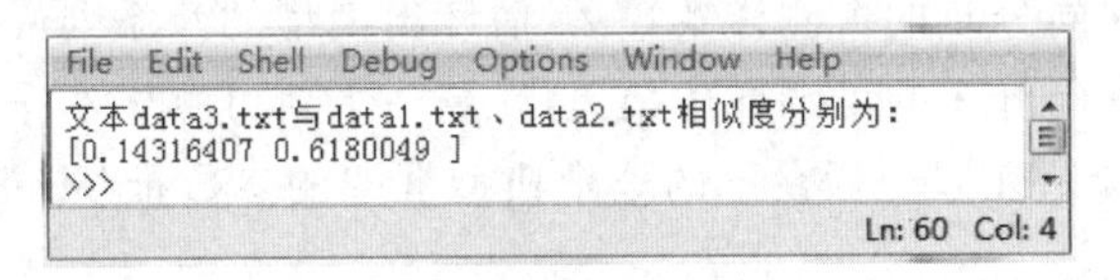

图 3.11 文本相似度运行结果

3.3 概率模型

在文本数据挖掘技术中,概率模型在描述文本数据方面有着广泛的应用,可以使用概率模型解决诸如对数据的预测、数据总体描述的问题。概率模型的最典型算法是朴素贝叶斯算法。

3.3.1 概率模型概述

在概率模型出现之前,文本挖掘主要停留在向量空间模型与统计语言模型上。向量空间作为一种文本的数值表示,其特点是概念简单,易于实现。但由于用向量空间表示的文档不可避免地会出现高维性、稀疏性等问题,这不仅带来了计算的负担,而且也加剧了文档数据中的歧义问题。理想的文本表示模型,应当可以实现文本在(潜)语义层的相似度计算。也就是即使两个文档没有相同的词汇,如果这两个文档的词汇属于同一语义范畴,仍然可以被赋予较高的相似度。为了自动抽取这种潜在语义空间,需要实现文本的低维潜在语义表示。潜在意义分析(Latent Semantic Indexing,LSI)的出现较好地实现了这个目标,是继向量空间表示后的一个改进。随着文本挖掘概率模型研究的深入,该方法被进一步赋予概率模型的解释与提升。

对于从很大的总体中抽取出的数据,或者可以被看作是从很大总体中抽取出的数据(如将要处理的文本数据看作从一个文档集中抽取出来的一个子集),通过潜在的分布或密度函数描述它们是一种很基本的策略,也就是说在分析数据的时候可以假定这些总体中的数据是服从于某一个概率分布的。例如,经常使用标准正态分布假设一些现实世界中的一些事情的发生情况等。

很多预测问题经常会遇到这样的情况:对于一个未知的或待估计的变量,使用其他变量对其进行预测。文本数据挖掘中很多的建模问题都属于这一类。还有许多的建模问题是"描述性"的,目标是给出对数据的描述或总结。如果现有数据是完整的(如某一类文本的全部),那么就不存在任何推理概念,目标就是简化描述。另外,如果现有的数据是一个样本或带有误差的测量值(因而如果采集多次数据,可能会得到略微不同的值,如对于某一事件发展过程的连续报道等),那么建模的目的实质上是一种推理——推理出"真实"或至少是比较好的模型结构。所以,在一般情况下,可以把要分析的数据假定为由一个潜在的概率函数产生的。也就是说,数据空间中的点服从于某一个概率模型。

3.3.2 概率建模方法

在各种概率模型中,最重要的就是推断(Inference)问题,其中包含了两方面的内容。

(1) 在给定独立同分布的可测样本集 χ,估计出模型的一系列最佳参数 ϑ。

(2) 在给定独立同分布的可测样本集 χ,计算一个新可测样本 x^* 的概率 $p(x^* | \chi)$。

下面分别具体介绍在以上假设下的 3 个典型框架的参数推断方法。

1. 基于最大似然估计的概率模型

最大似然估计方法(Maximum Likelihood Estimation,MLE)求解模型参数的依据如下。

$$L(\vartheta \mid \chi) = p(\vartheta \mid \chi) = p\Big(\bigcap_{x \in \chi}\{X = x \mid \vartheta\}\Big) = \prod_{x \in \chi} p(x \mid \vartheta) \tag{3-7}$$

对于全体可测数据集 χ 用所有样本的联合概率进行建模。其中,$L(\vartheta|\chi)$就是似然函数,最终的表达式是参数的条件概率乘积形式。由于概率值是 0~1 的一个很小的数值,连续乘法操作可能导致计算机的数值误差,因此实际应用中采用对数化的形式求解。

$$\vartheta_{\mathrm{ML}}^* = \underset{\vartheta}{\operatorname{argmax}} \log_2\Big(\prod_{x \in \chi} p(x \mid \vartheta)\Big) = \underset{\vartheta}{\operatorname{argmax}} \sum_{x \in \chi} \log_2 p(x \mid \vartheta) \tag{3-8}$$

式(3-8)在满足连续可微的条件下,直接采用求导优化就可以求解,如果不满足连续可微的条件,就要采用其他更复杂的近似算法求解模型(如 EM 算法)。在获得模型参数后,就可以对新样本 x^* 出现的概率进行预测。

$$p(x^* \mid \chi) = \int_{\vartheta \in \Theta} p(x^* \mid \vartheta) p(\vartheta \mid \chi) \mathrm{d}\vartheta \tag{3-9}$$

其中,Θ 是 ϑ 的参数空间。此时,代入求出的最大似然估计参数 $\vartheta_{\mathrm{ML}}^*$ 到式(3-9)中,由于 $\vartheta_{\mathrm{ML}}^*$ 已为常数,所以不参与积分运算,可得近似解。

$$p(x^* \mid \chi) \approx \int_{\vartheta \in \Theta} p(x^* \mid \vartheta_{\mathrm{ML}}^*) p(\vartheta \mid \chi) \mathrm{d}\vartheta = p(x^* \mid \vartheta_{\mathrm{ML}}^*) \tag{3-10}$$

2. 基于最大后验的概率模型

最大似然估计方法对于数据的建模全部依据当前观测的情况,所以容易产生拟合现象。为解决此问题,基于最大后验概率(Maximum A Posteriori,MAP)的参数估计方法引入了先验概率 $p(\vartheta)$进行了弥补。由此,其目标函数变为

$$\vartheta_{\mathrm{MAP}}^* = \underset{\vartheta}{\operatorname{argmax}} p(\vartheta \mid \chi) \tag{3-11}$$

然后,通过使用贝叶斯定理可以进一步推导得出含有 $p(\vartheta)$的表达式。

$$\begin{aligned}\vartheta_{\mathrm{MAP}}^* &= \underset{\vartheta}{\operatorname{argmax}} \frac{p(\chi \mid \vartheta) p(\vartheta)}{p(\chi)} \\ &= \operatorname{argmax}\Big\{\sum_{x \in \chi} \log_2 p(x \mid \vartheta) + \log_2 p(\vartheta)\Big\}\end{aligned} \tag{3-12}$$

从式(3-12)中可以发现,在贝叶斯方法框架下,此时的待估计 ϑ 本身已经成为一个随机变量。最后的参数求解与对新观测的数据的 MLE 类似。

$$p(x^* \mid \chi)=\int_{\vartheta\in\Theta} p(x^* \mid \vartheta_{\mathrm{MAP}}^*)p(\vartheta \mid \chi)\mathrm{d}\vartheta = p(x^* \mid \vartheta_{\mathrm{MAP}}^*) \tag{3-13}$$

3. 基于贝叶斯网络的概率模型

虽然 MAP 方法考虑到了先验概率的影响,但是从对于新样本的预测过程来看,$\vartheta_{\mathrm{MAP}}^*$ 仅仅还是一个点估计,并没有真正地将其当成具有某种分布的随机变量显示的形式处理。为此,贝叶斯估计方法进一步对 MAP 方法进行了扩展,真正把待估参数的先验分布考虑进来。

$$p(\vartheta \mid \chi)=\frac{p(\chi \mid \vartheta)p(\vartheta)}{p(\chi)}=\frac{p(\chi \mid \vartheta)p(\vartheta)}{\int_{\vartheta\in\Theta} p(\chi \mid \vartheta)p(\vartheta)\mathrm{d}\vartheta} \tag{3-14}$$

通过式(3-14)可以发现,此时模型的求解要考虑到参数空间的全部信息。由此,特别是分母中的积分运算给模型参数的求解带来较大的困难。一般的最大似然参数估计策略将很难运用,为此需要更复杂的参数估计方法(如变分法、马尔可夫链蒙特卡洛方法等)。进一步,对于新观测样本的预测形式也随之变为

$$p(x^* \mid \chi)=\int_{\vartheta\in\Theta} p(x^* \mid \vartheta^*)p(\vartheta \mid \chi)\mathrm{d}\vartheta=\int_{\vartheta\in\Theta} p(x^* \mid \vartheta^*)\frac{p(\chi \mid \vartheta)p(\vartheta)}{p(\chi)}\mathrm{d}\vartheta \tag{3-15}$$

3.3.3 文本信息检索中的概率模型

信息检索(Information Retrieval)是指信息按一定的方式组织起来,并根据用户的需要找出有关信息的过程和技术。概率模型基于如下思想:根据用户的检索 q,可以将文档集 D 中的所有文档分为两类,一类与检索需求 q 相关(集合 R),另一类与检索需求不相关(集合 $\bar{R}$)。在同一类文档中,各个索引项具有相同或相近的分布;而属于不同类的文档中,索引项应具有不同的分布。因此,通过计算文档中所有索引项的分布,就可以判定该文档与检索的相关度。

1. 概率信息检索的基本假设前提和理论

(1) 相关性独立原则。文档对一个检索式的相关性与文档集合中的其他文档是独立的。

(2) 词的独立性。标引词和检索式中词与词之间是相互独立的。

(3) 文档相关性是二值的,即只有相关和不相关两种。

(4) 概率排序原则。该原则认为,如果一个检索系统对用户的每个检索提问的反应是将文档集合中的文档按相关性递减的顺序排列,那么系统的总体效果将是最好的。

(5) 贝叶斯(Bayes)定理,用公式表示为

$$p(R \mid D_i)=\frac{p(D_i \mid R)p(R)}{p(D_i)} \tag{3-16}$$

其中,R 表示相关文档集合;D_i 为某一文档;$p(R|D_i)$表示文档 D_i 与查询相关的概率。

2. 概率信息检索的基本过程

对于检索 q，任意文档 D_i 与其相关和不相关的概率分别表示为 $p(R|D_i)$和 $p(\bar{R}|D_i)$。根据贝叶斯公式可得

$$p(R \mid D_i)=\frac{p(D_i \mid R)p(R)}{p(D_i)} \tag{3-17}$$

$$p(\bar{R} \mid D_i)=\frac{p(D_i \mid \bar{R})p(\bar{R})}{p(D_i)} \tag{3-18}$$

式(3-17)中的后两项只与检索需求有关，而与每个文档 D_i 无关，可以不计算，则将计算 $p(R|D_i)$转化为计算 $p(D_i|R)$。同理，对 $p(\bar{R}|D_i)$的计算也将转化为对 $p(D_i|\bar{R})$的计算。

由于索引项的数目很大，因此常常在计算中引入一些假设，以简化计算。对应不同的假设，就形成了 3 种不同的经典概率模型，分别是二元独立模型(Binary Independent Model)、二元一阶相关模型(Binary First Order Dependent Model)和二维泊松分布模型(2-Poisson Independent Model)。

1) 二元独立模型

二元独立模型对文档中索引项的分布做了以下两个假设。

(1) 二元属性取值假设。任意一个文档 D_i 可以表示为 $D_i(x_{i1},x_{i2},\cdots,x_{ik},\cdots,x_{im})$，其中二元随机变量 x_{ik} 表示索引项 w_k 是否在该文档中出现，如果出现，$x_{ik}=1$；否则 $x_{ik}=0$。

(2) 索引项独立性假设。在一个文档中，任意一个索引项的出现与否不会影响到其他索引项的出现，它们之间相互独立。

根据以上两个假设，有

$$p(D_i \mid R)=p(x_{i1},x_{i2},\cdots,x_{im} \mid R)=\prod_{k=1}^{m} p(x_{ik} \mid R) \tag{3-19}$$

$$p(D_i \mid \bar{R})=p(x_{i1},x_{i2},\cdots,x_{im} \mid \bar{R})=\prod_{k=1}^{m} p(x_{ik} \mid \bar{R}) \tag{3-20}$$

至此，我们可以定义文档 D_i 与检索 q 的相关度为

$$\mathrm{Sim}(q,D_i)=\frac{p(R \mid D_i)}{p(\bar{R} \mid D_i)} \tag{3-21}$$

相关度越大，表示文档 D_i 与检索 q 越相关。

根据贝叶斯定理，将式(3-17)和式(3-18)代入式(3-21)，有

$$\mathrm{Sim}(q,D_i)\approx\frac{p(D_i \mid R)}{p(D_i \mid \bar{R})} \tag{3-22}$$

假设各特征项 $x_{i1},x_{i2},\cdots,x_{im}$ 相互独立，则式(3-22)可改写为

$$\mathrm{Sim}(q,D_i)=\frac{\prod\limits_{g(D_i)=1} p(x_{ik} \mid R) \prod\limits_{g(D_i)=0} p(\bar{x}_{ik} \mid R)}{\prod\limits_{g(D_i)=1} p(x_{ik} \mid \bar{R}) \prod\limits_{g(D_i)=0} p(\bar{x}_{ik} \mid \bar{R})} \tag{3-23}$$

其中，$g(D_i)=1$ 或 0 分别表示与索引项相关文档和无关文档；$p(x_{ik}|R)=|R_k|/|R|$，$|R_k|$ 为包含 x_{ik} 的相关文档数，$|R|$ 为相关文档的总数；$p(x_{ik}|\bar{R})=(n_k-|R_k|)/(N-|R|)$，$n_k$ 为包含 x_{ik} 的无关文档数，N 为文档的总数。

为了简化计算，对式(3-23)右边取对数并忽略恒定不变的因子，得

$$\mathrm{Sim}(D_i,q)\approx\sum_{k=1}^{m}\lambda_{ik}\left[\log_2\frac{p(x_{ik}\mid R)}{1-p(x_{ik}\mid\bar{R})}\right]+\left[\log_2\frac{1-p(x_{ik}\mid\bar{R})}{p(x_{ik}\mid\bar{R})}\right] \tag{3-24}$$

其中，λ_{ik} 为相关因子。

如果能够预先得到一定数量的带有相关性标记的文档，则式(3-24)中需要确定的概率可以通过最大似然估计方法来确定。

2) 二元一阶相关模型

索引项独立性假设只是为了数学上计算处理方便，并不符合实际情况。可以看到，一些索引项在文档中的出现往往并不是相互独立的，而是存在某种关系，如某些索引项经常会同时出现在一个文档中。因此，要想获得更好的检索结果，就必须考虑各个索引项之间的相互依赖关系，这就是建立二元相关模型的背景。二元一阶相关模型不承认假设(2)，承认假设(1)是为了保证文档表示的一致性，从而对 $p(D_i|R)$和 $p(D_i|\bar{R})$的计算与二元独立模型不同。这里我们主要研究 $p(D_i|R)$的计算，即在相关文档中各个索引项的分布。同理也可以计算出 $p(D_i|\bar{R})$。

为了实际地表示文档中各个索引词的相互关系，我们可以假设在相关文档中，各个索引项之间存在统计相关性。统计相关性不同于逻辑相关性，它是两个或多个索引项在文档中出现频率之间所表现出的一种相关性，而并不考虑各个索引项在文档中出现的先后次序。根据统计相关性有

$$\begin{aligned}p(D_i\mid R)&=p(x_{i1},x_{i2},\cdots,x_{im}\mid R)=p(x_{i1}\mid R)p(x_{i2}\mid x_{i1},R)\cdots\\&\quad p(x_{im}\mid x_{i1},x_{i2},\cdots,x_{im-1},R)\end{aligned} \tag{3-25}$$

式(3-25)尽管可以准确地表示各个索引项之间的相关性，然而它包含的参数数目非常大。一种简化计算的假设是：假设对于每一个索引项 w_k，有且只有一个索引项 $w_{k(j)}$，使索引项 w_k 与其余索引项之间条件独立，该假设称为一阶相关性假设。根据该假设，我们必须找到分布 $p(D_i|R)$ 的一个近似分布 $p'(D_i|R)$，满足如下分解性质。

$$\begin{aligned}p'(D_i\mid R)&=p(x_{i1},x_{i2},\cdots,x_{k(j)},\cdots,x_{im}\mid R)\\&=p(x_{i1}\mid x_{ik(1)},R)\,p(x_{i2}\mid x_{ik(2)},R)\cdots p(x_{im}\mid x_{ik(m)},R)\end{aligned} \tag{3-26}$$

该近似分布 $p'(D_i|R)$与分布 $p(D_i|R)$越接近越好，这可以通过它们之间的交叉熵来表示。Chow 等给出了一个最大生成树(Maximum Spanning Tree)算法，并证明了该算法可以求得符合上述要求的近似分布 $p'(D_i|R)$。至此，可以将 $p(D_i|R)$近似地表示为

$$\begin{aligned}p(D_i\mid R)&\propto\log_2 p(D_i\mid R)\approx\log_2 p'(D_i\mid R)\\&=\sum_{j=1}^{m}[x_{ij}\log_2 r_{ij}+(1-x_{ij})\log_2(1-r_{ij})]+\\&\quad\sum_{j=1}^{m}\left[x_{ik(j)}\log_2\frac{1-s_{ij}}{1-r_{ij}}+x_{ij}x_{k(j)}\log_2\frac{s_{ij}(1-r_{ij})}{r_{ij}(1-s_{ij})}\right]+C\end{aligned} \tag{3-27}$$

其中，$s_{ij}=p'(x_{ij}=1|x_{ik(j)}=1,R)$；$r_{ij}=p'(x_{ij}=1|x_{ik(j)}=0,R)$。

3）二维泊松分布模型

二维泊松分布模型的基本思想来源于如下的实验观察，文档中的特征词可分为两类：一类特征词与表达文档的主题相关，称为内容词(Content-Bearing Words)；另一类只完成一些语法功能，称为功能词(Functional Words)。统计实验发现：功能词在文档中的分布与内容词不同，前者出现的频率比较稳定，其波动情况可以近似为泊松分布，即如果用 x 表示某个功能词在文档中的出现频率，则

$$p(x)=\frac{u^x}{x!}\mathrm{e}^{-x} \tag{3-28}$$

其中，u 为该分布的均值，表示该功能词的平均出现频率。

可见内容词在文档中的出现频率在一定意义上反映了一个文档的主题。因此，提出二维泊松分布假设：根据一个内容词，可以将文档从主题上分为两类，同时该内容词在两类文档中的出现频率也会很不相同，一类文档的主题与该内容词相关，那么该内容词在其中的出现频率应该比较高，其波动特征可以用一个泊松分布表示；而另一类文档的主题与该内容词不相关，所以该内容词在其中的出现频率应该比较低，其波动特征也可以用一个泊松分布表示。总之，一个内容词在文档中的出现频率 x 可以表示为如下两个泊松分布的加权组合。

$$p(x)=\pi\frac{u^x}{x!}\mathrm{e}^{-x}+(1-\pi)\frac{v^x}{x!}\mathrm{e}^{-x} \tag{3-29}$$

其中，u 和 v 分别为内容词在两类文档中出现频率的均值；π 表示任意一个文档属于第一类的概率，该假设称为二维泊松分布假设。只要将所有的索引项看作是内容词(其实，在实际的检索中，索引项一般都是内容词)，它们也满足二维泊松分布模型。与二元独立模型相比，二维泊松分布模型的不同在于不承认假设(1)，其余都相同，所以可以与二元独立模型一样定义如下相关性排序函数。

$$\mathrm{Sim}(q,D_i)\approx\frac{p(D_i\mid R)}{p(D_i\mid \bar{R})}=\frac{p(x_{i1},x_{i2},\cdots,x_{im}\mid R)}{p(x_{i1},x_{i2},\cdots,x_{im}\mid \bar{R})} \tag{3-30}$$

根据二维泊松分布假设，得

$$\mathrm{Sim}(q,D_i)\approx\frac{\prod_{k=1}^{m}u_{ik}^{x_{ik}}\mathrm{e}^{-x_{ik}}/x_{ik}!}{\prod_{k=1}^{m}v_{ik}^{x_{ik}}\mathrm{e}^{-x_{ik}}/x_{ik}!} \tag{3-31}$$

对其取对数，并去掉不变量，可得

$$\mathrm{Sim}(q,D_i)\approx\sum_{k=1}^{m}(v_{ik}-u_{ik})+\sum_{k=1}^{m}x_{ik}\log_2(u_{ik}-v_{ik}) \tag{3-32}$$

对于二维泊松分布模型，一般采用力矩法(Method of Moments)计算估计该模型的所有参数。

3.3.4 概率模型的 Python 实现

概率建模最基础的级别是简单的概率分布。以语言建模为例，概率分布就是人们常

说的每个单词出现频率的分布。Pomegranate 是 Python 上的图模型与概率建模工具包，为 k-means、混合模型、隐马尔可夫模型、贝叶斯网络模型、朴素贝叶斯/贝叶斯分类器等模型提供模型凝合、结构化学习和推断过程的修正，并重点关注与处理数据缺失值。它抽象了概率图模型的底层细节，可以方便地基于 API 进行上层应用建模。Pomegranate 的重心是从训练模型的定义中抽象出其复杂性，允许用户专注于为自己的应用选择合适的模型，而不用受到对底层算法理解不足的限制。Pomegranate 的这一重心包括从数据集中收集充分的统计数据，作为一种训练模型的策略。该方法使用了很多有用的学习策略，如 out-of-core 学习、小批量学习和半监督学习，用户无须考虑如何分割数据或修改算法，算法自己处理这些任务。Pomegranate 用 Cython 构建以加速计算，同时内置多线程并行处理方法，Pomegranate 可匹配甚至优于其他类似算法的实现。

例 3.9 利用 Pomegranate 库建模。

```
# - * - coding: UTF - 8 - * -
from pomegranate import *
if __name__ == '__main__':
guest = DiscreteDistribution({'A': 1./3, 'B': 1./3, 'C': 1./3})
prize = DiscreteDistribution({'A': 1./3, 'B': 1./3, 'C': 1./3})
monty = ConditionalProbabilityTable([['A', 'A', 'A', 0.0],['A', 'A', 'B', 0.5],
['A', 'A', 'C', 0.5],['A', 'B', 'A', 0.0],['A', 'B', 'B', 0.0],['A', 'B', 'C', 1.0],
['A', 'C', 'A', 0.0],
['A', 'C', 'B', 1.0],['A', 'C', 'C', 0.0],['B', 'A', 'A', 0.0],['B', 'A', 'B', 0.0],
['B', 'A', 'C', 1.0],['B', 'B', 'A', 0.5],['B', 'B', 'B', 0.0],['B', 'B', 'C', 0.5],
['B', 'C', 'A', 1.0],['B', 'C', 'B', 0.0],
['B', 'C', 'C', 0.0],['C', 'A', 'A', 0.0],['C', 'A', 'B', 1.0],['C', 'A', 'C', 0.0],
['C', 'B', 'A', 1.0],
['C', 'B', 'B', 0.0],['C', 'B', 'C', 0.0],['C', 'C', 'A', 0.5],['C', 'C', 'B', 0.5],
['C', 'C', 'C', 0.0]],
[guest, prize])
s1 = Node(guest, name = "guest")
s2 = Node(prize, name = "prize")
s3 = Node(monty, name = "monty")
model = BayesianNetwork("Monty Hall Problem")
model.add_states(s1, s2, s3)
model.add_edge(s1, s3)
model.add_edge(s2, s3)
model.bake()
print("")
print(model.probability([['A', 'A', 'A'],['A', 'A', 'B'],['C', 'C', 'B']]))
print(model.predict([['A', 'B', None],['A', 'C', None],['C', 'B', None]]))
print(model.predict([['A', 'B', None],['A', None, 'C'],[None, 'B', 'A']]))
```

程序运行结果如图 3.12 所示。

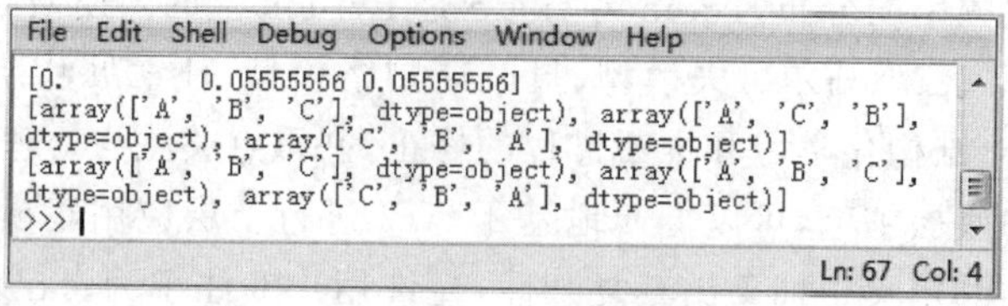

```
File  Edit  Shell  Debug  Options  Window  Help
[0.          0.05555556 0.05555556]
[array(['A', 'B', 'C'], dtype=object), array(['A', 'C', 'B'],
dtype=object), array(['C', 'B', 'A'], dtype=object)]
[array(['A', 'B', 'C'], dtype=object), array(['A', 'B', 'C'],
dtype=object), array(['C', 'B', 'A'], dtype=object)]
>>> |
                                              Ln: 67  Col: 4
```

图 3.12　Pomegranate 库建模运行结果

3.4　概率主题模型

主题模型(Topic Model)是一种概率生成模型，主要包括概率潜在语义索引和潜在狄利克雷分布(Latent Dirichlet Allocation，LDA)。主题模型的应用广泛，涉及很多方面，尤其是在自然语言处理中。主题模型在机器学习和自然语言处理等领域是用来在一系列文档中发现抽象主题的一种统计模型。

3.4.1　概率主题模型概述

主题模型起源于 1990 年 S. C. Deerwester 等提出的潜在语义索引(Latent Semantic Indexing，LSI)的工作，其原理是利用奇异值分解技术实现文本维度的压缩，使压缩后的潜在语义空间能够反映不同特征词之间的语义关系，但 LSI 不是概率模型，因而 LSI 并不算是主题模型。在 LSI 的基础之上，1999 年 T. Hofmann 提出概率潜在语义索引(Probabilistic LSI，PLSI)，该模型通过引入概率模型，显式地对文本及其隐含主题进行建模，是第一个真正意义上的主题模型，但它仍不是完整的概率模型，其参数只与训练文本相关，很难直接用于对新文本进行建模。2003 年，D. M. Blei 等又在 PLSI 的基础上提出了 LDA 模型，该模型集成了 PLSI 的优点，同时也克服了 PLSI 的理论缺陷，被广泛应用于诸多领域。

主题模型是对文字隐含主题进行建模的方法，主题可以定义为文档集中具有相同词境的词的集合模式。例如，将“健康”“病人”“医院”“药品”等词汇集合成“医疗保健”主题，将“农场”“玉米”“小麦”“棉花”“播种机”“收割机”等词汇集合成“农业”主题。主题模型克服了传统信息检索中文档相似度计算方法的缺点，并且能够在海量互联网数据中自动寻找出文字间的语义主题。主题模型自动分析每个文档，统计文档内的词语，根据统计的信息来断定当前文档含有哪些主题，以及每个主题所占的比例各为多少。

3.4.2　PLSA 概率主题模型

PLSA(Probabilistic Latent Semantic Analysis)利用概率手段对文档和词汇的共现现象进行建模，引入了表示文档主题的隐含变量模拟文档中每个词汇的生成过程。

1. PLSA 模型原理

给定文档集合 $D=\{D_1,D_2,\cdots,D_N\}$ 和其中包含的词汇集合 $W=\{w_1,w_2,\cdots,w_M\}$，可

以构造一个 $N\times M$ 的文档-词频矩阵 $\mathbf{df}_{ij}=\{n_{ij}\mid n_{ij}=n(D_i\mid w_j),1\leqslant i\leqslant N,\ 1\leqslant j\leqslant M\}$，其中，$n(D_i\mid w_j)$表示词 w_j 在文档 D_i 中出现的频率。矩阵的行为文档向量，列为词向量。

具体建模过程可以用如下概率图进行表达，对于文档集中的每个词 w_j 的产生，首先以概率 $p(D_i)$选择一个文档 D_i，然后根据 $p(z_k\mid D_i)$选择一个潜在的主题 z_k，最后通过 $p(w_j\mid z_k)$生成最终的词 w_j。PLSA 概率主题模型示意图如图 3.13 所示。

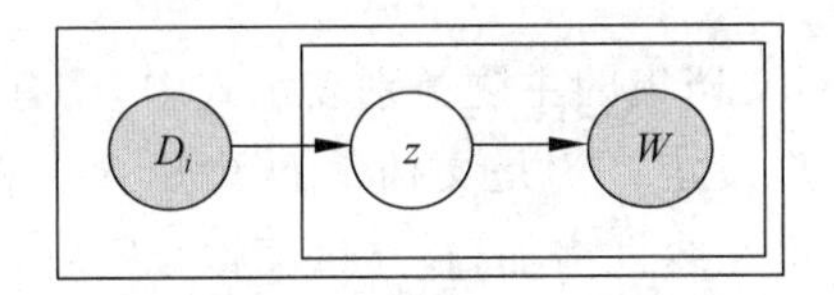

图 3.13　PLSA 主题模型示意图

为了进行模型求解，需要得到其联合概率形式如下。

$$p(D_i,w_j)=p(D_i)p(w_j\mid D_i) \tag{3-33}$$

$$p(w_j\mid D_i)=\sum_{k=1}^{k}p(z_k\mid D_i)p(w_j\mid z_k) \tag{3-34}$$

其中，$p(D_i)$表示文档 D_i 出现的概率；$p(z_k\mid D_i)$表示文档在潜在主题上的概率分布；$p(w_j\mid z_k)$表示潜在主题在词上是概率分布。

2. 基于 EM 算法的 PLSA 模型求解

在得到 PLSA 模型的联合概率表示后，利用最大似然法对模型求解。但由于其似然函数无法直接利用求导的数值解法进行最优化估计，所以这里采用 EM(Expectation-Maximization)算法求解。

EM 算法提供的是一种通用计算框架，主要适用于对含有隐含变量以及缺失值参数估计的情形。其本质是对于最大似然函数进行直接的参数估计较为困难，从而转化为一种参数迭代求解的方式。EM 算法主要包括两个步骤，一个是 E 步骤，主要实现对隐含变量的估计，依据的原理是 Jensen 不等式，使其最大似然函数在已估其他参数下的数值变为最大下界。对应的 PLSA 模型 E 步骤如下。

$$p(z_k\mid D_i,w_j)=\frac{p(z_k)p(D_i\mid z_k)p(w_j\mid z_k)}{\sum_{l=1}^{K}p(z_l)p(D_i\mid z_l)p(w_j\mid z_l)} \tag{3-35}$$

另一个是 M 步骤，由 E 步骤得到的隐含变量的估计值，重新对其他参数进行最大似然计算。对应的 PLSA 模型 M 步骤如下。

$$p(w_j\mid z_k)=\frac{\sum_{i=1}^{N}n(D_i,w_j)p(z_k\mid D_i,w_j)}{\sum_{m=1}^{M}\sum_{i=1}^{N}n(D_i,w_m)p(z_k\mid D_i,w_m)} \tag{3-36}$$

$$p(z_k\mid D_i)=\frac{\sum_{j=1}^{M}n(D_i,w_j)p(z_k\mid D_i,w_j)}{\sum_{i=1}^{N}\sum_{m=1}^{M}n(D_i,w_m)p(z_k\mid D_i,w_m)} \tag{3-37}$$

$$p(z_k)=\frac{\sum_{i=1}^{N}\sum_{j=1}^{M}n(D_i,w_j)p(z_k \mid D_i,w_j)}{\sum_{i=1}^{N}\sum_{j=1}^{M}n(D_i,w_j)} \tag{3-38}$$

对于式(3-35)～式(3-38)反复进行迭代直至收敛，就可以得到最终的 $p(z_k|D_i)$和$p(w_j|z_k)$分布。

但是在 PLSA 模型在对文档集的主题类别表示式中，仍有 $K\times N$ 的矩阵，其中 K 是潜在主题的数目，可以由用户设定；N 是文档集 D 中所含文档数目。因此，随着文档集数目的增加，该矩阵的大小也在线性增加，存在过度拟合问题。

3. PLSA 模型分析

PLSA 模型的主要优缺点如下。

1）主要优点

（1）可以对大规模文档进行很好的低维表示。

（2）在一定程度上，可以处理一词多义（多义词）与多词一义问题（同义词）。

（3）有坚实的概率统计理论基础。

2）主要缺点

（1）模型估计的参数和文档的规模呈线性增长。

（2）无法有效地对新文档进行相应的模型嵌入。

（3）容易产生过度拟合。

3.4.3 LDA 概率主题模型

LDA 概率主题模型是基于贝叶斯模型的主题模型，挖掘文档中所隐含的主题信息，使用户或读者快速了解文档的信息。之所以称之为隐含，是因为主题在这个模型中是不必求出的变量，隐藏在主题-特征词概率分布和文档-主题概率分布中，使用狄利克雷分布求解最终概率分布，确定潜在的主题。LDA 的主要目的就是通过无指导的学习方式，从大量的文档中挖掘出隐含的主题。

1. LDA 概率主题模型概述

LDA 概率主题模型有 3 层结构，从上到下分别为文档层、主题层、特征词层。实质就是利用文本的特征词的共现特征挖掘文本的主题，层次非常清晰，其结构如图 3.14 所示。

LDA 概率主题模型是一种文档主题生成模型，也称为一个 3 层贝叶斯概率模型。所谓生成模型，就是我们认为一篇文章的每个特征词都是通过“以一定概率选择了某个主题，并从这个主题中以一定概率选择某个词语”这样一个过程得到的。

2. LDA 概率主题模型原理

LDA 概率主题模型的原理是：整个文档集是主题的概率分布，每个主题又是特征词

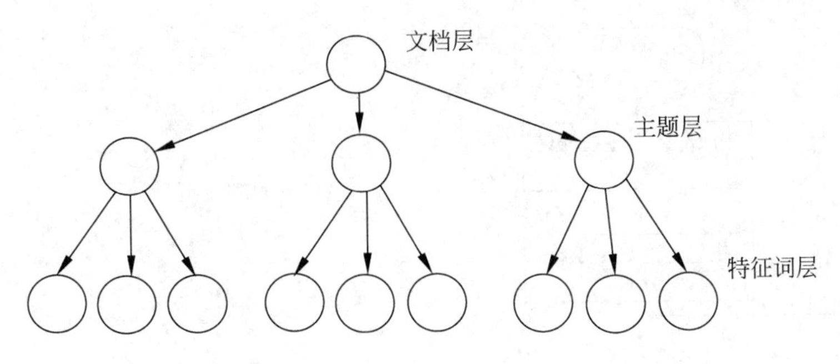

图 3.14　LDA 模型结构示意图

的概率分布。所以，有如下概率公式。

$$p(w_j \mid D_i) = \sum_{k=1}^{K} p(w_j \mid T_k) p(T_k \mid D_i) \tag{3-39}$$

其中，$p(w_j|D_i)$表示特征词 w_j 出现在文档 D_i 中的概率，此概率值为特征词的概率与主题特征词概率的乘积，即 w_j 在主题 T_k 中出现的概率与主题 T_k 在文档 D_i 中出现的概率的乘积；K 为主题的个数。

LDA 概率主题模型原理可以用矩阵的形式通俗易懂地表现出来，将整个文档看作是文档特征词矩阵，可以分解成文档主题矩阵和主题特征词矩阵，图 3.15 展示了三者之间的关系。

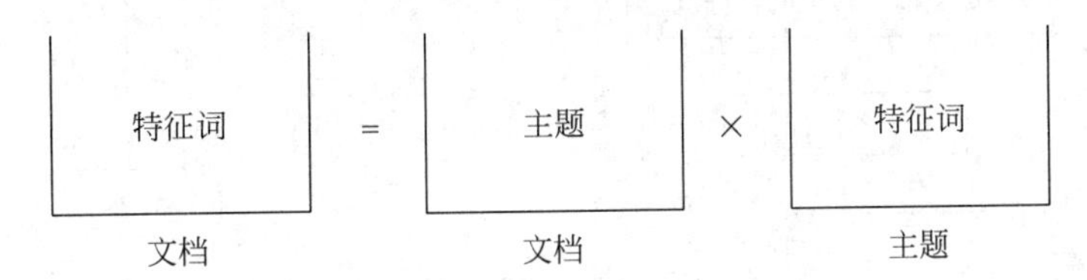

图 3.15　LDA 的矩阵表示

图 3.15 中，文档-特征词矩阵表示每个文档关于特征词的概率分布，文档-主题矩阵表示每个文档关于主题的概率分布，主题-特征词矩阵表示每个主题关于特征词的概率分布。对于已知的文档，文档-特征词矩阵可以根据第 2 章讲到的 TF-IDF 得到。

3. LDA 生成过程

对于文档集 D 中的每个文档，LDA 模型生成文档过程的思想如下。

(1) 对于每个文档，从主题分布中抽取一个主题。

(2) 从上述被抽到的主题所对应的单词分布中抽取一个单词。

(3) 重复上述过程直至遍历文档中的每一个单词。

具体流程如图 3.16 所示。这里假设生成 N 个文档，包含 K 个主题。

首先是生成主题-特征词多项分布，此多项分布是服从 β 的狄利克雷先验分布。再生成文档-主题分布，此分布也是一个多项分布，服从参数为 α 的狄利克雷先验分布，狄利克雷分布是多维的贝塔分布。贝塔分布的密度函数如下。

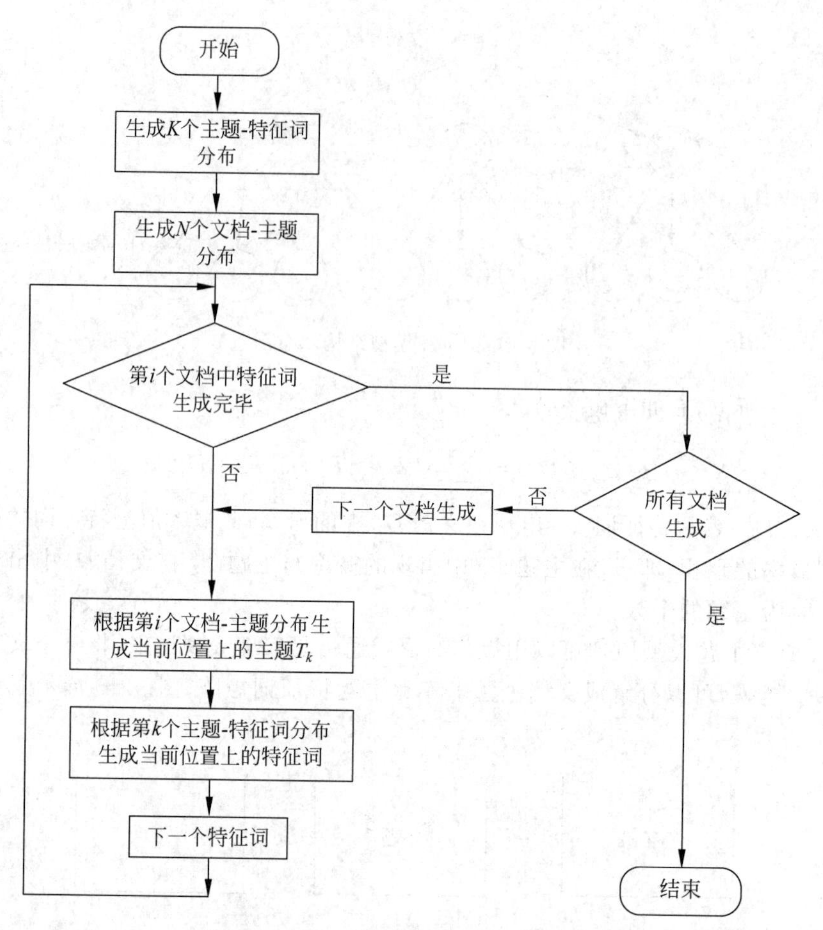

图 3.16　LDA 主题文档生成算法流程图

$$f(p,\alpha,\beta)=\frac{p^{\alpha-1}(1-p)^{\beta-1}}{\int_0^1 u^{\alpha-1}(1-u)^{\beta-1}\mathrm{d}u}=\frac{\Gamma(\alpha+\beta)}{\Gamma(\alpha)\Gamma(\beta)}p^{\alpha-1}(1-p)^{\beta-1}=\frac{1}{\mathrm{B}(\alpha,\beta)}p^{\alpha-1}(1-p)^{\beta-1} \tag{3-40}$$

其中，$\mathrm{B}(\alpha,\beta)$表示参数为(α,β)的贝塔分布；p 表示特征词出现在主题中的概率或主题出现在文档中的概率。K 维的狄利克雷分布如式(3-41)所示。

$$\text{Dirichlet}(\bar{p},\bar{\alpha})=\frac{\Gamma\left(\sum_{k=1}^{K}\alpha_k\right)}{\prod_{k=1}^{K}\Gamma(\alpha_k)}\prod_{k=1}^{K}p_k^{\alpha_k-1} \tag{3-41}$$

贝塔分布是狄利克雷分布在二维时的特殊形式。LDA 模型具体的实现就是确定出参数(α,β)，过程如图 3.17 所示。

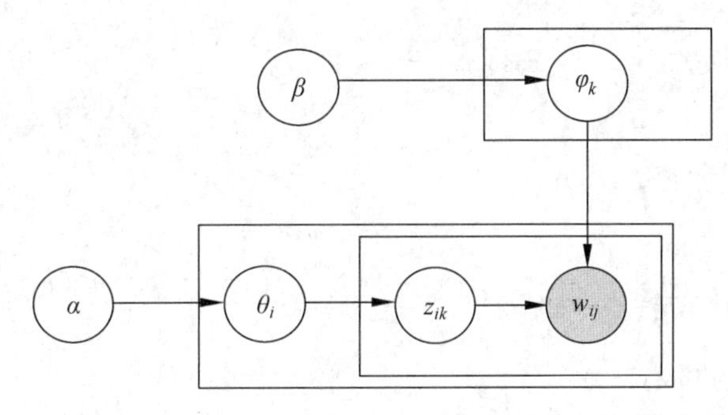

图 3.17　LDA 模型示意图

图 3.17 中，α 的大小体现主题之间的相关性；β 是主题自身的概率分布；θ_i 表示第 i 个文档的主题分布；φ_k 表示第 k 个主题的特征词分布；z_{ik} 表示第 i 个文档的第 k 个主题；w_{ij} 表示第 i 个文档的第 j 个特征词。其中，$\bar{\varphi}\sim\text{Dirichlet}(\bar{\alpha})$，$\bar{\theta}\sim\text{Dirichlet}(\bar{\beta})$。

LDA 主题模型的建模过程，主要是在文本集中训练出主要参数 α 和 β 的大小。训练参数的方法有很多种，主要是由 EM 推断和 Gibbs 抽样学习得到，这里不再赘述。

3.4.4　LDA 概率主题模型的 Python 实现

例 3.10　LDA 简单模型的实现。为了使问题简单化，取 D://python3sy/下的文件 test1.txt，建立主题模型。源代码如下。

```
import codecs                                    #主题模型
from gensim import corpora
from gensim.models import LdaModel
from gensim import models
from gensim.corpora import Dictionary
te = []
fp = codecs.open('D://python3sy/test1.txt','r')
for line in fp:
    line = line.split(',')
    te.append([ w  for w in line ])
print ('输入文本数量: ',len(te))
dictionary = corpora.Dictionary(te)
corpus = [ dictionary.doc2bow(text) for text in te ]
tfidf = models.TfidfModel(corpus)
corpus_tfidf = tfidf[corpus]
print(list(corpus_tfidf))                        #输出词的 tfidf
print(list(corpus))                              #输出文本向量空间
lda = LdaModel(corpus = corpus, id2word = dictionary, num_topics = 20, passes = 100)
doc_topic = [a for a in lda[corpus]]
topics_r = lda.print_topics(num_topics = 20, num_words = 20)
topic_name = codecs.open('topics_result3.txt','w')
for v in topics_r:
```

```
    topic_name.write(str(v) + '\n')
fp2 = codecs.open('documents_result.txt','w')
for t in doc_topic:
    c = []
    c.append([a[1] for a in t])
    print(t)
    m = max(c[0])
        for i in range(0, len(t)):
        if m in t[i]:
            #print(t[i])
            fp2.write(str(t[i][0]) + '  ' + str(t[i][1]) + '\n')
            #输出模型类和概览
            break
```

程序运行结果如图 3.18 所示。

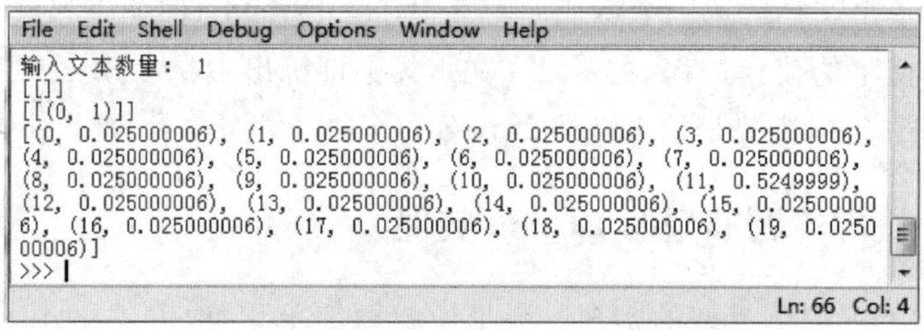

```
File  Edit  Shell  Debug  Options  Window  Help
输入文本数量: 1
[[]]
[[(0, 1)]]
[(0, 0.025000006), (1, 0.025000006), (2, 0.025000006), (3, 0.025000006),
(4, 0.025000006), (5, 0.025000006), (6, 0.025000006), (7, 0.025000006),
(8, 0.025000006), (9, 0.025000006), (10, 0.025000006), (11, 0.5249999),
(12, 0.025000006), (13, 0.025000006), (14, 0.025000006), (15, 0.02500000
6), (16, 0.025000006), (17, 0.025000006), (18, 0.025000006), (19, 0.0250
00006)]
>>> |
                                                        Ln: 66  Col: 4
```

图 3.18　LDA 简单模型建模运行结果

习题 3

3-1　将第 2 章采集的数据利用 Python 进行乱码处理。

3-2　给出一段中文文本,利用 Python 的 re.split()函数进行分隔、断句。

3-3　给出一段中文文本,去除停用词,完成操作后将结果读出来。

3-4　简述 LDA 概率主题模型的生成过程。

第 4 章

文本分类

随着信息技术的飞速发展，特别是 Internet 的普及应用，Web 上的文本信息爆炸式地呈现在人们面前。信息的激增使得我们需要有效地对其进行归类、过滤以不断提高人们在海量信息中寻找有效内容的效率。文本分类技术是根据文本的内容或属性，在给定的分类体系下，由计算机自动将大量文档归到相应的类别中。

4.1 文本分类概述

文本分类是文本挖掘中一种最重要的技术，它是一种有监督机器学习技术。所谓有监督学习，就是给定一个文档集，每个文档都有一个类别，这些类别是事先确定的，通过学习得到一个分类器，这个分类器能够对新出现的文档给出正确的分类。这样的机器学习就称为有监督学习。

4.1.1 研究的意义

近几年来，互联网飞速发展，移动智能终端也越来越普及，我们的社交、工作、学习、娱乐、出行、购物等都充斥着互联网的身影。目前全世界有超过 30 亿网民，而且这个数量还在不断增加。我国从 2013 年开始进入 4G 网络时代，并且很快进入 5G 时代，这意味着我们能随时随地使用各种电子设备享受便捷的网络服务。根据中国互联网络信息中心(CNNIC)2019 年发布的第 43 次《中国互联网络发展状况统计报告》，截至 2018 年 12 月，我国网民规模达 8.29 亿，普及率达 59.6%，我国手机网民规模达 8.17 亿。互联网正在逐渐取代传统媒介成为人们日常生活中获取信息的主要来源。

随着互联网需求的不断增加，网络中的信息量飞速增长，文本形式是互联网中信息主要的表现形式。文本信息作为日常最常见的信息类型，自然地成为重点研究对象。想要快速地在大量的互联网数据中找到想要的信息，需要先对文本信息进行分类，自动文本分类技术应运而生。文本分类技术是数据挖掘技术的分支之一，作为处理海量信息的重要手段，自动文本分类技术极大地降低了查找信息的难度，可以快速地为用户提供准确的信息。如果计算机可以预先处理一些文本信息的内容判断，那么人们日常的工作和学习的负担将大大降低，并将缓解人们当前无法充分利用信息的尴尬。

目前，自动文本分类技术已经在很多领域发挥着重要作用，如搜索引擎、垃圾邮件过滤、主动信息推送服务等。政府可以通过分析公民在社会热点问题上的看法和意见，以此作为参考，从而做出更为公开的决定；公司可以通过对在线产品进行分析和评估识别产品缺陷并预测市场需求；消费者可以根据其他消费者对在线产品的大量反馈做出是否采购的决策。

因此，针对互联网上海量的、杂乱无章的网页信息资源，利用计算机自动对网页中的文本信息进行分类是十分必要的，对文本分类技术进行深入研究，无论从理论还是实际角度都有重要的意义。

4.1.2 国内外研究现状与发展趋势

信息的类别十分繁多、冗杂，所以，如何从大量复杂的信息中快速获取有效的信息是一个值得研究的问题。信息检索就是可用于解决该问题的方法之一。信息检索是文本分类思想的理论基础，信息检索是指人们分享各行各业的信息时，过滤筛选对自己有用的信息。

自动文本分类的研究始于20世纪中期。1958年，美国的Luhn提出了采用词频统计提取摘要的思想，他利用词语在文章中出现的频率与在文章中的分布位置信息计算每个词语的相对重要性，然后根据词语的相对重要性对每个句子的相对重要性进行计算，选择对文章更为重要的句子作为摘要。1960年，Maron和Kuhns发表了第一篇关于文本分类的文章，提出了自动关键词分类技术，该技术对文本分类领域的研究与发展产生了非常深远的影响。他们开创性地提出朴素贝叶斯分类方法，这是一种基于概率的分类方法。在此之后，Sparck和Salton等著名的情报学家也在文本分类领域潜心研究并且成果斐然。

20世纪80年代以前，因为技术发展的限制，文本分类大多是基于知识工程的，也就是需要专家人工构建知识工程，这样才能保证分类的有效性。专家根据知识工程中分类系统的特点制定分类规则，最终的分类系统就是对这些分类规则的组合。由此可知，这种分类系统需要很多专家参与，分类效率和分类准确度都十分低下，而且由于专家研究领域的局限性，这种分类系统的适应性较差。

自20世纪90年代以来，一方面，因为互联网技术的飞速发展，数据量呈现指数增长，使得传统的基于知识工程的分类系统无法处理这种快速增加的数据量；另一方面，机器学习技术正在快速发展，基于机器学习和基于统计的方法正逐渐取代传统方法成为主流的文本分类技术，这也是现在的分类系统的基础。这种分类方法首先利用特征选择方法对文本特征进行筛选，将训练集中筛选出的特征构成特征集合，利用这个特征集合创建分类器。这种方法相比传统的手工分类，效率更高，成本更低，分类的准确度也更高，节约了大量的人力和物力。

文本分类技术在国外的发展，大致可以分为3个阶段。第一阶段(1958—1964年)主要进行自动文本分类的可行性与意义的研究；第二阶段(1965—1974年)主要通过实验探索自动文本分类的合理性；第三阶段(1975年至今)主要进行自动文本分类研究的应用。国外的分类系统已经从最初的可行性探索发展到现在的实用化阶段，已经有很多可以用于文本分类应用研究的大型商业挖掘软件，如SAS、SPSS、KXEN等。

我国对于自动文本分类的研究进展要比国外慢很多。一方面，我国对文本分类技术的研究开始得比较晚。1981年，南京农业大学的侯汉清教授率先对文本分类技术进行探索，他从基础知识着手，关注国外文本分类技术的发展趋势，并清楚地认识到文本分类技术的重要研究意义。随着技术的发展，清华大学、中国科学院、北京大学等知名大学和科研机构也都逐步成立了研究自动文本分类技术的重点实验室。至今，我国已经有了基于数据挖掘、大数据分析、机器学习等的文本分类技术。另一方面，中文和英文存在巨大差异，英文的单词之间由空格分割开来，中文主要是以句分开的，词与词之间则是连续的，没有自然的界限。相比英文文本分类，中文文本分类要先进行预处理，对连续的词进行分词操作。除此之外，在文本分类中研究英文的语法分析与句法分析的比值要小于中文的语法分析与句法分析之比，这也加大了中文文本分类的研究难度。总体上，我国的文本分类技术的发展也经历了3个阶段：第一阶段是研究与模仿国外的研究成果；第二阶段是完善已有的分类技术；第三阶段是面向中文的发展阶段。

经过几十年的发展，文本分类技术变得越来越成熟。自动文本分类技术在很多领域都得到了应用，正在影响着人们的生活和学习。文本分类有了很好的实践意义和实用价值，很多优秀的文本分类系统被研究者提出。但是，文本分类技术并非已经完美，还存在可以提升的空间，尤其在特征选择和特征降维方面，还有很多工作可以开展。

4.1.3　文本分类的定义

分类是指把具有相同属性的对象划分到同一个类别的过程。从语法层次解释，文本是由词、短语、句子和段落组成的书面表达形式。文本分类是指进行分类的对象是文本，所有文本的类别提前定义好，然后根据需要判断类别的文本的内容将文本划分到预先定义好的类别中的过程。文本分类是有监督机器学习方法，所谓有监督就是一开始就知道分类的类别。文本分类的任务可以简单地总结为：在分类体系已知的情况下，根据待分类文本的特征，总结出分类规律。当需要对文本进行分类时，只需要根据总结出的分类规律进行判断，就可以对文本进行正确分类。

文本分类的过程类似于数学上的函数映射，分类的过程就是将待分类的文本映射到预定义的类别中的过程。

文本分类可以形式化定义为：假设待分类文档集合$D=\{D_1,D_2,\cdots,D_N\}$，N为待分类的文档总数；预定义的类别用集合C表示，$C=\{C_1,C_2,\cdots,C_M\}$，M为类别的总数。通过常见的机器学习算法，可以得到一个分类函数f，能够把文档集D中的每一个文本都映射到类别集合C中的一个或多个类别，即

$$f: D \to C$$

需要注意的是,待分类文本与预定义类别不仅可以是一对一的映射,也可以是一对多的映射,如介绍计算机商业的文章,既可以归为经济类的文章,又可以归为计算机类的文章。

4.1.4 文本分类流程

文本分类一般要经历几个过程,包括文本预处理、特征选择、分类模型训练、分类性能评估等。文本分类流程如图 4.1 所示。

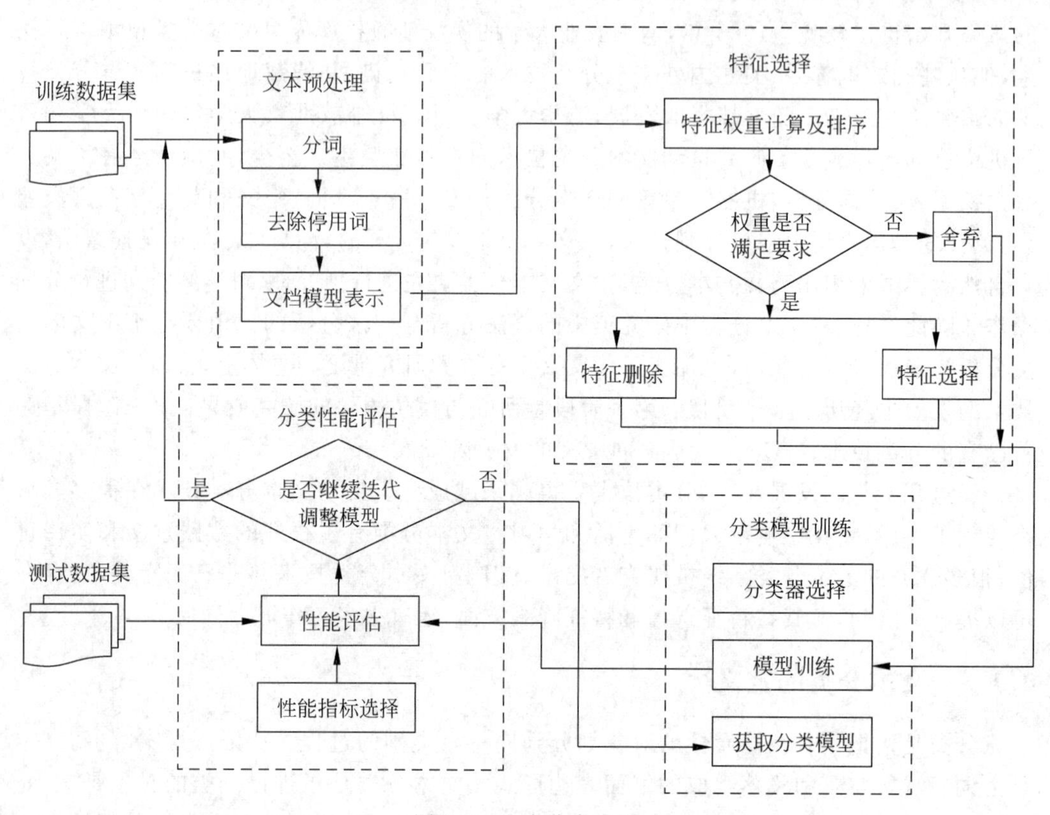

图 4.1 文本分类流程

文本预处理阶段首先对文本进行分词,然后去除停用词等对分类意义不大的信息,如标点符号、数字和特征字符等,接着使用对应的文本模型进行表示,将文本表示成一种机器可以读的形式,方便后面的处理。特征选择阶段主要是先对特征进行降维,在文本分类中也就是降低词项的数量,从而降低训练的运算量,然后对特征进行有用性的排序和筛选,利用筛选后的特征构建特征子集。分类模型训练阶段,首先选择合适的分类器,然后对分类器进行训练,从而得到分类模型。最后使用测试数据集对得到的分类模型进行分类性能评估,根据分类性能评估的结果对分类器进行修正。

4.1.5 文本分类预处理

文本分类预处理是文本分类流程中的重要步骤,主要包括文本标记的处理、分词处理和去除停用词处理。

1. 文本标记的处理

通常来说，文本中除了表示内容的文本信息之外，还包含一些控制文本显示形式的标记，如图片、链接、动态图等。这些媒体信息对判断文本的内容没有用，只是对文本的内容进行包装，没有有效的分类信息，对于纯文本的分类处理对象，这些标记就是噪声信息。在文本预处理阶段，要去除这些对最终的类别判断没有贡献的噪声信息。

2. 分词处理

在文本分类的过程中，需要先将文本中的句子分割成一个一个词汇，然后对单个的词汇进行处理，这个过程称为词条化。对英文文本进行词条化处理的时候，根据空格、标点符号就可以达到分割的目的。举个简单的例子，对“I love text classification.”这句话进行词条化后，变为 I / love / text / classification 这几个单词。在中文中，没有英文单词之间天然的空格分割，要想对中文进行词条化，需要使用第 2 章讲述的词汇切分技术。

3. 去除停用词

一般来说，文本的含义主要依靠这段文本中的实词来表达，虚词对我们理解文本内容没有贡献，这种出现在文本中但是对理解文本内容没有帮助的词就叫作停用词。例如，英文中的 about、with、of 等，中文中的“的”“了”“和”等，就是停用词。这些停用词对表达文本语义没有贡献，而且出现的频率较高，增加了分类器的消耗。所以，为了提高文本分类效率，降低处理复杂度，我们需要在文本预处理阶段对停用词进行去除。去除停用词的操作需要使用到停用词表，将分词后的词汇和停用词表中的词进行比对，如果某个词在停用词表中匹配到了，这个词就是需要去除的停用词。反之，没有在停用词表中匹配到的词就是有用特征词，进行保留。停用词表直接决定了去除停用词的正确率和效率，所以停用词表的完整性和准确度对去除停用词处理来说至关重要。

4.2 常用文本分类器

前面介绍的是文本分类之前的预处理操作，进行预处理就是为了使特征空间变得好些。然后在分类器中输入预处理后的训练集进行训练，最后使用测试集对文本分类的准确度和效率进行分析。本节主要对分类器进行介绍，所谓分类器就是根据某一事物的一系列特征来判断该事物的类别。常见的文本分类器主要有如下几种。

4.2.1 KNN 分类器

KNN(*K*-Nearest Neighbor，*K* 最邻近)算法是 Cover 和 Hart 于 1968 年提出的一种基于实例的分类器，又称为懒惰学习系统，是最易实现的机器学习算法之一，理论上发展已十分完善，并在实践中得到了广泛应用。

1. KNN 算法思想

KNN 是一种基于类比学习的文本分类算法，其基本思想是在训练文档集中找出 *K*

个与待分类的文档距离最近、最相似的文档，这个文档大部分属于哪个类别，则该文档就属于哪个类别。

在向量空间模型中文本经过预处理过程，得到特征空间内加权特征向量，即 $\boldsymbol{D}_i=(w_{i1},t_{i1};w_{i2},t_{i2};\cdots,w_{in},t_{in})$，$w_{ik}$ 和 t_{ik} 分别为文档 $\boldsymbol{D}_i$ 的第 $k(1\leqslant k\leqslant n)$ 个特征词和权值。

具体分类过程如下：设文档向量 $\boldsymbol{V}_i=\{w_{i1},w_{i2},\cdots,w_{in}\}$，其中 w_{ij} 表示文档向量的特征词。训练文档集 $S=\{C_1,C_2,\cdots,C_m\}$，m 表示训练集中的类别数，其中 $C_i=\{\boldsymbol{V}_{i_1},\boldsymbol{V}_{i_2},\cdots,\boldsymbol{V}_{i_q}\}$ 表示 S 中的第 i 类别 C_i 中的 q 个文档向量，$i=1,2,\cdots,m$。处理待分类文档向量 $\boldsymbol{V}_i$ 时，首先计算 $\boldsymbol{V}_i$ 与训练文档集 S 中的所有样本之间的相似度，按从大至小的原则选出 K 个最相似的样本，之后统计样本数 k_i（属于 C_i 类），最后通过计算判别函数的值确定待测文本的类别。样本之间的相似程度可以通过多种计算方法求出，目前应用最广泛的两种方法是欧几里得距离和余弦相似度。

给定两个文档 $\boldsymbol{D}_i=\{t_{i1},t_{i2},\cdots,t_{in}\}$ 和 $\boldsymbol{D}_j=\{t_{j1},t_{j2},\cdots,t_{jn}\}$，$n$ 为文档的特征维数。欧几里得距离的表达式如下。

$$D(\boldsymbol{D}_i,\boldsymbol{D}_j)=\sqrt{(t_{i1}-t_{j1})^2+(t_{i2}-t_{j2})^2+\cdots+(t_{in}-t_{jn})^2} \tag{4-1}$$

文档相似度计算式为

$$\mathrm{Sim}(\boldsymbol{D}_i,\boldsymbol{D}_j)=\frac{\sum_{k=1}^{n}t_{ik}t_{jk}}{\sqrt{\sum_{k=1}^{n}t_{ik}^2}\sqrt{\sum_{k=1}^{n}t_{jk}^2}} \tag{4-2}$$

权重计算式为

$$\mathrm{TF}_i\_\mathrm{IDF}_j=\frac{\mathrm{wf}_i\log_2\left(\frac{N}{n_j+1}\right)}{\sqrt{\sum_{w\in \boldsymbol{D}_i}\left[\mathrm{wf}_j\log_2\left(\frac{N}{n_j+1}\right)\right]^2}} \tag{4-3}$$

其中，wf_j 表示文本特征词 w 在文档 $\boldsymbol{D}_j$ 中的词频；N 表示文档集 $\boldsymbol{D}$ 中总的文档数；n_j 表示文档集中包含文本特征词 w 的文档数。

处理测试文档时，需要求出它和训练样本集所有文档之间的相似度，从而得到 K 个最相似的文本，将待分类的文本类别归为权重最大的类别。

例 4.1 表 4.1 中有 11 个同学的小学毕业成绩和 6 年后高考录取的情况，现在已知卫星同学的小学毕业成绩（语文：97；数学：96；英语：92），可以根据 KNN 预测未来高考录取的情况。

表 4.1 小学毕业主要科目成绩表

姓　名	语　文	数　学	英　语	6 年后高考录取情况
赵晓晴	100	100	100	重点院校
钱小伟	90	98	97	本科院校
孙晓丽	90	90	85	专科院校
李子航	100	90	93	本科院校
周武	80	90	70	专科院校

续表

姓　名	语　文	数　学	英　语	6年后高考录取情况
吴胜军	100	80	100	本科院校
郑明	95	95	95	重点院校
王欣丽	95	90	80	专科院校
冯丽君	90	75	90	专科院校
陈仓	95	95	90	本科院校
储云峰	100	100	95	重点院校

逐一计算各位同学与卫星同学的"距离",如表4.2所示。选定3位(即$K=3$)最接近的同学,推测卫星同学最终高考可能录取的情况。

表4.2　各位同学与卫星同学的"距离"

姓　名	6年后高考录取情况	距　离
赵晓晴	重点院校	9.434
钱小伟	本科院校	8.832
孙晓丽	专科院校	11.576
李子航	本科院校	12.207
周武	专科院校	28.443
吴胜军	本科院校	18.138
郑明	重点院校	3.724
王欣丽	专科院校	13.565
冯丽君	专科院校	22.226
陈仓	本科院校	3.000
储云峰	重点院校	5.831

距离卫星同学最近的3名同学中,两名考取重点院校,一名考取本科院校,所以卫同学很有可能在6年后的高考被重点院校录取。

2. KNN文本分类流程及算法

传统的KNN文本分类流程如图4.2所示。

KNN算法流程如下。

(1) 计算测试数据与各个训练数据之间的距离。

(2) 按照距离的递增关系进行排序。

(3) 选取距离最小的K个点。

(4) 确定前K个点所在类别的出现频率。

(5) 返回前K个点中出现频率最高的类别作为测试数据的预测分类。

3. KNN算法的优缺点

KNN算法是目前较为常用且成熟的分类算法,但是,没有完美的算法,KNN算法也有一定的不足。

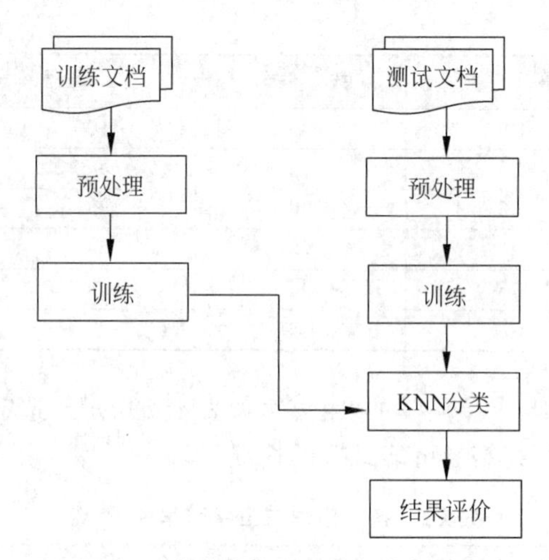

图 4.2 传统的 KNN 文本分类流程

KNN 算法的主要优点如下。

(1) 简单好用,容易理解,精度高,理论成熟,既可以用来做分类,又可以用来做回归。

(2) 可用于数值型数据和离散型数据。

(3) 训练时间复杂度为 $O(n)$；无数据输入假定。

(4) 对异常值不敏感。

KNN 算法的主要缺点如下。

(1) 计算复杂性高,空间复杂性高。

(2) 存在样本不平衡问题(即有些类别的样本数量很多,而其他样本的数量很少)。

(3) 当样本数量很大的时候 KNN 算法的计算量过大。但是 KNN 算法所需的样本又不能太少,否则容易发生误分。

(4) 无法给出数据的内在含义。

4. KNN 数据分类的 Python 实现

例 4.2 已有数据：group=array([[1.0,1.1],[1.0,1.0],[0,0],[0,0.1]]),labels=['A','A','B','B']。两组待分类数据为[1.0,0.8]和[0.5,0.5],判断待分类数据分别属于哪一类。

```
from numpy import *
import operator
#已有数据,以及对应的标签
group = array([[1.0,1.1],[1.0,1.0],[0,0],[0,0.1]])
labels = ['A','A','B','B']
'''作用:将待分类数据集与已有数据集以其标签进行计算,从而得出待分类数据集最有可能所属的类别
参数:
inX:待分类数据集
dataSet:已有数据集,通过 createDataSet()函数获取
```

```
labels: 已有数据集对应的分类标签,通过 createDataSet()函数获取
k: 设置最小距离数 '''
def classify0(inX, dataSet, labels, k):
dataSetSize = dataSet.shape[0]                  #获取数据集的行数
'''下面这一行代码的结果是将待分类数据集扩展到与已有数据集同样的规模,然后再与已有数据
集作差'''
diffMat = tile(inX, (dataSetSize,1)) - dataSet
sqDiffMat = diffMat ** 2                         #对上述差值求平方
sqDistances = sqDiffMat.sum(axis = 1)            #对每一行数据求和
distances = sqDistances ** 0.5                   #对上述结果开方
sortedDistIndicies = distances.argsort()         #对开方结果建立索引
#计算距离最小的 k 个点的 label
classCount = {}                                  #建立空字典,类别字典,保存各类别的数目
for i in range(k):                               #通过循环寻找 k 个近邻
voteIlabel = labels[sortedDistIndicies[i]]
#先找出开方结果索引表中第 i 个值对应的 label 值
classCount[voteIlabel] = classCount.get(voteIlabel,0) + 1
#存入当前 label 以及对应的类别值
sortedClassCount = sorted(classCount.items(), key = operator. itemgetter(1), reverse =
True)
#对类别字典进行逆排序,级别数目多的往前放
#返回结果
return sortedClassCount[0][0]
#返回级别字典中的第一个值,也就是最有可能的 label 值
#进行分类
print(classify0([1.0,0.8],group,labels,3),,end = '、')
print(classify0([0.5,0.5],group,labels,3))
```

程序运行结果如图 4.3 所示。

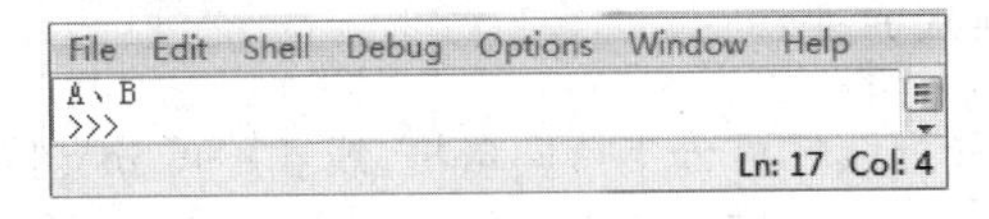

图 4.3 数据 [1.0,0.8]和[0.5,0.5]的分类结果

4.2.2 SVM 分类器

1995 年,Vipnik 提出了基于统计理论的支持向量机(Support Vector Machines, SVM)算法。算法的基本思想是寻找最佳的高维分类超平面,因为它是基于成熟的小样本统计理论,所以它在机器学习研究领域获得了广泛的关注。

1. SVM 的基本原理

SVM 是基于超平面的一个二分类模型,通过最大化间隔边界到超平面的间隔实现数据的分类。二分类模型在二维空间里就是线性分类器,如图 4.4 所示。

图 4.4 中用一条直线把两个类别分开。如果存在某一线性函数,则称为线性可分。如果在三维空间里,这条直线就变成一个平面,即最优分类面。支持向量机方法就是试图

在向量空间寻找一个最优分类平面，该平面切分两类数据并且使其分开的间隔最大。

在进行文本分类时，样本由一个标记（标记样本的类别）和一个向量（即样本形式化向量）组成，形式如下。

$$D_i = (\boldsymbol{x}_i, y_i) \tag{4-4}$$

在二元的线性分类中，文本向量用 $\boldsymbol{x}_i$ 表示，标记用 y_i 表示。标记 y_i 只有两个值：1 和-1（表示是否属于该类别）。这样就可以定义某个文本距离最优分类平面的间隔为

$$\delta_i = y_i(\boldsymbol{t}\boldsymbol{x}_i + b) \tag{4-5}$$

其中，$\boldsymbol{t}$ 是分类权重向量；b 是分类阈值。

文本集距离最优分类平面最近的点的距离就是文本集到最优分类平面的距离，如图 4.5 所示。

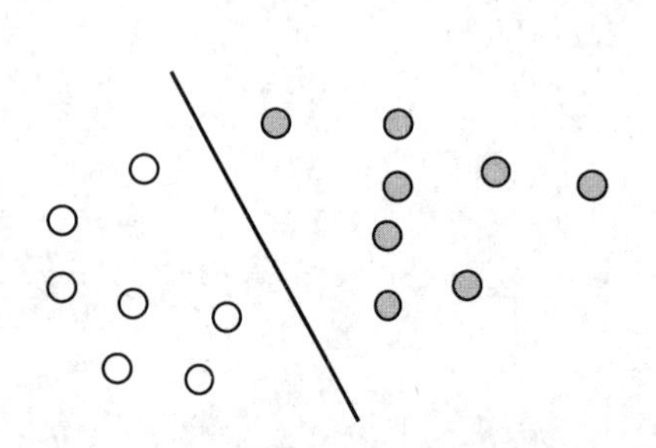

图 4.4 支持向量机一般分界面

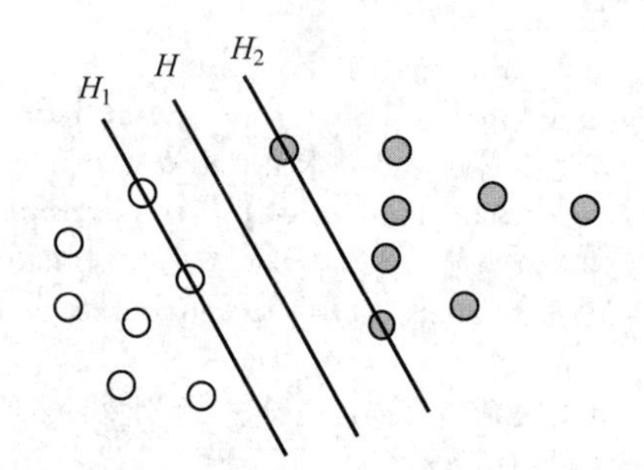

图 4.5 最优分类面

图 4.5 中，空心点和实心点分别表示不同的类别，H 为分割超平面，H_1 和 H_2 分别表示各类中离分割超平面最近且平行的平面。H_1 和 H_2 上的点称为支持向量，H_1 和 H_2 的间距称为分类间隔。最优分割超平面就是要求在正确分开不同类别的前提下，分类间隔最大。

2. SVM 分类的基本方法

SVM 分类模型可分为线性可分支持向量机、线性不可分支持向量机和非线性支持向量机，其中线性可分支持向量机模型分类的直观表示如图 4.5 所示，其他两种模型分类的直观表示如图 4.6 和图 4.7 所示。

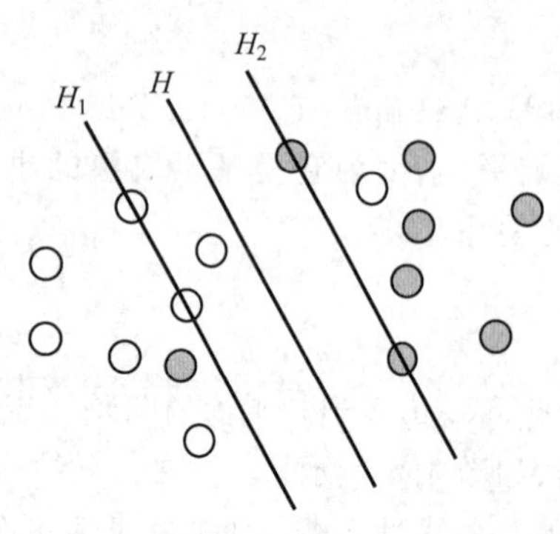

图 4.6 线性不可分支持向量机

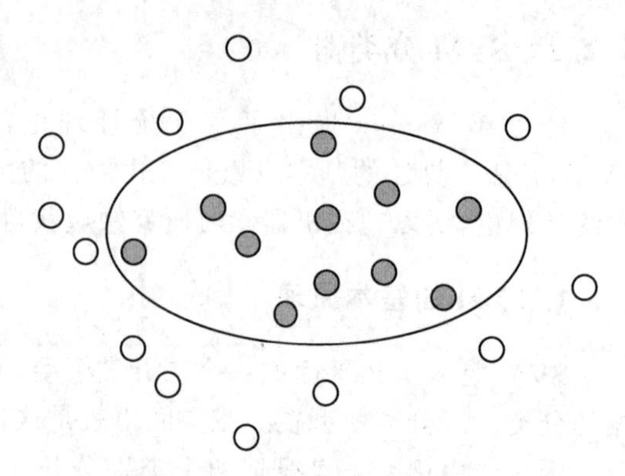

图 4.7 非线性支持向量机

1）线性可分支持向量机

根据上面的讨论，构建最优分类面进行分类的问题可转化为二次规划问题，但是直接求解较烦琐，常用的方法是将其转化为对偶问题优化求解。所用优化方法是拉格朗日乘子法，而且与 KKT(Karush-Kuhn-Tucker)条件有关，这里不列出公式推导过程，其拉格朗日目标函数如式(4-6)所示。

$$L(\boldsymbol{t},b,\alpha)=\frac{1}{2}\boldsymbol{t}^{\mathrm{T}}\boldsymbol{t}-\sum_{i=1}^{n}\alpha_i[y_i(\boldsymbol{t}^{\mathrm{T}}\boldsymbol{x}_i+b)-1] \tag{4-6}$$

其中，α_i 是拉格朗日系数，取值为 0 或正数。求拉格朗日函数最小值的方法为分别求 b、$\boldsymbol{t}$ 和 α_i 的偏微分，使偏微分等于 0。

$$\frac{\partial L}{\partial t}=0 \quad \Rightarrow \quad t=\sum_{i=1}^{n}\alpha_i y_i \boldsymbol{x}_i \tag{4-7}$$

$$\frac{\partial L}{\partial b}=0 \quad \Rightarrow \quad \sum_{i=1}^{n}\alpha_i y_i=0 \tag{4-8}$$

$$\frac{\partial L}{\partial \alpha_i}=0 \quad \Rightarrow \quad \alpha_i[y_i(\boldsymbol{t}^{\mathrm{T}}\boldsymbol{x}_i+b)-1]=0 \tag{4-9}$$

结合上述公式，即求出原问题的对偶问题，如下所示。

$$\max\sum_{i=1}^{n}\alpha_i-\frac{1}{2}\sum_{i=1}^{n}\sum_{j=1}^{n}\alpha_i\alpha_j y_i y_j(\boldsymbol{x}_i^{\mathrm{T}}\boldsymbol{x}_j),\quad \alpha_i\geqslant 0,\quad \sum_{i=1}^{n}\alpha_i y_i=0, i\in[1,n] \tag{4-10}$$

设最优解为 α_i^*，可以得到

$$\boldsymbol{t}^*=\sum_{i=1}^{n}\alpha_i^* y_i \boldsymbol{x}_i \tag{4-11}$$

当 α_i^* 值不等于 0 时所对应的向量即为所求的支持向量，支持向量线性组合就构成了最优分类超平面的权系数。b^* 可由式(4-9)求得，可得出如下所示的决策函数。

$$f(\boldsymbol{x})=\operatorname{sgn}((\boldsymbol{t}^*)^{\mathrm{T}}\boldsymbol{x}+b^*)=\operatorname{sgn}\left(\sum_{i=1}^{n}\alpha_i^* y_i \boldsymbol{x}_i \boldsymbol{x}+b^*\right) \tag{4-12}$$

其中，参数 b^* 是分类的阈值；sgn()函数为符号函数，其值的正负代表待分类文档属于正类或负类。对于待分类文档，要得到 $\boldsymbol{x}$ 的类别，只须计算 $f(\boldsymbol{x})$ 即可。

2）线性不可分支持向量机

对于线性不可分问题，引入松弛变量 $\xi_i\geqslant 0$，将约束条件放松为

$$y_i((\boldsymbol{t}\cdot\boldsymbol{x}_i)+b)\geqslant 1-\xi_i,\quad i=1,2,\cdots,l \tag{4-13}$$

当分割出现错误时，$\xi_i>0$，引入惩罚项

$$\varphi(\boldsymbol{t},\xi)=\frac{1}{2}\|\boldsymbol{t}\|^2+C\left(\sum_{i=1}^{n}\xi_i\right) \tag{4-14}$$

其中，惩罚因子 C 越大，表明对错误分类的惩罚越大。式(4-14)同时适用于线性可分问题和线性不可分问题。

根据 Wolf 对偶理论，得到原始问题的 Wolf 对偶问题为

$$\max_{\alpha}(\alpha)=\sum_{i=1}^{l}\alpha_i-\frac{1}{2}\sum_{i,j=1}^{l}\alpha_i\alpha_j y_i y_j \boldsymbol{x}_i\boldsymbol{x}_j \quad \text{s.t.} \quad \sum_{i=1}^{l}\alpha_i y_i=0, \quad 0\leqslant\alpha_i\leqslant C, i=1,2,\cdots,l \tag{4-15}$$

与线性可分支持向量机的对偶问题的重要区别是对 α_i 增加了上限限制。求解上述对偶问题得最优解 α^*，如果 $\alpha^*>0$，称 $\boldsymbol{x}_i$ 为支持向量，得到以下决策函数。

$$f(\boldsymbol{x})=\operatorname{sgn}\left(\sum_{i=1}^{l}y_i\alpha_i^*\boldsymbol{x}_i\boldsymbol{x}+b^*\right) \tag{4-16}$$

3）非线性可分支持向量机

解决非线性问题才是支持向量机分类方法的真正价值。为了使用支持向量机的方法解决非线性问题，提出了核函数(Kernel Function)的概念。主要方法是把输入空间线性不可分问题转化到高维特征空间进行，把某一非线性映射函数映射到高维特征空间，在高维空间中构建最优分类面。而采用核函数使得在高维特征空间的内积运算 $\langle \boldsymbol{x}_i^{\mathrm{T}}\boldsymbol{x}_j\rangle$ 映射为 $\langle\varphi(\boldsymbol{x}_i)^{\mathrm{T}}, \varphi(\boldsymbol{x}_j)\rangle$，这样就可以把原始输入中不能将样本数据用线性平面划分开的空间映射到能找到线性平面将类别数据进行划分的特征空间中，如图 4.8 所示。

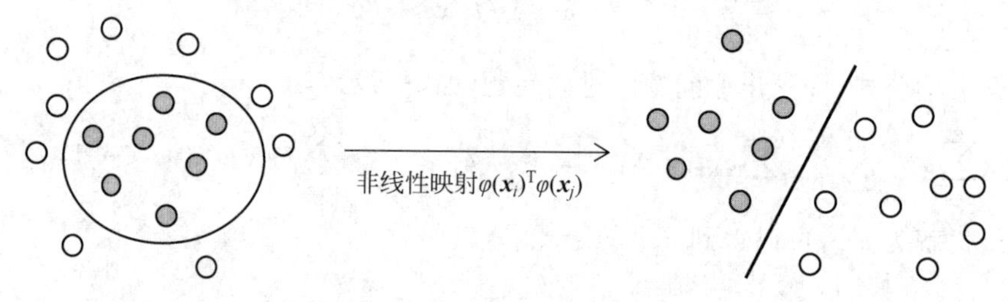

图 4.8 特征空间映射示意图

在输入空间实现映射函数如下所示。

$$\boldsymbol{x}\rightarrow\Phi(\boldsymbol{x})=(\varphi_1(\boldsymbol{x}),\varphi_2(\boldsymbol{x}),\cdots,\varphi_i(\boldsymbol{x}),\cdots)^{\mathrm{T}} \tag{4-17}$$

根据相关泛函理论，这些内积运算由可以通过满足 Mercer 定理的核函数 $K(\boldsymbol{x}_i,\boldsymbol{x}_j)=\varphi(\boldsymbol{x}_i)^{\mathrm{T}}\varphi(\boldsymbol{x}_j)$ 的运算来实现，用核函数代替最优分类超平面公式变换得到

$$f(x)=\operatorname{sgn}[(w^*)^{\mathrm{T}}\varphi(\boldsymbol{x})+b^*]=\operatorname{sgn}\left[\sum_{i=1}^{N}\alpha_i^* y_i K(\boldsymbol{x}_i,\boldsymbol{x})+b^*\right] \tag{4-18}$$

其中，$\boldsymbol{x}_i$ 表示的是支持向量。

4）核函数简介及选择

核函数是支持向量机中最关键的部分。支持向量机的主要方法是文本集输入空间经过非线性变换，在一个高维的特征空间里实现线性可分。非线性变换指选择适当的内积函数，即核函数。

核函数具有以下作用。

(1) 因为核函数的计算量与特征空间的维数无关，所以能够有效解决高维空间的运算量大的问题。

(2) 可以忽略非线性变换函数的形式及其参数。

(3) 可以与不同的算法结合，且核函数与其他算法可以独立运行。

常见的核函数有：

(1) 线性核函数(Liner Kernel)

$$K(\boldsymbol{x}_i,\boldsymbol{x}_j)=\boldsymbol{x}_i^{\mathrm{T}}\boldsymbol{x}_j \tag{4-19}$$

(2) 多项式核函数(Polynomial Kernel)

$$K(\boldsymbol{x}_i,\boldsymbol{x}_j)=[(\boldsymbol{x}_i^{\mathrm{T}}\boldsymbol{x}_j)+1]^d \tag{4-20}$$

(3) 径向基核函数(RBF Kernel)

$$K(\boldsymbol{x}_i,\boldsymbol{x}_j)=\exp(-\gamma\|\boldsymbol{x}_i-\boldsymbol{x}_j\|^2) \tag{4-21}$$

(4) 两层感知器核函数(Sigmoid Kernel)

$$K(\boldsymbol{x}_i,\boldsymbol{x}_j)=\tan[v(\boldsymbol{x}_i^{\mathrm{T}}\boldsymbol{x}_j)+r] \tag{4-22}$$

上述所有公式中的 d、γ 和 r 均为核函数参数。

3. SVM 算法的 Python 实现

基于 sklearn 包的 SVM 算法代码如下。

1) 单核函数

```
from sklearn import svm
import numpy as np
import matplotlib.pyplot as plt
#准备训练样本
x=[[1,8],[3,20],[1,15],[3,35],[5,35],[4,40],[7,80],[6,49]]
y=[1,1,-1,-1,1,-1,-1,1]
##开始训练
clf=svm.SVC()                   #默认参数: kernel='rbf'
clf.fit(x,y)
#print("预测...")
#res=clf.predict([[2,2]])  #两个方括号表面传入的参数是矩阵而不是list
#根据训练出的模型绘制样本点
for i in x:
    res=clf.predict(np.array(i).reshape(1, -1))
    if res>0:
    plt.scatter(i[0],i[1],c='r',marker='*')
else :
    plt.scatter(i[0],i[1],c='g',marker='*')
#生成随机实验数据(15行2列)
rdm_arr=np.random.randint(1, 15, size=(15,2))
#绘制实验数据点
for i in rdm_arr:
    res=clf.predict(np.array(i).reshape(1, -1))
    if res>0:
        plt.scatter(i[0],i[1],c='r',marker='.')
    else :
        plt.scatter(i[0],i[1],c='g',marker='.')
#显示绘图结果
plt.show()
```

程序运行结果如图 4.9 所示。

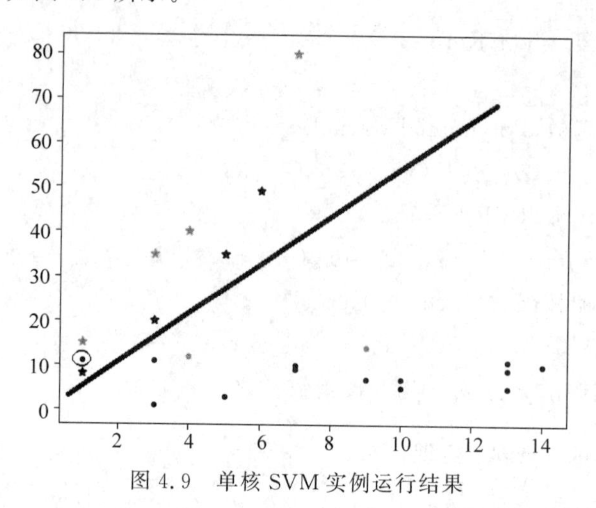

图 4.9 单核 SVM 实例运行结果

从图 4.9 可以看出,数据明显被粗分割线分成了两类。但是小椭圆标示的点例外,所以这也起到了检测异常值的作用。

在上述代码中提到了 kernel='rbf',这个参数是 SVM 的核心——核函数。

2) 四核函数

```
from sklearn import svm
import numpy as np
import matplotlib.pyplot as plt
#设置子图数量
fig, axes = plt.subplots(nrows=2, ncols=2,figsize=(7,7))
ax0, ax1, ax2, ax3 = axes.flatten()
#准备训练样本
x=[[1,8],[3,20],[1,15],[3,35],[5,35],[4,40],[7,80],[6,49]]
y=[1,1,-1,-1,1,-1,-1,1]
'''
说明 1: 核函数(这里简单介绍了 sklearn 中 SVM 的 4 个核函数,还有 precomputed 及自定义的)
LinearSVC: 主要用于线性可分的情形.参数少,速度快,对于一般数据,分类效果已经很理想
RBF:主要用于线性不可分的情形.参数多,分类结果非常依赖于参数
polynomial:多项式函数,degree 表示多项式的程度——支持非线性分类
Sigmoid: 在生物学中常见的 S 形的函数,也称为 S 形生长曲线
说明 2: 根据设置的参数不同,得出的分类结果及显示结果也会不同
'''
#设置子图的标题
titles = ['LinearSVC (linear kernel)',
          'SVC with polynomial (degree 3) kernel',
          'SVC with RBF kernel',   #这个是默认的
          'SVC with Sigmoid kernel']
#生成随机实验数据(15 行 2 列)
rdm_arr = np.random.randint(1, 15, size=(15,2))
def drawPoint(ax,clf,tn):
```

```
#绘制样本点
    for i in x:
        ax.set_title(titles[tn])
    res = clf.predict(np.array(i).reshape(1, -1))
    if res > 0:
        ax.scatter(i[0],i[1],c = 'r',marker = '*')
    else :
        ax.scatter(i[0],i[1],c = 'g',marker = '*')
#绘制实验点
    for i in rdm_arr:
        res = clf.predict(np.array(i).reshape(1, -1))
        if res > 0:
            ax.scatter(i[0],i[1],c = 'r',marker = '.')
        else :
            ax.scatter(i[0],i[1],c = 'g',marker = '.')
if __name__ == "__main__":
#选择核函数
    for n in range(0,4):
        if n == 0:
            clf = svm.SVC(kernel = 'linear').fit(x, y)
            drawPoint(ax0,clf,0)
        elif n == 1:
            clf = svm.SVC(kernel = 'poly', degree = 3).fit(x, y)
            drawPoint(ax1,clf,1)
        elif n == 2:
            clf = svm.SVC(kernel = 'rbf').fit(x, y)
            drawPoint(ax2,clf,2)
        else :
            clf = svm.SVC(kernel = 'sigmoid').fit(x, y)
            drawPoint(ax3,clf,3)
    plt.show()
```

程序运行结果如图 4.10 所示。

由于样本数据的关系，4 个核函数得出的结果一致。在实际操作中，应该选择效果最好的核函数分析。

3）线性分类

在 SVM 模块中还有一个较为简单的线性分类函数：LinearSVC()，不支持 kernel 参数，因为它的设计思想就是线性分类。如果确定数据可以进行线性划分，可以选择此函数，与 kernel='linear'用法对比如下。

```
from sklearn import svm
import numpy as np
import matplotlib.pyplot as plt
#设置子图数量
fig, axes = plt.subplots(nrows = 1, ncols = 2,figsize = (7,7))
ax0, ax1 = axes.flatten()
```

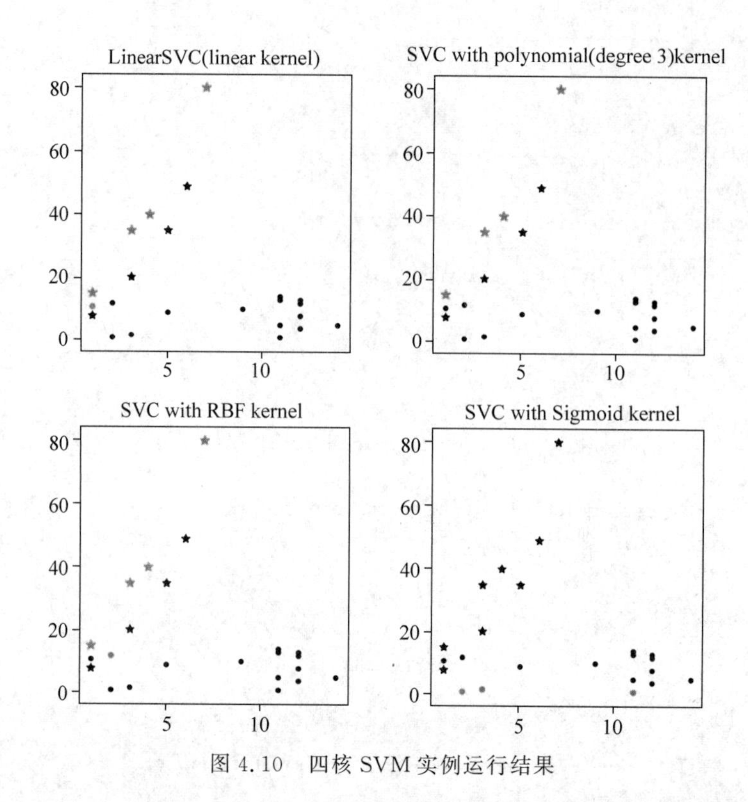

图 4.10　四核 SVM 实例运行结果

```
#准备训练样本
x = [[1,8],[3,20],[1,15],[3,35],[5,35],[4,40],[7,80],[6,49]]
y = [1,1, - 1, - 1,1, - 1, - 1,1]
#设置子图的标题
titles = ['SVC (linear kernel)',
          'LinearSVC']
#生成随机实验数据(15 行 2 列)
rdm_arr = np.random.randint(1, 15, size = (15,2))
#画图函数
def drawPoint(ax,clf,tn):
    #绘制样本点
    for i in x:
        ax.set_title(titles[tn])
        res = clf.predict(np.array(i).reshape(1, - 1))
        if res > 0:
            ax.scatter(i[0],i[1],c = 'r',marker = '*')
        else :
            ax.scatter(i[0],i[1],c = 'g',marker = '*')
    #绘制实验点
    for i in rdm_arr:
        res = clf.predict(np.array(i).reshape(1, - 1))
        if res > 0:
            ax.scatter(i[0],i[1],c = 'r',marker = '.')
        else :
```

```
            ax.scatter(i[0],i[1],c = 'g',marker = '.')
if __name__ == "__main__":
    #选择核函数
    for n in range(0,2):
        if n == 0:
            clf = svm.SVC(kernel = 'linear').fit(x, y)
            drawPoint(ax0,clf,0)
        else :
            clf = svm.LinearSVC().fit(x, y)
            drawPoint(ax1,clf,1)
    plt.show()
```

程序运行结果如图 4.11 所示。

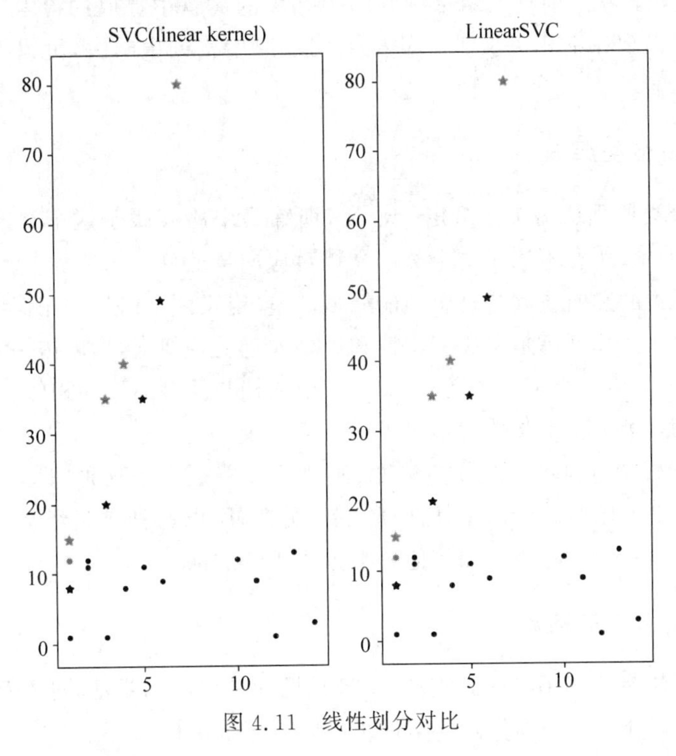

图 4.11　线性划分对比

4.2.3　Rocchio 分类器

Rocchio 算法由 Rocchio 于 1971 年在 SMART 文档检索系统中首次提出，该算法的主要目的是利用用户的反馈意见提炼用户查询项，从而判断检索结果与用户查询相关与否。1994 年，Hull 对 Rocchio 公式进行了改进，并将修改后的 Rocchio 公式应用到文本分类中，它是一个简单、高效的线性分类器。

1. Rocchio 算法简述

Rocchio 算法是基于向量空间模型和最小距离的方法，在以向量空间模型为基础的检索系统中得到了广泛的使用。最初，Rocchio 定义一个理想的查询应该是使所有相关文档的得分值大于所有不相关文档的得分值。事实上，并不是所有的相关文档的得分值都大于所有不相关文档的得分值。如果假定这样的查询存在于训练文档，就会出现“过度拟合”的问题。鉴于此，希望能找到一个查询，使得在这样的查询下，相关文档的平均得分值与不相关文档的平均得分值的差值尽量大，称这样的查询为最优查询(Optimal Query)，这个最优查询向量就是相关文档的质心向量与不相关文档的质心向量的差，即

$$Q_{\text{opt}}=\frac{1}{R}\sum_{\boldsymbol{D}_i\in \text{Rel}}\boldsymbol{D}_i-\frac{1}{M-R}\sum_{\boldsymbol{D}_i\notin \text{Rel}}\boldsymbol{D}_i \tag{4-23}$$

其中，Q_{opt} 表示最优查询；$\boldsymbol{D}_i$ 为查询的文档向量；M 为查询文档集中文档的总数；R 为查询文档集中相关文档的数量；Rel 表示查询结果中相关文档的集合。

式(4-23)表明，从之前检索结果中判断为相关的文献中提取的检索词添加到原始的查询中，并且将出现在不相关文献中的检索词从原始查询中减去，可以得到近似的优化查询。

2. Rocchio 分类原理

Rocchio 分类原理很简单。给定一个类，训练集中所有属于这个类的文档对应向量的分量用正数表示，所有不属于这个类的文档对应向量的分量用负数表示，然后把所有的向量加起来，得到的和向量就是这个类的原型向量，定义两个向量的相似度为这两个向量夹角的余弦，逐一计算训练集中所有文档和原型向量的相似度，然后按一定的算法从中挑选某个相似度作为界。给定一个文档，如果这个文档与原型向量的相似度比较大，则这个文档属于这个类，否则这个文档就不属于这个类。

Rocchio 算法能达到较好的分类精度，而对于那些达不到这种“良好分布”的类别分布情况，算法效果比较差。但由于其计算简单、迅速，所以这种方法经常被用于对分类时间要求较高的应用之中，并成为和其他分类方法比较的标准。

3. Rocchio 分类器构建

Rocchio 算法有很多不同的表现形式，最常见的是中心向量法，可以认为中心向量法是它的特例，下面介绍中心向量法的实现步骤以及评价过程。

首先，建立类别特征向量，或称为类中心向量，类中心向量定义为该类所有文档向量的平均向量。对于第 C_j 类，其类中心向量 $\mathbf{Center}_j$ 的计算式为

$$\mathbf{Center}_j=\frac{1}{M_j}\sum_{i=1}^{M_j}\boldsymbol{D}_{ij} \tag{4-24}$$

其中，M_j 是第 C_j 类中文档的数目；$\boldsymbol{D}_{ij}$ 是类别 C_j 中的第 i 个文档向量。

分类的时候，首先对待分类的文档生成文本向量，然后计算该向量与各类中心向量的相似度，最后将该文本分到与其最相似的类别中去。设类别标签为 Label_x，计算式为

$$\text{Label}_x=\text{argmaxSim}(\mathbf{Center}_j,\boldsymbol{D}_x) \tag{4-25}$$

向量的相似度度量方法通常采用余弦相似度，计算式如下。

$$\mathrm{Sim}(\boldsymbol{D}_i,\boldsymbol{D}_j)=\frac{\boldsymbol{D}_i \cdot \boldsymbol{D}_j}{\|\boldsymbol{D}_i\| \times \|\boldsymbol{D}_j\|} \tag{4-26}$$

4. Rocchio 分类器优缺点

总体来看，Rocchio 算法分类机制简单，在训练和分类阶段的计算量相对较小，运行速度尤其是分类速度较快。尽管计算量小，算法在一些文献中被证明取得了相对较高的分类精度。

Rocchio 算法认为一个类别的文档仅聚集在一个质心的周围，实际情况往往不是如此(这样的数据称为线性不可分的)。另外，Rocchio 算法假设训练数据是绝对正确的，因为它没有任何定量衡量样本是否含有噪声的机制，所以对错误数据毫无抵抗力。

4.2.4 朴素贝叶斯分类器

贝叶斯分类(Bayes Classify)是一类基于贝叶斯分类算法的总称，这类算法均以贝叶斯定理为基础，故统称为贝叶斯分类。它是以英国著名数学大师托马斯·贝叶斯于 1763 年发表的著作《论有关机遇问题的求解》提出的一种基于概率分析的可能性推理理论为基础的。

1. 贝叶斯分类器简述

贝叶斯分类方法是一种最常用的有指导的方法，以贝叶斯定理为理论基础，是一种在已知先验概率与条件概率的情况下的模式识别方法。贝叶斯分类器分为以下两种。

1) 朴素贝叶斯(Naive Bayes，NB)分类器

它的基础思想是：对于给出的待分类文档，求解在此文档出现的条件下各个类别出现的概率，哪个类别的概率最大，就认为此待分类文档属于哪个类别。例如，如果某些文档不超过 60 个汉字，含有的特征词大都是地址、电话号码、平方米、地理位置、优惠、热销、优越、别墅、温馨、户型、精致、风景、买房、楼房、装饰等，该类文档被判定为售楼广告。尽管这些特征相互依赖或有些特征词由其他特征词决定，然而朴素贝叶斯分类器认为这些特征词在判定该类文档为售楼广告的概率分布上是独立的。

2) 贝叶斯网络分类器

它考虑特征词之间的依赖程度，其计算复杂度比朴素贝叶斯分类器高得多，更能反映真实文本的情况。贝叶斯网络分类器的实现十分复杂。

本节只介绍朴素贝叶斯分类器，对于贝叶斯网络分类器，可以参考相关文献。

2. 朴素贝叶斯分类器简述

使用朴素贝叶斯分类器需要一个前提：文本的特征词之间必须是相互独立的。通过使用朴素贝叶斯分类器，可以预测特征词与类存在关系的可能性，求得文本属于某一类别的概率，根据概率的大小将文本分类到概率最大的类别中。

朴素贝叶斯分类器一个很经典的应用就是用来进行垃圾邮件过滤。每一封邮件都包

含了一系列特征词,这些特征词构成特征向量。我们只需要计算在该特征向量出现的前提下此邮件为垃圾邮件的概率就可以进行判别了。

假设文档集 D 中第 j 个类别表示为 $C_j(1\leqslant j\leqslant|C|)$,文档特征词为 $w_{ji}(1\leqslant i\leqslant n)$,所有特征词之间相互独立,那么可得类 C_j 的概率为

$$p(C_j)=\frac{M_j}{M},\quad j=1,2,\cdots,M \tag{4-27}$$

其中,$M_j=|C_j|$ 为类别 C_j 中文档数量;$M=|D|$ 为文档集 D 的全部文档数量。

设 $p(w_i|C_j)$ 为在类别 C_j 文档中出现特征词 w_i 的概率,那么未知类别的文档 $\boldsymbol{D}_k=\{w_{k1},w_{k2},\cdots,w_{kn}\}$ 属于 C_j 的概率为

$$p(\boldsymbol{D}_k\mid C_j)=p(w_{k1},w_{k2},\cdots,w_{kn}\mid C_j)=\prod_{i=1}^{n}p(w_{ki}\mid C_j) \tag{4-28}$$

由此可求得文档 $\boldsymbol{D}_k$ 出现的概率为

$$p(\boldsymbol{D}_k)=\sum_{j=1}^{|C|}p(C_j)p(\boldsymbol{D}_k\mid C_j) \tag{4-29}$$

其中,$|C|$ 表示类别总数。根据贝叶斯定理,文本类别 C_j 的概率 $p(C_j|\boldsymbol{D}_k)$ 为

$$p(C_j\mid\boldsymbol{D}_k)=\frac{p(\boldsymbol{D}_k\mid C_j)p(C_j)}{p(\boldsymbol{D}_k)} \tag{4-30}$$

式(4-29)中 $p(\boldsymbol{D}_k)$ 表示文档 $\boldsymbol{D}_k$ 中所有特征词在整个文档集中出现的概率,由于 $p(\boldsymbol{D}_k)$ 对于每个类别均为常数,可以忽略不计,将式(4-30)中文档 $\boldsymbol{D}_k$ 的条件概率转化为式(4-31)中特征词 t_i 的条件概率。

$$p(C_j\mid\boldsymbol{D}_k)=p(C_j)\prod_{i=1}^{n}p(t_i\mid C_j) \tag{4-31}$$

最后根据式(4-32),将文档划分到概率最大的类中。

$$C_{\text{map}}=\operatorname{argmax}p(C_j\mid\boldsymbol{D}_k)=\operatorname{argmax}p(C_j)\prod_{i=1}^{n}p(t_i\mid C_j) \tag{4-32}$$

3. 朴素贝叶斯分类算法实现步骤

根据朴素贝叶斯分类算法原理,可以将分类过程总结为以下步骤。

(1) 根据具体情况确定特征词,并对每个特征词进行类别的划分,然后人工对一部分待分类文档进行分类,形成训练样本集合。由人工输入所有待分类数据,输出特征词和训练样本。

(2) 计算每个类别在训练样本中的出现频率及每个特征词划分对每个类别的条件概率估计,并记录结果。

(3) 使用分类器对待分类文档进行分类,其输入是分类器和待分类文档,输出是待分类文档与类别的映射关系。

4. 朴素贝叶斯分类算法的优缺点

朴素贝叶斯分类算法的主要优点如下。

(1) 朴素贝叶斯模型发源于古典数学理论,有稳定的分类效率。

(2) 对小规模的数据表现很好,能处理多分类任务,适合增量式训练,尤其是数据量超出内存时,我们可以一批批地去增量训练。

(3) 对缺失数据不太敏感,算法也比较简单。

朴素贝叶斯分类器的主要缺点如下。

(1) 朴素贝叶斯分类器的使用是以文档特征词之间相互独立为前提的,但在现实情况下,文档分类不可能真正达到这一前提,若使用朴素贝叶斯分类器对那些具有一定关联的特征词进行处理,分类会很难达到预期效果。

(2) 当需要测试的文档出现不完整或特征词分布不均衡的情况,会导致一些特征词的概率计算出现较大误差,进而影响文本分类的效果。

5. 利用 Python 实现朴素贝叶斯分类

例 4.3 利用朴素贝叶斯模型实现言论过滤。

为了不影响社区的发展,我们要屏蔽侮辱性的言论,所以要构建一个快速过滤器,如果某条留言的使用带来负面或侮辱性的语言,那么就将该留言标识为内容不当。过滤这类内容是一个很常见的需求,对此问题建立两个类别:侮辱类和非侮辱类,分别使用 1 和 0 表示(即用 1 表示侮辱类,用 0 表示非侮辱类)。源代码如下。

```
from numpy import *
#朴素贝叶斯算法
"""-------------------------------------------------------------------------
函数 1: 创建实验样本
功能说明: 将文本切分成词条
返回值说明: trainData 是词条,labels 则是词条对应的分类标签
----------------------------------------------------------------------------
"""
def loadDataSet():
    trainData = [['我的', '狗', '有', '跳蚤', '问题', '帮助', '请'],
       ['可能', '不会', '使得', '它的', '到', '狗', '公园', '愚蠢'],
       ['我的', '斑点狗', '是', '也', '机灵', '我', '喜欢', '它'],
       ['停止', '张贴', '愚蠢', '毫无价值', '垃圾'],
       ['先生', '舔', '吃', '我的', '牛排', '怎么做', '到', '停下', '它'],
       ['退出', '购买', '毫无价值', '狗', '食物', '愚蠢']]
    labels = [0, 1, 0, 1, 0, 1]              #1 表示侮辱性言论,0 表示正常言论
    return trainData, labels
#生成词汇表
    returnpostingList,classVec               #返回实验样本切分的词条和类别标签向量
"""-------------------------------------------------------------------------
函数 2: 制作词汇表
函数说明: 将切分的实验样本词条整理成不重复的词条列表,也就是词汇表
参数说明: dataSet 是上面的 trainData,也就是重复的词条样本集,而 vocabList 则是无重复的词汇表
----------------------------------------------------------------------------
"""
def createVocabList(trainData):
```

```
    VocabList = set([])
    for item in trainData:
        VocabList = VocabList|set(item)    #取两个集合的并集
    return sorted(list(VocabList))         #对结果排序后返回
"""-----------------------------------------------------------------
函数 3: 词汇向量化
函数说明: 根据 vocabList 词汇表(也就是上面函数制作的词汇表),将 trainData(输入的词汇)向
量化,向量的每个元素为 1 或 0,如果词汇表中有这个单词则置 1,没有则置 0
参数说明: 最后返回的是文档向量
功能: 对训练数据生成只包含 0 和 1 的向量集
-------------------------------------------------------------------
"""
def createWordSet(VocabList, trainData):
    VocabList_len = len(VocabList)          #词汇集的长度
    trainData_len = len(trainData)          #训练数据的长度
    WordSet = zeros((trainData_len,VocabList_len))  #生成行长度为训练数据的长度,列长
                                                    #度为词汇集的长度的列表
    for index in range(0,trainData_len):
        for word in trainData[index]:
            if word inVocabList:            #训练数据包含的单词对应的位置为 1,其他为 0
                WordSet[index][VocabList.index(word)] = 1
    return WordSet
"""-----------------------------------------------------------------
函数 4: 朴素贝叶斯分类器训练函数
函数说明: 利用朴素贝叶斯求出分类概率,也可以说是求出先验概率
参数说明: 输入参数 WordSet 是所有样本数据矩阵,每行是一个样本,一列代表一个词条
输入参数 labels 是所有样本对应的分类标签,是一个向量,维数等于矩阵的行数
输出参数 p0 是一个向量,维数与上面相同,每个元素表示对应样本的概率
输出参数 p1 是一个向量,和上面那个向量互补(因为是二分类问题),每个元素对应样本的概率
-------------------------------------------------------------------
"""
def opreationProbability(WordSet, labels):
        WordSet_col = len(WordSet[0])
        #每条样本中的词条数量
        labels_len = len(labels)
        #训练集中样本数量
        WordSet_labels_0 = zeros(WordSet_col)
        WordSet_labels_1 = zeros(WordSet_col)
        num_labels_0 = 0
        num_labels_1 = 0
        for index in range(0,labels_len):
            if labels[index] == 0:
                WordSet_labels_0 += WordSet[index]
                num_labels_0 += 1
                #统计正常言论的条件概率所需的数据,即 P(w0|0),P(w1|0),P(w2|0),…
            else:
                WordSet_labels_1 += WordSet[index]
                num_labels_1 += 1
```

```
            #统计侮辱性言论的条件概率所需的数据,即 P(w0|1),P(w1|1),P(w2|1), …
        p0 = WordSet_labels_0 * num_labels_0 /labels_len
        p1 = WordSet_labels_1 * num_labels_1 /labels_len
        return p0, p1
       #返回侮辱性言论的条件概率数组,正常言论的条件概率数组
"""------------------------------------------------------------
#主程序
--------------------------------------------------------------
"""
trainData, labels = loadDataSet()
VocabList = createVocabList(trainData)
train_WordSet = createWordSet(VocabList,trainData)
p0, p1 = opreationProbability(train_WordSet, labels)
#到此算是训练完成
#开始测试
print()
testData1 = ['喜欢', '我的', '斑点狗']                    #测试样本 1
print("测试样本 1['喜欢', '我的', '斑点狗']: ",end = "")
test_WordSet = createWordSet(VocabList, testData1)       #测试数据的向量集
res_test_0 = sum(p0 * test_WordSet)
res_test_1 = sum(p1 * test_WordSet)
if res_test_0 > res_test_1:
    print("属于 0 类别,即为正常言论。")
else:
    print("属于 1 类别,即为侮辱性言论。")
testData2 = ['愚蠢', '垃圾']     #测试样本 2
print("测试样本 2['愚蠢', '垃圾']: ",end = "")
test_WordSet = createWordSet(VocabList, testData2)       #测试数据的向量集
res_test_0 = sum(p0 * test_WordSet)
res_test_1 = sum(p1 * test_WordSet)
if res_test_0 > res_test_1:
    print("属于 0 类别,即为正常言论。")
else:
    print("属于 1 类别,即为侮辱性言论。")
```

程序运行结果如图 4.12 所示。

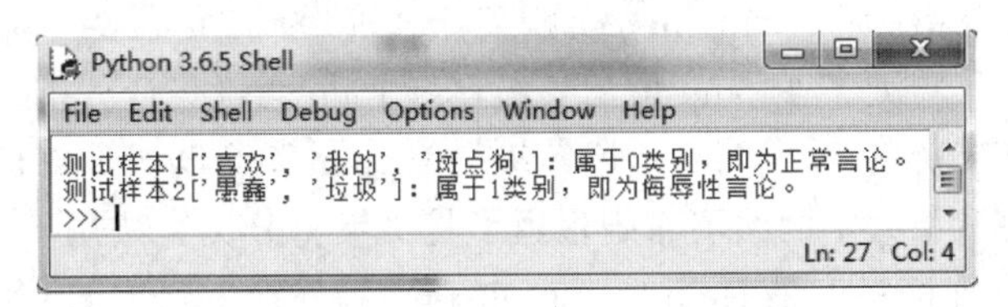

图 4.12 正常言论和侮辱言论判别结果

4.2.5 决策树分类器

决策树(Decision Tree,DT)起源于概念学习系统(Concept Learning System,CLS)。CLS 最早由 E. B. Hunt 等于 1966 年提出,并首次用决策树进行概念学习,后来的许多决

策树学习算法都可以看作CLS算法的改进与更新。

1. 决策树分类器简述

决策树分类是一种十分常用的分类方法。所谓决策树分类器,是一种描述对实例进行分类的树形结构。决策树由节点(Node)和有向边(Directed Edge)组成。节点有两种类型:内部节点(Internal Node)和叶节点(Leaf Node)。内部节点表示一个特征或属性,叶节点表示一个类。在决策树中,文档的分类是通过从树根开始根据文档满足的条件依次向下移动直到树叶节点为止,文档的类别就是叶的类别。

决策树可看作是一个树形的预测模型,树的根节点是整个数据集合空间,每个分枝节点是一个分裂问题,它是对一个单一属性的测试,该测试将数据集合空间分割成两个或更多块,每个叶节点是带有分类的数据分割。从决策树的根节点到叶节点的一条路径就形成了对相应对象的类别预测。决策树算法的核心问题是选取测试属性和决策树的剪枝。一个决策树示例如图4.13所示。

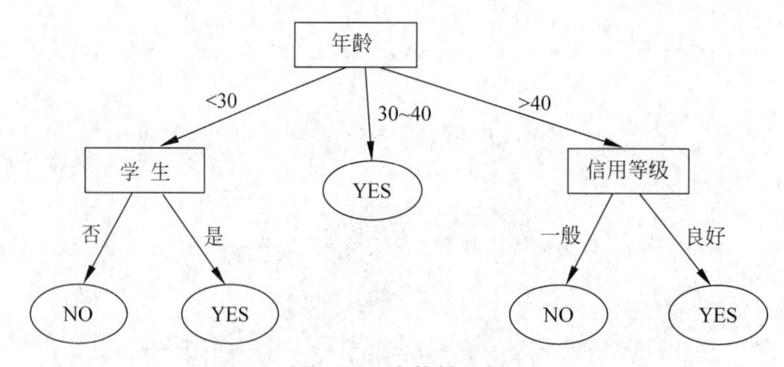

图4.13 决策树示例

图4.13所示的决策树描述了一个购买计算机的分类模型,利用它可以对一个学生是否会在本商场购买计算机进行分类预测。决策树的中间节点通常用矩形表示,叶节点通常用椭圆表示。沿着根节点到叶节点的路径有5条,就形成了5条分类规则。

- 规则1:if 年龄小于30 and 是学生 then 会购买计算机。
- 规则2:if 年龄小于30 and 不是学生 then 不会购买计算机。
- 规则3:if 年龄为30～40 then 会购买计算机。
- 规则4:if 年龄大于40 and 信用等级良好 then 会购买计算机。
- 规则5:if 年龄大于40 and 信用等级一般 then 不会购买计算机。

2008年,多特蒙德大学的约阿希姆报道了将决策树分类算法用于文本分类的实验结果。实验用到的标准语料库是Reuters和Ohsumed,分别用到了KNN、贝叶斯和决策树等分类方法,在得到的结果中分析出决策树算法更适用于文本分类技术。

2. 决策树的生成

决策树的生成是指由训练文本集生成决策树的过程。一般情况下,训练文本集是根据实际需要由实际的历史文本数据获得的具有一定综合程度的用于数据分析处理的文本数据集。

在训练集合上生成一般决策树的基本步骤如下。

(1) 用户根据实际需求以及所处理文本的特性,对训练文本集进一步处理。根据用户的实际需要选择合适的特征词集合作为决策树的候选特征词集合。

(2) 在候选特征词集合中选择最有分类能力的特征词作为当前决策节点的分裂依据(第一个决策节点称为根节点),节点上被选中的候选特征词也称为测试特征词。

(3) 根据当前决策节点测试特征词取值的不同,将训练文本集划分为若干子集。

(4) 针对得到的每一个子集,重复进行步骤(2)和步骤(3),直到最后的子集符合下面的3个条件之一。

- 条件1:子集中的所有文档都属于同一类。
- 条件2:该子集是遍历了所有候选特征词后得到的。
- 条件3:子集中的所有剩余候选特征词取值完全相同,已经不再能够根据这些候选特征词进一步进行子集划分。

(5) 确定叶节点的类别。对条件1所产生的叶节点,直接根据其中的文档所属类别进行类别标识;对条件2或条件3所产生的叶节点,选取子集所含文档的代表性类别特征进行类别标识,一般是以文档个数最多的类别进行类别标识。

通过上述步骤,对文档集建立了可进行分类的决策树。

由决策树的每一个从根节点到叶节点的分枝都可以得到一条用于判断文档类别归属的初步规则,但得到的初步规则中,有一些规则准确率较低,因此需要对上述得到的决策树进行"剪枝"。

3. 决策树算法研究进展

近年来,国内外的研究人员逐步提出和改进了各种决策树算法。

1) CLS算法

CLS是决策树家族中最早的成员,它是一个是概念学习系统,采用提前计划的策略构造一棵较小分类代价的决策树。CLS算法的主要思想是从一个空的决策树出发,通过添加新的决策节点改善原来的决策树,直至决策树能正确地将训练样本分类为止。由于CLS算法中并未明确给出测试属性的选取标准,所以CLS算法有很大的改进空间。

2) ID3算法

最具影响力的是1986年Quinlan提出的ID3算法,它是CLS发展出一系列算法的一支,抛弃了CLS提前计划的方法,根据信息估计函数方法构造决策树。ID3算法是一种自顶向下的决策树生成算法,是非递增算法,而且它采用信息熵作为属性选择标准,这个标准倾向于选择候选属性取值较多的属性作为分类属性。CLS是ID3的一般化形式,CLS和ID3在描述对象的特性时,都是从指定的集合中取值,即属性值是离散的。ID3算法体现了决策树分类的优点:算法的理论清晰,方法简单,学习能力较强;其缺点是:只对比较小的数据集有效,且对噪声比较敏感。当训练数据集加大时,决策树可能会随之改变,并且在测试属性选择时,它倾向于选择取值较多的属性。Schlimer和Fisher于1986年构造了ID4算法,允许递增式地构造决策树。Utgoff于1988年提出ID5算法,允许通过修改决策树增加新的训练实例，而无须重建决策树。

3）C4.5 算法

Quinlan 于 1993 年出版了专著《机器学习规划》，介绍了极其流行的决策树算法 C4.5，并附有程序员用的源代码。C4.5 和 C5.0 都是 ID3 的改进，引入增益率（Gain Ratio）克服 ID3 中的最大增益偏向于多值属性的缺点，并且能处理连续属性，同时在其他方面也有一些改进。C4.5 分类算法仍然需要反复扫描和排序样本集，导致算法低效问题，而且更为关键的是不能进行增量学习。

4）CART 算法

CART（Classification and Regression Trees）分类算法是由 Breiman、Friedman 和 Olshen 等在 1984 年提出的一种决策树分类算法。CART 采用不同于 ID3 系列的方法，不使用信息估计函数，而是采用基于最小距离的 Gini Index 标准。利用 Gini Index 值选择测试属性的最大好处就是可以单独考虑子数据集中主属性的分布情况，用来决定由该子数据集生成的子决策树的拓展形状。利用 CART 分类方法处理数据集分类时，当生成的决策树中某一分枝节点上的子数据集的类分布大致属于一类时，就可以利用多数表决的方式，将绝大多数记录所代表的类作为该节点的类标识，停止对该节点的继续拓展，该节点变成叶节点。重复上述的过程，直至生成最终满足要求的决策树为止。CART 算法仍然使用后剪枝，剪枝算法使用独立于训练样本集的测试样本集对子树的分类错误进行计算，找出分类错误最小的子树作为最终的分类模型。对于某些样本集，由于样本数太少而不能分出独立的测试样本集，CART 算法采用一种称为交叉验证（Cross Validation）的剪枝方法。该方法解决了在小样本集上建立决策树由于没有独立测试样本集而造成的过度拟合问题。但是，CART 分类算法用数据集计算 Gini Index 值时，每次递归计算所处理的数据集分类的计算量受到计算机内存空间大小的限制，所以 CART 分类算法对于大规模数据集的分类问题就显得有些力不从心。

5）SLIQ 算法

M. Metha 等提出的 SLIQ（Supervised Learning in Quest）算法采用了预排序的技术，以便消除在决策树的每个节点对数据集进行排序的需要。对于离散属性，SLIQ 也采取类似的办法将属性取值所有可能的幂集组合进行预排序。算法采用广度优先策略构造决策树，即在决策树的每一层只对每个属性列表扫描一次，就可以为当前决策树中每个叶节点找到最优分裂标准，从而能处理更大的数据库，并使用 MDL 剪枝算法，使树更小，分类精度更高。SLIQ 算法可以处理大规模的训练样本集，具有较好的伸缩性。SLIQ 算法首次提出在算法中运用一些特殊数据结构，如属性表和类表。SLIQ 算法在执行过程中需要随时修改类表，因此类表常驻内存，而类表的大小会随着训练样本集的增大而增大，因此 SLIQ 算法依然不能摆脱主存容量的限制。

6）PUBLIC 算法

1998 年，Rajeev 等提出一种将建树和树的调整阶段集成在一起的算法—— PUBLIC（Pruning and Building Integrated in Classification），其主要思想是在决策树建立阶段，计算每个节点相关的目标函数值，估计该节点在将来调整阶段是否被删除，如果该节点将被删除，则不对该节点进行扩张，否则，扩展该节点。PUBLIC 算法由于不需要对即将删除的节点进行扩张，所以可以减少大量 I/O(输入/输出)操作，节省运行空间，提高决策树的构造效率。PUBLIC 算法的最大优点是它生成的决策树与对同一样本集使用预剪枝策略生成的决策树完全相同，而效率却比后者有大幅度提高。PUBLIC 算法在选择测试属性上采用计算 Gini Index 值的技术。

4. ID3 算法简介

ID3 算法以信息论为基础，用信息熵和信息增益度作为衡量标准。

1）ID3 涉及信息论的相关概念

若存在 n 个相同概率的消息，则每个消息的概率 $p=1/n$，一个消息传递的信息量为 $\log_2(n)$。

若有 n 个消息，其给定概率分布为 $p=(p_1,p_2,\cdots,p_n)$，则由该分布传递的信息量称为 p 的熵，记为

$$I(p)=\sum_{i=1}^{n}p_i\log_2(p_i) \tag{4-33}$$

若一个文档集合 D 根据类别特征词 w 被分成互相独立的类 $C_1,C_2,\cdots,C_k$，则识别 D 的一个文档所属哪个类所需要的信息量为 $\text{Info}(D)=I(p)$，其中，p 为 $C_1,C_2,\cdots,C_k$ 的概率分布，即

$$p=\left(\frac{|C_1|}{|D|},\frac{|C_2|}{|D|},\cdots,\frac{|C_k|}{|D|}\right) \tag{4-34}$$

若先根据非类别特征词 w 将文档集 D 分成集合 $T_1,T_2,\cdots,T_m$，则确定 D 中一个文档类的信息量可通过确定 T_i 的加权平均值得到，即 $\text{Info}(T_i)$的加权平均值为

$$\text{Info}(w,D)=\sum_{i=1}^{m}\left[\left(\frac{|T_i|}{|D|}\right)\text{Info}(T_i)\right] \tag{4-35}$$

信息增益度是两个信息量之间的差值，其中一个信息量是须确定文档集 D 的一个文档的信息量，另一个信息量是在已得到特征词后须确定的一个文档的信息量，信息增益度计算式为

$$\text{Gain}(w,D)=\text{Info}(D)-\text{Info}(w,D) \tag{4-36}$$

ID3 算法是计算每个特征词的信息增益，并选取具有最高增益的特征词作为集合的测试特征。对被选取的测试特征词创建一个节点，并以该节点的特征词标记，对该特征词的每个值创建一个分枝，据此划分样本。

2）ID3 算法实现过程

假设训练文档集合为 D，共有 m 类，设有 m 个子集，可分别用 $T_1,T_2,\cdots,T_m$ 表示，设 p_k 为每个子类的分布概率，$|D|$表示集合中所含文本的数量，$|T_i|$表示其中某个子集数量，p_k 可通过式(4-37)计算。

$$p_k=\frac{|T_k|}{|D|} \tag{4-37}$$

这样可得

$$\text{Info}(D)=-\sum_{i=1}^{m}p_k\log_2(p_k) \tag{4-38}$$

假设训练集 D 有 n 个特征词，选取特征词 w 作为说明，设 w 有个 s 个取值（每个文档对于这个特征词的权值），则训练集 D 被 s 个取值分为 s 个子集 $H_1, H_2, \cdots, H_s$，选取 H_i，则这个子集中可能含有 m 个类别，根据式(4-37)可知，设第 k 个类别数($k=1,2,\cdots,m$)为 h_k，H_i 子集所含样本总数为 $|H_i|$，则每个类别概率为

$$p_k = \frac{h_k}{|H_i|} \tag{4-39}$$

所以，子集 H_i 的信息熵可表示为

$$E(H_i) = -\sum_{i=1}^{m} p_i \log_2(p_i) \tag{4-40}$$

则特征词 w 的信息熵为

$$E(w) = -\sum_{i=1}^{s} \frac{|H_i|}{|D|} E(H_i) \tag{4-41}$$

这里取得的 $E(w)$ 即为前面提到的 $\text{Info}(w,D)$，所以，属性 w 的信息增益就可以表示为

$$\text{Gain}(w) = \text{Info}(D) - \text{Info}(w,D) \tag{4-42}$$

然后依次对其他的属性重复上面的步骤，得出其信息增益。比较所有属性的信息增益，选择最大的信息增益的特征词作为分裂节点，接着对下面分裂出来的节点再不断地递归循环，这样就可以构建出一棵决策树。

3）ID3 算法的优缺点

从算法过程来看，ID3 算法有其完善的计算体系和理论依据，但也存在一些不可避免的缺陷。

(1) 优点

ID3 算法使用全部的训练数据，而非针对单个训练样本，这样就可以充分利用全部训练样本的统计性质进行决策，从而抵抗噪声。

算法采用自顶向下的策略，搜索全部空间的一部分，保证测试次数最少，分类速度快，其计算时间是样本个数、属性个数和节点个数之积的线性函数。

算法思路清晰，且用信息论作为基础，解决了决策树理论依据的一个难题，是决策树分类算法里程碑式的跨越。

(2) 缺点

采用互信息的计算方法会有多值偏向问题，就是偏向于特征词取值较多的测试特征词，但特征词取值较多的特征词并不一定代表最优的特征。

ID3 算法是一种自顶向下的贪心算法，如果是非增量的学习任务，此算法常常是建立决策树的最佳选择。可对于增量学习任务，由于不可以增量地接受训练集合，每次样本一旦增加就必须舍弃原来的决策树，重新构建决策树，这样就必然造成很大的开销。

ID3 算法对噪声特别敏感。认定的噪声是指训练集合中的错误，包含两种错误：一是特征词取值的不确定性，二是类别给定的错误。

ID3 算法构建树的时候，每个节点只含一个测试特征，这其实是一种单变量算法，假

设特征词之间不存在相关性。虽然把多个特征词用一棵树连在一起,可这种关系是很松散的。同时,由于它是单变量算法,在表达复杂概念时是非常困难的。

ID3 算法无法处理某个特征词取值缺失的问题,这样构造出来的决策树往往是不够完整的。

总地来说,ID3 算法的理论清晰,学习能力相对比较强,且方法简单,适合处理大规模的学习问题,是数据挖掘和机器学习领域中一个非常好的范例,更是一种知识获取的有用工具。针对算法存在的问题,C4.5 算法弥补了 ID3 算法的诸多不足,为决策树分类算法的发展又注入了新的生机。

5. C4.5 算法简介

C4.5 算法克服了多值偏向问题,对树的剪枝也有了较成熟的方法。

1) C4.5 算法原理

在 ID3 算法中,树节点的选择是通过计算并比较属性的信息增益,信息增益最大的就选为分裂节点,而 C4.5 算法引入信息增益率解决这个问题,并且信息增益率等于信息增益对分割信息量的比值。

通过式(4-42)已经求得特征词的信息增益为 $\text{Gain}(w)=\text{Info}(D)-\text{Info}(w,D)$。只要再取得分割的信息量,即可求得信息增益率,原来 w 有 s 个属性值,且为离散属性,训练集被 s 个属性分为 s 个子集为 $H_1,H_2,\cdots,H_s$,与 w 分割样本集所得的信息增益的 ID3 算法一样,$|H_i|$表示子集所含样本数量,分割信息量为

$$S(H,w)=-\sum_{i=1}^{s}\left(\frac{|H_i|}{|D|}\log_2\frac{|H_i|}{|D|}\right) \tag{4-43}$$

所以信息增益率为

$$G\_R(H,w)=\frac{\text{Gain}(w)}{S(H,w)} \tag{4-44}$$

节点分裂特征词的时候,根据这个信息增益率来判断,选取属性信息增益率最大的特征词作为分裂特征,就可以解决算法偏向于特征词取多值的问题。

2) C4.5 算法的剪枝

在决策树的构建过程中,因为数据中噪声和孤立点的影响,部分分枝反映出训练集中的异常。因此,必须通过剪枝的方法处理这种数据异常的问题。通常使用统计度量,把最不可能的分枝剪去,这样不但可实现较快的分类,又可以提高决策树独立于测试数据和正确分类的能力。

(1) 预剪枝法

此方法通过提前停止树的构造实现对树枝进行修剪。一旦停止,节点成为叶节点。叶节点取子集中频率最大的类作为子集的标识,或者可能仅存储这些实例的概率分布函数。在构造决策树的过程中,可用统计意义下的 χ^2、信息增益等信息实现分裂优良性的评估。假如对一个节点划分样本将引起低于定义阈值的分裂,那么给定子集的下一步划分就停止。但选择一个恰当的阈值也是比较困难的。如果阈值较高,会导致树的过分简化,但较低的阈值会起不到树的简化作用。

(2) 后剪枝法

一般来说,这种方法采用得比较多,公认比较合理。它在树构建之后才进行剪枝。通过对分枝节点的删除,剪去树节点,后剪枝算法中一个比较有名的实例是代价复杂性剪枝算法。在该算法中,最底层的没有被剪枝的节点作为叶节点,并把它标记为先前分枝中最频繁的类。针对树中所有的非叶节点,算法计算每个节点上的子树被剪枝后可能出现的期望错误率,然后利用每个分枝的错误率,结合对每个分枝观察的权重评估,计算不对此节点剪枝的期望错误率。假如剪去此节点会导致较高的期望错误率,那就保留该子树;否则就剪去此节点。产生一组逐渐被剪枝的树后,使用一个独特的测试集评估每棵树的准确率,即可得到具有最小期望错误率的决策树。

大部分情况下,这两种剪枝方法是交叉使用的,形成组合式方法,但后剪枝方法所需要的计算量比预剪枝方法大,可产生的树通常更可靠。C4.5 算法使用悲观剪枝方法,它类似于代价复杂度方法,同样使用错误率评估,对子树剪枝做出决策。然而,悲观剪枝不需要使用剪枝集,而是使用训练集评估错误率。基于训练集评估准确率或错误率是过于乐观的,所以具有较大的偏差。

也可以根据对树编码所需的二进制位数,而不是根据估计的错误率对树进行剪枝。"最佳"剪枝树是最小化编码二进制位数的树。这种方法采用最小长度原则,其基本思想是:最简单的解是首选。

3) C4.5 算法的主要优缺点

C4.5 算法的主要优点是:产生的分类规则易于理解,准确率较高;主要缺点是:在构造树的过程中,需要对数据集进行多次的顺序扫描和排序,因而导致算法低效。

6. 决策树的 Python 实现

下面只给出 ID3 和 C4.5 的算法实现。

1) 利用 ID3 预测结果

贷款申请样本数据如表 4.3 所示。

表 4.3 贷款申请样本数据

序号	年龄	工作	房子	信贷	类别	序号	年龄	工作	房子	信贷	类别
1	青年	否	否	一般	否	9	中年	否	是	非常好	是
2	青年	否	否	好	否	10	中年	否	是	非常好	是
3	青年	是	否	好	是	11	老年	否	是	非常好	是
4	青年	是	是	一般	是	12	老年	否	是	好	是
5	青年	否	否	一般	否	13	老年	是	否	好	是
6	中年	否	否	一般	否	14	老年	是	否	非常好	是
7	中年	否	否	好	否	15	老年	否	否	一般	否
8	中年	是	是	好	是						

先对数据集进行如下属性标注。

年龄:0 代表青年,1 代表中年,2 代表老年;工作:0 代表否,1 代表是;房子:0 代表否,1 代表是;信贷:0 代表一般,1 代表好,2 代表非常好;类别(是否给贷款):no 代表否,yes 代表是。

源代码如下。

```
# -*- coding: UTF-8 -*-
from math import log
import operator
"""
函数说明:创建测试数据集
"""
def createDataSet():
    dataSet = [[0, 0, 0, 0, 'no'],                    #数据集
               [0, 0, 0, 1, 'no'],
               [0, 1, 0, 1, 'yes'],
               [0, 1, 1, 0, 'yes'],
               [0, 0, 0, 0, 'no'],
               [1, 0, 0, 0, 'no'],
               [1, 0, 0, 1, 'no'],
               [1, 1, 1, 1, 'yes'],
               [1, 0, 1, 2, 'yes'],
               [1, 0, 1, 2, 'yes'],
               [2, 0, 1, 2, 'yes'],
               [2, 0, 1, 1, 'yes'],
               [2, 1, 0, 1, 'yes'],
               [2, 1, 0, 2, 'yes'],
               [2, 0, 0, 0, 'no']]
    labels = ['年龄','有工作','有自己的房子','信贷情况']      #分类属性
    return dataSet, labels                            #返回数据集和分类属性
""" 函数说明:计算给定数据集的经验熵(香农熵)
Parameters:
    dataSet - 数据集
Returns:
    shannonEnt - 经验熵(香农熵)
"""
def calcShannonEnt(dataSet):
    numEntires = len(dataSet)                         #返回数据集的行数
    labelCounts = {}                                  #保存每个标签(Label)出现次数的字典
    for featVec in dataSet:                           #对每组特征向量进行统计
        currentLabel = featVec[-1]                    #提取标签(Label)信息
        if currentLabel not in labelCounts.keys():
          #如果标签(Label)没有放入统计次数的字典,添加进去
            labelCounts[currentLabel] = 0
        labelCounts[currentLabel] += 1                #Label 计数
    shannonEnt = 0.0                                  #经验熵(香农熵)
    for key in labelCounts:                           #计算香农熵
        prob = float(labelCounts[key]) / numEntires
          #选择该标签(Label)的概率
        shannonEnt -= prob * log(prob, 2)             #利用公式计算
    return shannonEnt                                 #返回经验熵(香农熵)
```

```
""" 函数说明:按照给定特征划分数据集
Parameters:
    dataSet - 待划分的数据集
    axis - 划分数据集的特征
    value - 需要返回的特征的值
"""
def splitDataSet(dataSet, axis, value):
    retDataSet = []                                  # 创建返回的数据集列表
    for featVec in dataSet:                          # 遍历数据集
        if featVec[axis] == value:
            reducedFeatVec = featVec[:axis]          # 去掉 axis 特征
            reducedFeatVec.extend(featVec[axis+1:])
              # 将符合条件的添加到返回的数据集
            retDataSet.append(reducedFeatVec)
    return retDataSet                                # 返回划分后的数据集
""" 函数说明:选择最优特征
Parameters:
    dataSet - 数据集
Returns:
    bestFeature - 信息增益最大的(最优)特征的索引值
"""
def chooseBestFeatureToSplit(dataSet):
    numFeatures = len(dataSet[0]) - 1               # 特征数量
    baseEntropy = calcShannonEnt(dataSet)           # 计算数据集的香农熵
    bestInfoGain = 0.0                               # 信息增益
    bestFeature = -1                                 # 最优特征的索引值
    for i in range(numFeatures):                     # 遍历所有特征
        # 获取 dataSet 的第 i 个所有特征
        featList = [example[i] for example in dataSet]
        uniqueVals = set(featList)                   # 创建 set 集合{},元素不可重复
        newEntropy = 0.0                             # 经验条件熵
        for value in uniqueVals:                     # 计算信息增益
            subDataSet = splitDataSet(dataSet, i, value)
              # subDataSet 划分后的子集
            prob = len(subDataSet) / float(len(dataSet))  # 计算子集的概率
            newEntropy += prob * calcShannonEnt(subDataSet)
              # 根据公式计算经验条件熵
        infoGain = baseEntropy - newEntropy          # 信息增益
        print("第%d个特征的增益为%.3f" % (i, infoGain))
        # 打印每个特征的信息增益
        if (infoGain > bestInfoGain):                # 计算信息增益
            bestInfoGain = infoGain                  # 更新信息增益,找到最大的信息增益
            bestFeature = i                          # 记录信息增益最大的特征的索引值
    return bestFeature                               # 返回信息增益最大的特征的索引值
""" 函数说明:统计 classList 中出现最多的元素(类标签)
Parameters:
    classList - 类标签列表
Returns:
```

```
    sortedClassCount[0][0] - 出现最多的元素(类标签)
"""
def majorityCnt(classList):
    classCount = {}
    for vote in classList:                  #统计 classList 中每个元素出现的次数
        if vote not in classCount.keys():
            classCount[vote] = 0
        classCount[vote] += 1
    sortedClassCount = sorted(classCount.items(), key = operator.itemgetter(1),
reverse = True)                             #根据字典的值降序排序
    return sortedClassCount[0][0]           #返回 classList 中出现次数最多的元素
""" 函数说明:递归构建决策树
Parameters:
    dataSet - 训练数据集
    labels - 分类属性标签
    featLabels - 存储选择的最优特征标签
Returns:
    myTree - 决策树
"""
def createTree(dataSet, labels, featLabels):
    classList = [example[-1] for example in dataSet]
      #取分类标签(是否放贷:yes or no)
    if classList.count(classList[0]) == len(classList):
      #如果类别完全相同则停止继续划分
        return classList[0]
    if len(dataSet[0]) == 1:                #遍历完所有特征时返回出现次数最多的类标签
        return majorityCnt(classList)
    bestFeat = chooseBestFeatureToSplit(dataSet)       #选择最优特征
    bestFeatLabel = labels[bestFeat]                   #最优特征的标签
    featLabels.append(bestFeatLabel)
    myTree = {bestFeatLabel:{}}                        #根据最优特征的标签生成树
    del(labels[bestFeat])                              #删除已经使用特征标签
    featValues = [example[bestFeat] for example in dataSet]
     #得到训练集中所有最优特征的属性值
    uniqueVals = set(featValues)                       #去掉重复的属性值
    for value in uniqueVals:
        subLabels = labels[:]
        #递归调用函数 createTree(),遍历特征,创建决策树
         myTree[bestFeatLabel][value] = createTree(splitDataSet(dataSet, bestFeat,
value), subLabels, featLabels)
    return myTree
""" 函数说明:使用决策树执行分类
Parameters:
    inputTree - 已经生成的决策树
    featLabels - 存储选择的最优特征标签
    testVec - 测试数据列表,顺序对应最优特征标签
Returns:
    classLabel - 分类结果
```

```
"""
def classify(inputTree, featLabels, testVec):
    firstStr = next(iter(inputTree))                    #获取决策树节点
    secondDict = inputTree[firstStr]                    #下一个字典
    featIndex = featLabels.index(firstStr)
    for key in secondDict.keys():
        if testVec[featIndex] == key:
            if type(secondDict[key]).__name__ == 'dict':
                classLabel = classify(secondDict[key], featLabels, testVec)
            else:
                classLabel = secondDict[key]
    return classLabel
if __name__ == '__main__':
    dataSet, labels = createDataSet()
    featLabels = []
    myTree = createTree(dataSet, labels, featLabels)
    print(myTree)
    testVec = [0, 1]                                    #测试数据
    result = classify(myTree, featLabels, testVec)
    if result == 'yes':
        print('放贷')
    if result == 'no':
        print('不放贷')
```

程序运行结果如图 4.14 所示。

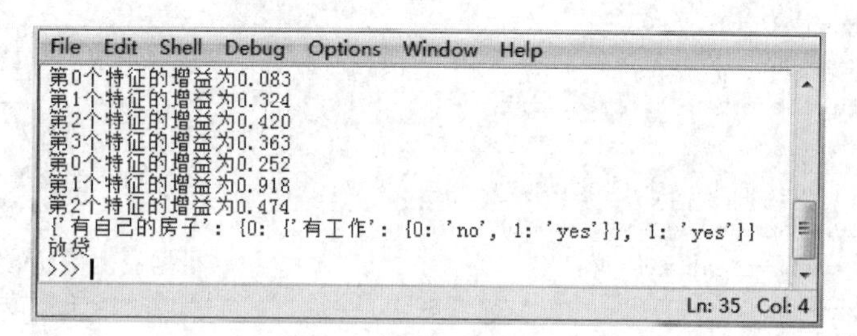

图 4.14 申请贷款 ID3 算法判断

2）利用 C4.5 判断结果

训练集和测试集分别如表 4.4 和表 4.5 所示。

表 4.4 训练集

outlook	temperature	humidity	windy	result
sunny	hot	high	false	N
sunny	hot	high	true	N
overcast	hot	high	false	Y
rain	mild	high	false	Y
rain	cool	normal	false	Y
rain	cool	normal	true	N
overcast	cool	normal	true	Y

表 4.5 测试集

outlook	temperature	humidity	windy
sunny	mild	high	false
sunny	cool	normal	false
rain	mild	normal	false
sunny	mild	normal	true
overcast	mild	high	true
overcast	hot	normal	false
rain	mild	high	true

源代码如下。

```
# -*- coding: UTF-8 -*-
from math import log
import operator
import treePlotter
def calcShannonEnt(dataSet):
    """ 输入: 数据集
    输出: 数据集的香农熵
    描述: 计算给定数据集的香农熵,熵越大,数据集的混乱程度越高
    """
    numEntries = len(dataSet)
    labelCounts = {}
    for featVec in dataSet:
        currentLabel = featVec[-1]
        if currentLabel not in labelCounts.keys():
            labelCounts[currentLabel] = 0
        labelCounts[currentLabel] += 1
    shannonEnt = 0.0
    for key in labelCounts:
        prob = float(labelCounts[key])/numEntries
        shannonEnt -= prob * log(prob, 2)
    return shannonEnt
def splitDataSet(dataSet, axis, value):
    """ 输入: 数据集,选择维度,选择值
    输出: 划分数据集
    描述: 按照给定特征划分数据集,去除选择维度中等于选择值的项
    """
    retDataSet = []
    for featVec in dataSet:
        if featVec[axis] == value:
            reduceFeatVec = featVec[:axis]
            reduceFeatVec.extend(featVec[axis+1:])
            retDataSet.append(reduceFeatVec)
    return retDataSet
def chooseBestFeatureToSplit(dataSet):
    """ 输入: 数据集
```

```
    输出：最好的划分维度
    描述：选择最好的数据集划分维度
    """
    numFeatures = len(dataSet[0]) - 1
    baseEntropy = calcShannonEnt(dataSet)
    bestInfoGainRatio = 0.0
    bestFeature = -1
    for i in range(numFeatures):
        featList = [example[i] for example in dataSet]
        uniqueVals = set(featList)
        newEntropy = 0.0
        splitInfo = 0.0
        for value in uniqueVals:
            subDataSet = splitDataSet(dataSet, i, value)
            prob = len(subDataSet)/float(len(dataSet))
            newEntropy += prob * calcShannonEnt(subDataSet)
            splitInfo += -prob * log(prob, 2)
            infoGain = baseEntropy - newEntropy
            if (splitInfo == 0): # fix the overflow bug
                continue
            infoGainRatio = infoGain / splitInfo
            if (infoGainRatio > bestInfoGainRatio):
                bestInfoGainRatio = infoGainRatio
                bestFeature = i
    return bestFeature
def majorityCnt(classList):
    """ 输入：分类类别列表
    输出：子节点的分类
    描述：数据集已经处理了所有属性，但是类标签依然不是唯一的，
         采用多数判决的方法决定该子节点的分类
    """
    classCount = {}
    for vote in classList:
        if vote not in classCount.keys():
            classCount[vote] = 0
        classCount[vote] += 1
    sortedClassCount = sorted(classCount.iteritems(), key = operator.itemgetter(1),
reversed = True)
    return sortedClassCount[0][0]
def createTree(dataSet, labels):
    """ 输入：数据集，特征标签
    输出：决策树
    描述：递归构建决策树，利用上述函数
    """
    classList = [example[-1] for example in dataSet]
    if classList.count(classList[0]) == len(classList):
        #类别完全相同，停止划分
        return classList[0]
```

```
    if len(dataSet[0]) == 1:
        #遍历完所有特征时返回出现次数最多的
        return majorityCnt(classList)
    bestFeat = chooseBestFeatureToSplit(dataSet)
    bestFeatLabel = labels[bestFeat]
    myTree = {bestFeatLabel:{}}
    del(labels[bestFeat])
    #得到列表包括节点所有的属性值
    featValues = [example[bestFeat] for example in dataSet]
    uniqueVals = set(featValues)
    for value in uniqueVals:
        subLabels = labels[:]
         myTree[bestFeatLabel][value] = createTree(splitDataSet(dataSet, bestFeat,
value), subLabels)
        return myTree
def classify(inputTree, featLabels, testVec):
    """输入:决策树,分类标签,测试数据
    输出:决策结果
    描述:遍历决策树
    """
    firstStr = list(inputTree.keys())[0]
    secondDict = inputTree[firstStr]
    featIndex = featLabels.index(firstStr)
    for key in secondDict.keys():
        if testVec[featIndex] == key:
            if type(secondDict[key]).__name__ == 'dict':
                classLabel = classify(secondDict[key], featLabels, testVec)
            else:
                classLabel = secondDict[key]
    return classLabel
def classifyAll(inputTree, featLabels, testDataSet):
    """ 输入:决策树,分类标签,测试数据集
    输出:决策结果
    描述:遍历决策树
    """
    classLabelAll = []
    for testVec in testDataSet:
        classLabelAll.append(classify(inputTree, featLabels, testVec))
    return classLabelAll
def storeTree(inputTree, filename):
    """ 输入:决策树,保存文件路径
    描述:保存决策树到文件
    """
    import pickle
    fw = open(filename, 'wb')
    pickle.dump(inputTree, fw)
    fw.close()
def grabTree(filename):
```

```
    """ 输入: 文件路径名
    输出: 决策树
    描述: 从文件读取决策树
    """
    import pickle
    fr = open(filename, 'rb')
    return pickle.load(fr)
def createDataSet():
    """ outlook ->  0: sunny | 1: overcast | 2: rain
    temperature -> 0: hot | 1: mild | 2: cool
    humidity -> 0: high | 1: normal
    windy -> 0: false | 1: true
    """
    dataSet = [[0, 0, 0, 0, 'N'],
               [0, 0, 0, 1, 'N'],
               [1, 0, 0, 0, 'Y'],
               [2, 1, 0, 0, 'Y'],
               [2, 2, 1, 0, 'Y'],
               [2, 2, 1, 1, 'N'],
               [1, 2, 1, 1, 'Y']]
    labels = ['outlook', 'temperature', 'humidity', 'windy']
    return dataSet, labels
def createTestSet():
    """ outlook ->  0: sunny | 1: overcast | 2: rain
    temperature -> 0: hot | 1: mild | 2: cool
    humidity -> 0: high | 1: normal
    windy -> 0: false | 1: true
    """
    testSet = [[0, 1, 0, 0],
               [0, 2, 1, 0],
               [2, 1, 1, 0],
               [0, 1, 1, 1],
               [1, 1, 0, 1],
               [1, 0, 1, 0],
               [2, 1, 0, 1]]
    return testSet
def main():
    dataSet, labels = createDataSet()
    labels_tmp = labels[:] #复制,createTree 会改变 labels
    desicionTree = createTree(dataSet, labels_tmp)
    #storeTree(desicionTree, 'classifierStorage.txt')
    #desicionTree = grabTree('classifierStorage.txt')
    print('desicionTree:\n', desicionTree)
    treePlotter.createPlot(desicionTree)
    testSet = createTestSet()
    print('classifyResult:\n', classifyAll(desicionTree, labels, testSet))
if __name__ == '__main__':
    main()
```

程序运行结果如图 4.15 所示。

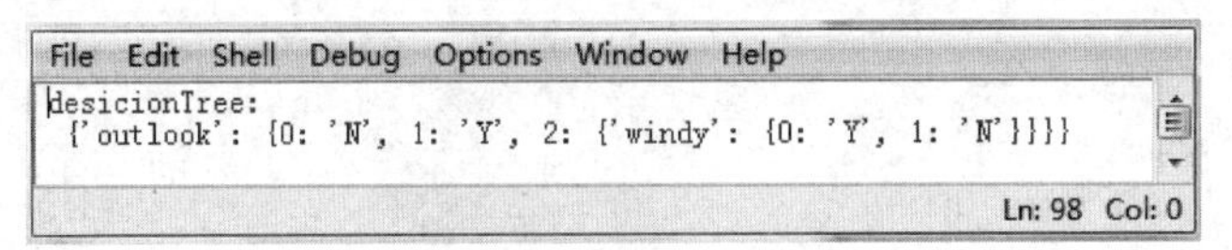

(a)训练集建立决策树的列表表示

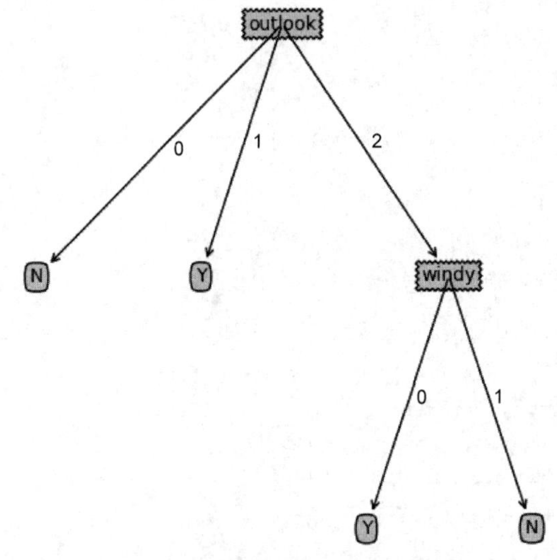

(b)训练集建立决策树的图形表示

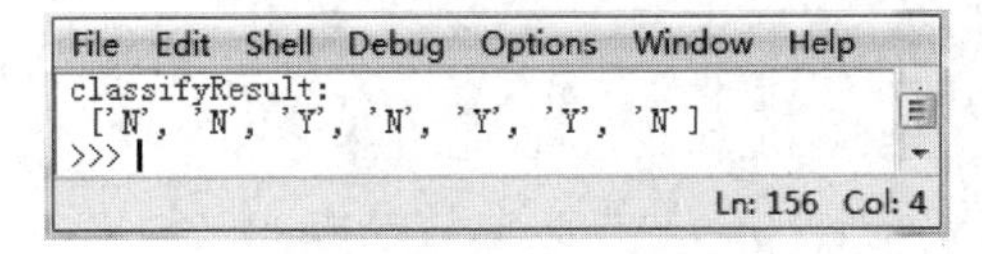

(c)测试集数据的测试结果

图 4.15　C4.5 算法运行结果

附加文件 treePlotter.py(该文件与主文件存储在同一个文件夹下)。
需要配置 matplotlib 才能使用。

```
import matplotlib.pyplot as plt
decisionNode = dict(boxstyle = "sawtooth", fc = "0.8")
leafNode = dict(boxstyle = "round4", fc = "0.8")
arrow_args = dict(arrowstyle = "<-")
def plotNode(nodeTxt, centerPt, parentPt, nodeType):
    createPlot.ax1.annotate(nodeTxt, xy = parentPt, xycoords = 'axes fraction', xytext =
centerPt, textcoords = 'axes fraction', va = "center", ha = "center", bbox = nodeType,
arrowprops = arrow_args)
def getNumLeafs(myTree):
    numLeafs = 0
    firstStr = list(myTree.keys())[0]
    secondDict = myTree[firstStr]
    for key in secondDict.keys():
        if type(secondDict[key]).__name__ == 'dict':
```

```
            numLeafs += getNumLeafs(secondDict[key])
        else:
            numLeafs += 1
    return numLeafs
def getTreeDepth(myTree):
    maxDepth = 0
    firstStr = list(myTree.keys())[0]
    secondDict = myTree[firstStr]
    for key in secondDict.keys():
    if type(secondDict[key]).__name__ == 'dict':
        thisDepth = getTreeDepth(secondDict[key]) + 1
    else:
        thisDepth = 1
    if thisDepth > maxDepth:
        maxDepth = thisDepth
    return maxDepth
def plotMidText(cntrPt, parentPt, txtString):
    xMid = (parentPt[0] - cntrPt[0]) / 2.0 + cntrPt[0]
    yMid = (parentPt[1] - cntrPt[1]) / 2.0 + cntrPt[1]
    createPlot.ax1.text(xMid, yMid, txtString)
def plotTree(myTree, parentPt, nodeTxt):
    numLeafs = getNumLeafs(myTree)
    depth = getTreeDepth(myTree)
    firstStr = list(myTree.keys())[0]
    cntrPt = (plotTree.xOff + (1.0 + float(numLeafs)) / 2.0 / plotTree.totalw, plotTree.
yOff)
    plotMidText(cntrPt, parentPt, nodeTxt)
    plotNode(firstStr, cntrPt, parentPt, decisionNode)
    secondDict = myTree[firstStr]
    plotTree.yOff = plotTree.yOff - 1.0 / plotTree.totalD
    for key in secondDict.keys():
        if type(secondDict[key]).__name__ == 'dict':
            plotTree(secondDict[key], cntrPt, str(key))
        else:
            plotTree.xOff = plotTree.xOff + 1.0 / plotTree.totalw
            plotNode(secondDict[key], (plotTree.xOff, plotTree.yOff), cntrPt, leafNode)
            plotMidText((plotTree.xOff, plotTree.yOff), cntrPt, str(key))
    plotTree.yOff = plotTree.yOff + 1.0 / plotTree.totalD
def createPlot(inTree):
    fig = plt.figure(1, facecolor = 'white')
    fig.clf()
    axprops = dict(xticks = [], yticks = [])
    createPlot.ax1 = plt.subplot(111, frameon = False, ** axprops)
    plotTree.totalw = float(getNumLeafs(inTree))
    plotTree.totalD = float(getTreeDepth(inTree))
    plotTree.xOff = - 0.5 / plotTree.totalw
    plotTree.yOff = 1.0
    plotTree(inTree, (0.5, 1.0), '')
    plt.show()
```

4.3　分类模型的性能评估

分类模型的性能评估是文本分类过程中的一个重要步骤，是分类模型最终能否投入实际应用的一个重要环节。

4.3.1　分类评价方法

随着文本分类技术的研究与发展，分类器的种类也越来越多，如何能够客观并且有效地评价各种分类器效果成为一个不可忽略的问题。目前，评价分类器性能的方法一般有如下两种。

1. 保持法

保持法的主要思路是：把收集整理的文档样本数据随机地划分成训练集和测试集，并且这两个子集要保持相对独立。在训练过程中，按照特定的规则公式使用训练集数据进行计算，并归纳创建分类模型；在测试过程中，利用测试集数据根据分类模型进行文本类别判定，并且对分类模型的准确率进行评价。保持法的缺点在于，想要保证分类算法的准确率通常需要较大规模的文本训练集合。因此，在自动文本分类过程中，使用保持法的训练集最少要包含三分之二的文本数据，而剩下的数据就当作测试集使用。由于该方法只使用部分的文本数据用于文本分类，因此保持法是一种保守的评估方法。保持法的原理如图 4.16 所示。

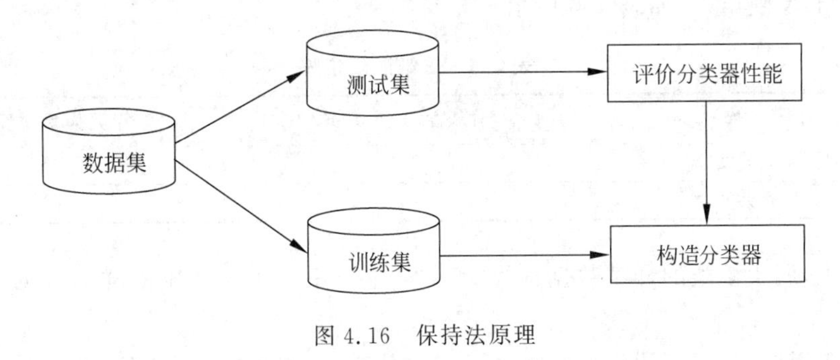

图 4.16　保持法原理

2. *K* 折交叉验证法

K 折交叉验证法是将原始的文本数据集合拆分为 *K* 个彼此独立、数量相同的子集 $S_1, S_2, \cdots, S_K$，然后依次轮流地利用其中的一个子集作为测试集，其余 $K-1$ 个子集全部作为训练集，进行一轮训练和测试，总共进行 *K* 轮。文本分类的准确率就是通过在 *K* 次测试中被正确分类的文本数量除以数据集中文本的总数得到的。*K* 折交叉验证法的原理如图 4.17 所示。

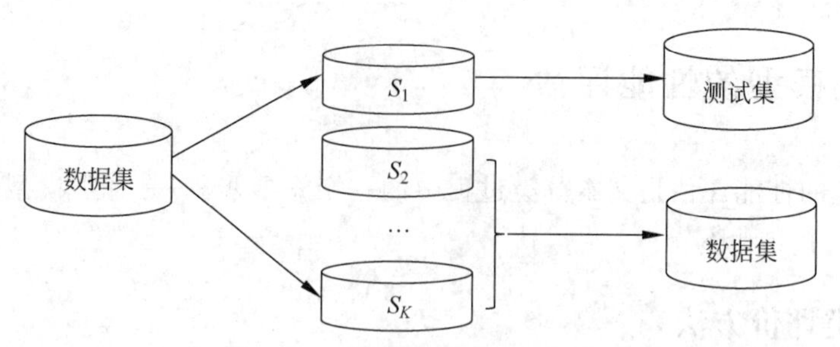

图 4.17　K 折交叉验证法原理

4.3.2　分类性能评价指标

文本分类性能的评价指标一般包括召回率(Recall)、精确率(Precision)、正确率(Accuracy)、宏平均(Macro-average)、微平均(Micro-average)等,还有综合考虑查全率及查准率的指标 F-测量(F-measure)。

1. 召回率和精确率

召回率和精确率是文本分类模型评价最常用的评估标准。召回率在信息检索领域中称为查全率,衡量的是分类结果的完整性,其定义为被正确划分为该类别的样本数量与实际划分为该类别的样本数量的比值。精确率也称为查准率,衡量分类结果的正确性,定义为正确划分属于某类别的样本数量与实际划分属于该类别的全部样本数量的比值。根据样本的真实数据和分类模型预测的类别组合,可以通过构建二维混淆矩阵(Confusion Matric,CM)反映出来,如表 4.6 所示。

表 4.6　二维混淆矩阵

	分类为正类实例	分类为负类实例
实际为正类实例	TP	FN
实际为负类实例	FP	TN

在这里,属于该类的样本数据称为"正类样本",不属于该类别的样本数据称为"负类样本"。

为便于说明,作以下假设。设测试样本总数为 n,正类样本个数为 m,则负类样本个数为 $n-m$。

TP(Truly Positive):指分类器判别为正类的正类个数($0\leqslant \text{TP}\leqslant m$)。

FP(Falsely Positive):指分类器判别为正类的负类个数(取伪个数)($0\leqslant \text{FP}\leqslant n-m$)。

FN(Falsely Negative):指分类器判别为负类的正类个数(弃真个数)($0\leqslant \text{FN}\leqslant m$)。

TN(Truly Negative):指分类器判别为负类的负类个数($0\leqslant \text{TN}\leqslant n-m$)。

显然有 $\text{TP}+\text{FN}=m$,$\text{FP}+\text{TN}=n-m$ 和 $\text{TP}+\text{FP}+\text{FN}+\text{TN}=n$。

召回率 R 定义为正确判别为正类的测试样本个数占正类样本个数的比例,如式(4-45)所示。

$$R = \frac{TP}{TP + FN} \tag{4-45}$$

精确率 P 定义为正确判别为正类的测试样本个数占判别为正类的测试样本个数的比例,如式(4-46)所示。

$$P = \frac{TP}{TP + FP} \tag{4-46}$$

召回率仅与弃真样本的个数相关,弃真样本的个数越多,召回率就越低;反之,弃真样本的个数越少,召回率就越高。而精确率同时受到弃真样本个数和取伪样本个数的影响,弃真和取伪的样本个数越少,精确率就越高。

就同一个分类器而言,召回率与精确率有着相互制约的关系,可以通过牺牲精确率提高召回率,同样也可以通过降低召回率来改善精确率。一般来说,随着阈值的不断增大,召回率单调下降,而精确率振荡上升。

2. 宏平均和微平均

从逻辑学的角度来讲,召回率衡量的是分类系统的完备性,而精确率衡量的是分类系统的准确性。这些性能指标只是针对某个具体类别,而为了衡量分类系统的全局性能,就需要综合考虑每个类别。为了评价分类性能,有两种不同的简单方法,即宏平均和微平均性能得分。宏平均性能首先计算得到每个类别的评价函数,即得到每个类别的性能得分,然后对各个类别求平均值以得到整体的性能评价。微平均首先计算得到所有类别的TP、FP、FN、TN 变量总数值,然后使用这个总值直接使用评价函数得到性能评价。

宏平均和微平均实现了对文本集合中全部类别的召回率及精确率的考量。它们的计算式如下,其中 $|C|$ 为文本集合中的类别数量。

1) 宏平均

宏平均召回率为

$$\text{MacAvg\_R} = \frac{\sum_{i=1}^{|C|} R_i}{|C|} \tag{4-47}$$

宏平均精确率为

$$\text{MacAvg\_P} = \frac{\sum_{i=1}^{|C|} P_i}{|C|} \tag{4-48}$$

2) 微平均

微平均召回率为

$$\text{MicAvg\_R} = \frac{\sum_{i=1}^{|C|} \text{TP}_i}{\sum_{i=1}^{|C|} (\text{TP}_i + \text{FN}_i)} \tag{4-49}$$

微平均精确率为

$$\text{MicAvg\_P} = \frac{\sum_{i=1}^{|C|} \text{TP}_i}{\sum_{i=1}^{|C|} (\text{TP}_i + \text{FP}_i)} \tag{4-50}$$

3）宏平均和微平均的区别

宏平均与微平均都是从总体上衡量分类器的分类性能，却存在着根本性的区别：宏平均赋予每个类别相同的权重，而微平均赋予每个文本相同的权重。因此，通过这两种方法可能会获得差别较大的性能指标，尤其在对类分布差别较大的文本集合分类时。由于两者的不同，文本数量较大的类的分类性能会对微平均的结果有较大的影响，而文本数量较小的类的分类性能会对宏平均的结果有较大的影响。

3. *F*-测量

召回率和精确率是两个相互矛盾的性能指标，所以很多情况下，将两者综合在一起考虑，最常用的方法是引入 F-测量（F-measure）指标综合评价分类召回率和精确率，如式(4-51)所示。

$$F_\beta = \frac{(\beta^2 + 1)PR}{\beta^2 P + R} \tag{4-51}$$

其中，β 为调整因子，用来给召回率和精确率赋予不同的权重。当 $\beta=1$ 时，即将召回率及精确率赋予一样的权重，此时 F-测量被称作 F_1 指标，如式(4-52)所示。

$$F_1(P,R) = \frac{2PR}{P + R} \tag{4-52}$$

F_1 这个评测标准的优点在于能赋予精确率和召回率相同的权重以平衡二者的作用。

4. 平均分类精度

平均分类精度是从精确率衍生出来的一个评价标准，如式(4-53)所示。

$$\text{Average\_P} = \frac{\sum_{i=1}^{|C|} \text{TP}_i}{n} \tag{4-53}$$

习题 4

4-1 简述文本分类的意义与应用。

4-2 给定有类别标注的文本向量集，参考例 4.2，对于一组待分类的文本，判断分别属于哪一类。

4-3 利用 Python 编程，对给定相关数据验证 SVM 算法。

4-4 利用 Python 编程，使用朴素贝叶斯分类器实现垃圾邮件过滤。

4-5 给定相关数据，利用 Python 编程，验证 ID3 和 C4.5 算法。

4-6 简述分类性能评估指标的概念及意义。

第 5 章

文本聚类

聚类分析作为数据挖掘、机器学习领域中的重要分析方法，近几十年来得到了许多专家学者的深入研究。如今，随着互联网的发展，各种数据源大量涌现，聚类分析方法也因此得到了较快的发展，并取得了许多成果。

5.1 文本聚类概述

文本聚类（Text Clustering）作为一种无监督的机器学习方法，聚类不需要训练过程，不需要预先对文档标注类别，具有一定的灵活性和自动化处理能力，已经成为对文本信息进行有效组织、摘要和导航的重要手段。文本聚类的首要任务是将无结构的自然文本语言转化为计算机可处理的特征文本。

5.1.1 研究的意义

聚类分析的主要目标是将文档集中的样本或特征变量按距离远近进行划分，使得同一类中元素之间的距离比其他类中元素的距离更近，或者说同类中的元素相似程度高于其他类，从而使划分结果类内元素的同质性和类间元素的异质性同时满足最大化。而大数据时代数据的一个重要特点就是数据量的庞大，一个好的聚类模型恰恰可以解决数据规模大的问题，聚类分析对给定的数据通过其固有的特性进行划分，从而更好地把握划分之后的各个簇的数据特征，以此缩减数据规模，并且能够从相对复杂的原始数据中得到更加简单而直观的数据，挖掘出庞大数据量背后隐藏的数据价值。因此，聚类分析已经成为大数据分析中非常重要的一部分，它已经被成功地应用于社会和自然科学的许多实际问题中。例如，在金融行业，聚类分析可以用于银行客户的细分以及金融投资等方面；在交通管理上，聚类分析可以用于交通控制以及交通事故分析等方面；在生物医学领域，聚类分析可以对基因、蛋白质的性质功能进行研究，从而帮助我们探索生命的奥秘。

5.1.2 国内外研究现状与发展趋势

经过半个多世纪的研究，目前已经有了许多关于聚类分析的著作，聚类分析也逐渐有了成熟的体系，并在数据挖掘方法中占据了重要的地位，现有的聚类分析方法有以下 5 种，分别是划分式聚类算法、层次聚类算法、基于密度的聚类算法、基于网格的聚类算法和基于模型的聚类算法。然而，聚类算法虽然得到了丰富的发展，但是面对复杂的文档集所表现出的数据结构多样性，还没有任何一种聚类算法能够具有很好的普适性，目前的大多数聚类算法都有较明显的应用环境的限制。

由 MacQueen 在 1967 年提出的 *k*-means 算法当属最经典的聚类算法之一，该算法需要事先给定聚类数以及初始聚类中心，通过迭代的方式使样本与各自所属类别的中心文档的距离平方和最小。与该算法较为相似的是 Kaufman 等在 1990 年提出的 *k*-medoids 算法，该算法不再用每个簇中样本文档的均值作为聚类中心，而是选用簇中样本文档的中心文档代替簇中心，这种改进在一定程度上能够减少噪声对模型造成的影响。然而，此类划分式聚类算法在球状的中小型文档集上表现突出，但是对大型文档集或数据分布较为复杂的文档集的聚类结果却不能让人满意。为了解决划分式聚类算法在大型文档集上效率低下的问题，有学者提出了层次聚类算法，通过对给定的文档集进行层次分解来换取计算速度。其中较为著名的是由 Zhang 等在 1996 年提出的 BIRCH 算法以及由 Guha 在 1998 年提出的 CURE 算法。BIRCH 算法采用聚类特征和 CF 树代替聚类描述，在大型文档集中取得了高效性和可伸缩性，该算法适用于增量和动态聚类。CURE 算法则是基于代表文档思想，该算法对于聚类偏好球形以及簇的大小相近的问题有很好的解决效果，同时在处理孤立文档时也更加健壮。而为了解决划分式聚类方法无法有效处理复杂形状的文档集的问题，Ester 等于 1996 年提出了一种基于密度的聚类算法——DBSCAN 算法，该算法没有采用以距离度量数据相似性的常规方法，而是通过密度的稀疏进行文档集的划分，这样的做法能够在具有噪声的复杂文档集中发现各种形状的簇。随着聚类算法的发展，后来也出现了基于密度和基于网格的聚类算法，并得到了充分的研究以及成熟的应用。

虽然聚类分析已经得到了许多发展，但是对于聚类算法的改进甚至是创新一直是国内外专家学者的热门研究课题，这些研究热点主要集中在以下几个方面。

(1) 对于一些需要事先确定聚类数以及初始聚类中心的算法，如何优化这些超参数的选取，从而提高算法的稳定性以及模型质量？

(2) 目前的许多聚类算法只适用于结构化数据，如何通过对现有算法进行改进使其同样适用于非结构化数据？

(3) 随着大数据时代的来临，数据的体量变得越来越大，如何对现有算法进行改进使算法更加高效稳定？

(4) 现有的某些算法对于凸形球状的文档集有良好的聚类效果，但是对于非凸文档集的聚类效果较差，如何改进现有算法从而提高算法对不同文档集的普适性？

5.1.3　文本聚类的定义

文本聚类是将一系列的文档分成若干簇，要求在同一簇中的文档内容尽量相似，而不同簇中的文档内容差异尽量大，是一种无监督的机器学习过程。在没有对文本进行任何手工标注和训练的前提下，文本聚类工具通过用户设定的领域，对文本进行语义分析并进行分类，返回聚类结果。

文本聚类与分类不同，聚类的类别取决于文档本身，而分类的类别是由分析人员预先定义好的。文本聚类根据文档的某种联系或相关性对文档集合进行有效的组织、摘要和导航，方便人们从文档集中发现相关的信息。文本聚类方法通常先利用向量空间模型把文档转换成高维空间中的向量，然后对这些向量进行聚类。由于中文文档没有词的边界，所以一般先由分词软件对中文文档进行分词，然后再把文档转换成向量，通过特征抽取后形成样本矩阵，最后再进行聚类，文本聚类的输出一般为文档集合的一个划分。

5.1.4　文本聚类流程

一般文本聚类过程包括文本信息预处理、文本信息特征建立、文本特征信息清洗和文本聚类。

(1) 文本信息预处理。文本这种半结构化的信息无法在数学上进行计算，将文本内容转化为数学上可分析处理的形式是本步骤的目的。

(2) 文本信息特征建立。在步骤(1)的基础上建立特征，将需要处理的文本内容转化为由特征信息集合组成的特征向量，这些特征信息通常表示文档的主题特征，文本聚类将依据这些特征信息对文本进行聚类。

(3) 文本特征信息清洗。特征信息清洗的目的是减少特征集中参与聚类操作的特征项数目。特征项目数越多，聚类操作复杂度越大，还可能影响到聚类结果，因此需要对原始特征信息进行降维。

(4) 文本聚类。根据实际应用选择适合的聚类算法和策略进行聚类操作，将文档归入符合聚类要求的簇中，并将簇以层次组织形式输出。

5.1.5　对聚类算法的性能要求

文本聚类是一个具有很强挑战性的领域，它的一些潜在的应用对算法提出了特别的要求。

(1) 伸缩性。这里的伸缩性是指文本聚类算法要能够处理大数据量的文档，如处理上百万个文档，这就要求算法的时间复杂度不能太高，最好是多项式时间的算法。

(2) 处理不同字段类型的能力。文本聚类算法不仅要能处理数值型的字段，还要有处理其他类型字段的能力，如布尔型、枚举型、序数型及混合型等。

(3) 发现具有任意形状的聚类的能力。很多聚类算法采用基于欧几里得距离的相似性度量方法，这一类算法发现的聚类通常是一些球状的、大小和密度相近的类，但可以想象，显示数据库中的聚类可能是任意形状的，甚至是具有分层树的形状，所以要求算法有发现任意形状的聚类的能力。

(4) 输入参数对领域知识的依赖性。很多聚类算法都要求用户输入一些参数,如需要发现的聚类数、结果的支持度及置信度等。聚类算法的结果通常对这些参数很敏感,但对于高维数据,这些参数又是难以确定的。这样就加重了用户使用这个工具 的负担,导致聚类的结果很难控制。一个好的聚类算法应当针对这个问题,给出一个好的解决方法。

(5) 能够处理异常数据。现实数据库中常常包含异常数据,如数据不完整、缺乏某些字段的值,甚至包含错误数据现象。某些聚类算法可能对这些数据很敏感,从而导致错误的聚类结果。

(6) 结果对输入记录顺序的无关性。有些算法对记录的输入顺序是敏感的,即对同一个文档集,将它以不同的顺序输入,得到的结果会不同,这是我们不希望看到的。

(7) 处理高维数据的能力。每个数据库或数据仓库都有很多的字段或说明,一些算法在处理维数较少的文档集时表现不错,但是对于文本挖掘这个高维数据的聚类算法就会稍显不足。因为在高维空间,数据的分布是极其稀疏的,而且形状也可能是极其不规则的。

(8) 现实的应用中经常会出现各种各样的限制条件,我们希望聚类算法可以在考虑这些限制的情况下,仍旧有很好的表现。

(9) 聚类的结果最终都是面向用户的,所以结果应该是容易解释和理解的,并且是可应用的。这就要求聚类算法必须与一定的语义环境及语义解释相关联。领域知识如何影响聚类算法的设计是一个很重要的研究方向。

5.2 文本聚类原理与方法

按照聚类方法的一般划分结构,大致分为以下几种。

5.2.1 基于划分的方法

基于划分的方法就是给定一组未知的文档,然后通过某种方法将这些文档划分成多个不同的分区,具体要求就是每个分区内的文档尽可能相似,而在不同分区的文档差异性较大。

给定一个含有 n 个文档的文本集,以及要生成的簇的数目 k。每个分组就代表一个聚类,$k<n$。这 k 个分组满足下列条件:每个分组至少包含一个文档,每个文档属于且仅属于一个分组。对于给定的 k,算法首先的任务就是将文本集划为 k 个划分,以后通过反复迭代从而改变分组的重定位,使每次改进之后的分组方案都比前一次好。将文档在不同的划分间移动,直至满足一定的准则。一个好的划分的一般准则是:在同一个簇中的文档尽可能"相似",不同簇中的文档则尽可能"相异"。

在划分方法中,最经典的就是 k-means 算法和 k-medoids 算法,很多算法都是由这两个算法改进而来的。

1. *k*-means 算法

传统的 k-means 算法是一种启发式的贪心算法,常常得到的是一个局部最优解,聚类效果很大程度上取决于初始中心文档的选择。

k-means 算法接受输入量 k,然后将 n 个文档的文本集 D 划分为 k 个聚类,以便使所获得的聚类满足:同一聚类中的文档相似度较高,而不同聚类中的文档相似度较小。聚类相似度是利用各聚类中文档的均值获得一个"中心文档"(引力中心)来进行计算的。

k-means 算法的工作过程如下:首先从 D 中任意选择 k 个文档作为初始聚类中心;而对于其他文档,则根据它们与这些聚类中心的相似度(距离),分别将它们分配给与其最相似的聚类中心所代表的聚类;然后再计算每个所获新聚类的聚类中心(该聚类中所有文档的均值);不断重复这一过程直到标准测度函数开始收敛为止。一般都采用均方差作为标准测度函数,即准则函数。k 个聚类具有以下特点:各聚类本身尽可能地紧凑,而各聚类之间尽可能分开。样本文档分类和聚类中心的调整是迭代交替进行的两个过程。

k-means 算法描述如下。

输入　聚类个数 k 以及包含 n 个文档的文本集 D。

输出　满足方差最小标准的 k 个聚类。

处理流程

(1) 从 D 中任意选择 k 个文档作为初始聚类中心;

(2) 根据簇中文档的平均值,将每个文档重新赋给最类似的簇;

(3) 更新簇的平均值,即计算每个簇中文档的平均值;

(4) 循环步骤(2)和步骤(3)直到每个聚类不再发生变化为止。

迭代的结束条件也可以使用下列准则函数。

假设待聚类的文本集 D,将其划分为 k 个簇,簇 C_i 的中心为 Z_i,定义准则函数 E 为

$$E=\sum_{i=1}^{k}\sum_{D_{is}\in C_i}\mathrm{Dis}^2(Z_i,D_{is}) \tag{5-1}$$

其中,文档 $D_{is}\in C_i$,$\mathrm{Dis}(Z_i,D_{is})$为 Z_i 与 D_{is} 的距离。

一个文档可以被使最大平方误差值 E 减少的文档代替。在一次迭代中产生的最佳文档集合成为下一次迭代的中心文档。

例 5.1　为了使问题简单化,设文档向量集的文档为单特征词,权值集合为 $D=\{1,5,10,9,26,32,16,21,14\}$,将 D 聚为 3 类,即 $k=3$。

随机选择前 3 个文档{1},{5},{10}作为初始簇类中心 Z_1、Z_2 和 Z_3,采用欧几里得距离计算两个文档之间的距离,迭代过程如表 5.1 所示。

表 5.1　k-means 聚类过程

迭代过程	Z_1	Z_2	Z_3	C_1	C_2	C_3	E
1	1	5	10	{1}	{5}	{10,9,26,32,16,21,14}	433.43
2	1	5	18.3	{1}	{5,10,9}	{26,32,16,21,14}	230.8
3	1	8	21.8	{1}	{5,10,9,14}	{26,32,16,21}	181.76
4	1	9.5	23.8	{1,5}	{10,9,14,16}	{26,32,21}	101.43
5	3	12.3	26.8	{1,5}	{10,9,14,16}	{26,32,21}	101.43

第一次迭代：按照3个聚类中心分为3个簇{1}、{5}和{10,9,26,32,16,21,14}。对于产生的簇分别计算平均值，得到平均值为1、5和18.3，作为新的簇类中心 Z_1、Z_2 和 Z_3 进入第二次迭代。

第二次迭代：通过平均值调整文档所在的簇，重新聚类，即分别计算出所有文档与 Z_1、Z_2 和 Z_3 的距离，按最近的原则重新分配，得到3个新的簇：{1}、{5,10,9}和{26,32,16,21,14}。重新计算每个簇的平均值作为新的簇类中心。

依此类推，第五次迭代时，得到的3个簇与第四次迭代的结果相同，而且准则函数 E 收敛，迭代结束。

sklearn 是机器学习领域最知名的 Python 模块之一，它包含了很多种机器学习的方式，如 Classification（分类）、Regression（回归）、Clustering（聚类）等。例5.2是利用 sklearn.cluster 中的 *k*-means 聚类包实现数据的聚类。

例5.2 利用 Python 内置 *k*-means 聚类算法实现鸢尾花数据的聚类。

```
#############k-means-鸢尾花聚类############
import matplotlib.pyplot as plt
import numpy as np
from sklearn.cluster import KMeans
#from sklearn import datasets
from sklearn.datasets import load_iris
iris = load_iris()
X = iris.data[:,2:]                  #表示只取特征空间的后两个维度
#绘制数据分布图
plt.scatter(X[:, 0], X[:, 1], c = "red", marker='o', label='see')
plt.xlabel('petal length')
plt.ylabel('petal width')
plt.legend(loc=2)
plt.show()
estimator = KMeans(n_clusters=3)  #构造聚类器
estimator.fit(X)                  #聚类
label_pred = estimator.labels_    #获取聚类标签
#绘制k-means聚类结果
x0 = X[label_pred == 0]
x1 = X[label_pred == 1]
x2 = X[label_pred == 2]
plt.scatter(x0[:, 0], x0[:, 1], c = "red", marker='o', label='label0')
plt.scatter(x1[:, 0], x1[:, 1], c = "green", marker='*', label='label1')
plt.scatter(x2[:, 0], x2[:, 1], c = "blue", marker='+', label='label2')
plt.xlabel('petal length')
plt.ylabel('petal width')
plt.legend(loc=2)
plt.show()
```

程序运行结果如图5.1所示。

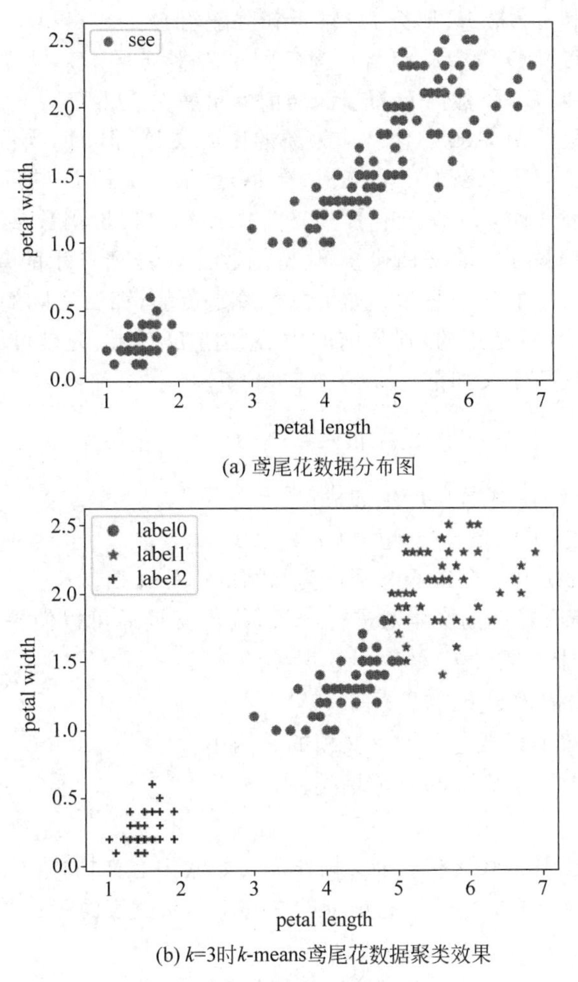

(a) 鸢尾花数据分布图

(b) k=3时k-means鸢尾花数据聚类效果

图 5.1　鸢尾花数据 k-means 聚类

2. k-medoids 算法

k-medoids 算法是最早提出的围绕中心的划分(Partitioning Around Medoid,PAM)算法之一。它选用簇中位置最中心的文档作为代表文档,试图对 n 个文档给出 k 个划分。代表文档也称为中心文档,其他文档则称为非代表文档。最初随机选择 k 个文档作为中心文档,然后反复地用非代表文档代替代表文档,试图找出更好的中心文档,以改进聚类的质量。在每次迭代中,所有可能的文档对被分析,每个对中的一个文档是中心文档,而另一个是非代表文档。对可能的各种组合,估算聚类结果的质量。

为了判定一个非代表文档 D_h 是否是当前代表文档 D_i 的好的代替,对于每个非中心文档 D_j,考虑下面 4 种情况。

第一种情况：假设 D_i 被 D_h 代替作为新的中心文档,D_j 当前隶属于 D_i。如果 D_j 离某个中心文档 D_m 最近,$i \neq m$,那么 D_j 被重新分配给 D_m。

第二种情况：假设 D_i 被 D_h 代替作为新的中心文档,D_j 当前隶属于 D_i。如果 D_j

离这个新的中心文档 D_h 最近，那么 D_j 被重新分配给 D_h。

第三种情况：假设 D_i 被 D_h 代替作为新的中心文档，但 D_j 当前隶属于另一个中心文档 D_m，$i \neq m$，如果 D_j 仍然离 D_i 最近，当前的隶属关系不变。

第四种情况：假设 D_i 被 D_h 代替作为新的中心文档，但 D_j 当前隶属于另一个中心文档 D_m，$i \neq m$，如果 D_j 离新的中心文档 D_h 最近，那么文档 D_j 被重新分配给 D_h。

每当重新分配发生时，式(5-1)中 E 所产生的差别对代价函数会有影响。因此，如果一个当前的中心文档被非中心文档代替，代价函数计算 E 所产生的差别。替换的总代价是所有非中心文档产生的代价之和。如果总代价是负的，那么实际的 E 将减少，D_i 可以被 D_h 代替；如果总代价是正的，则当前的中心文档 D_i 被认为是可以接受的，在本次迭代中没有变化。总代价定义如下。

$$\mathrm{TC}_{ih} = \sum_{j=1}^{n} P_{jih} \tag{5-2}$$

其中，P_{jih} 表示 D_i 被 D_h 代替后产生的代价。

在 PAM 算法中，可以把过程分为以下两个步骤。

(1) 建立：随机找出 k 个中心文档作为初始的中心文档。

(2) 交换：对所有可能的文档对进行分析，找出交换后可以使平方误差值 E 减少的文档，代替原中心文档。

k-medoids 算法描述如下。

输入　聚类个数 k 以及包含 n 个文档的文档集 D。

输出　满足方差最小标准的 k 个聚类。

处理流程

(1) 从 n 个文档中任意选择 k 个文档作为初始簇中心文档；

(2) 指派每个剩余的文档给离它最近的中心文档所代表的簇；

(3) 选择一个未被选择的中心文档 O_i；

(4) 选择一个未被选择过的非中心文档文档 O_h；

(5) 计算用 O_h 代替 O_i 的总代价并记录在集合 S 中；

(6) 循环步骤(4)和步骤(5)直到所有的非中心文档都被选择过；

(7) 循环步骤(3)～步骤(6)直到所有的中心文档都被选择过；

(8) 如果在 S 中的所有非中心文档代替所有中心文档后计算出的总代价有小于 0 的存在，则找出 S 的中心文档，形成一个新的 k 个中心文档的集合；

(9) 循环步骤(3)～步骤(8)直到没有再发生簇的重新分配，即 S 中所有的元素都大于 0。

例 5.3　假如文档向量集 M 中的 5 个文档 $\{A, B, C, D, E\}$，各文档之间的距离关系如表 5.2 所示，根据给出的数据对其运行 PAM 算法实现聚类划分(设 $k=2$)。

表 5.2　样本文档间距离

文档	A	B	C	D	E	文档	A	B	C	D	E
A	0	1	2	2	3	D	2	4	1	0	3
B	1	0	2	4	3	E	3	3	5	3	0
C	2	2	0	1	5						

算法执行步骤如下。

建立阶段：设从5个文档中随机抽取的两个中心文档为$\{A,B\}$，则样本被划分为$\{A,C,D\}$和$\{B,E\}$（文档C到文档A与文档B的距离相同，均为2，故随机将其划入A中，同理，将文档E划入B中）。

交换阶段：假定中心文档A、B分别被非中心文档$\{C,D,E\}$替换，根据PAM算法需要计算下列代价：TC_{AC}、TC_{AD}、TC_{AE}、TC_{BC}、TC_{BD}、TC_{BE}。其中，TC_{AC}表示中心文档A被非中心文档C代替后的总代价。下面以TC_{AC}为例说明计算过程。

当A被C代替以后，查看各文档的变化情况。

(1) A：A不再是一个中心文档，C为新的中心文档，因为A离B比A离C近，A被分配到B中心文档代表的簇，属于上述第一种情况。$P_{AAC}=d(A,B)-d(A,A)=1-0=1$。

(2) B：B不受影响，属于上述第三种情况。$P_{BAC}=0$。

(3) C：C原先属于A中心文档所在的簇，当A被C代替以后，C是新中心文档，属于上述第二种情况。$P_{CAC}=d(C,C)-d(A,C)=0-2=-2$。

(4) D：D原先属于A中心文档所在的簇，当A被C代替以后，离D最近的中心文档是C，属于上述第二种情况。$P_{DAC}=d(D,C)-(D,A)=1-2=-1$。

(5) E：E原先属于B中心文档所在的簇，当A被C代替以后，离E最近的中心文档仍然是B，属于上述第三种情况。$P_{EAC}=0$。

因此，$TC_{AC}=P_{AAC}+P_{BAC}+P_{CAC}+P_{DAC}+P_{EAC}=1+0-2-1+0=-2$。同理，可以计算出$TC_{AD}=-2$，$TC_{AE}=-1$，$TC_{BC}=-2$，$TC_{BD}=-2$，$TC_{BE}=-2$。在上述代价计算完毕后，我们要选取一个最小的代价，显然有多种替换可以选择，选择第一个最小代价的替换（也就是C替换A），这样，样本被重新划分为$\{A,B,E\}$和$\{C,D\}$两个簇。通过上述计算，已经完成了PAM算法的第一次迭代。在下一次迭代中，将用其他的非中心文档$\{A,D,E\}$替换中心文档$\{B,C\}$，找出具有最小代价的替换。一直重复上述过程，直到代价不再减少为止。

例5.4　*k*-medoids的Python实现。

运行主文件example.py。

```
# coding: UTF - 8
from sklearn.metrics.pairwise import pairwise_distances
#sklearn中可以直接通过计算余弦相似度得到相似度矩阵
import numpy as np
import kmedoids
#文本集中的文档向量
data = np.array([[0.51,0.63,0.38],
                 [0.25,0.82,0.62],
                 [0.13,0.22,0.31]])
#距离矩阵
D = pairwise_distances(data, metric = 'euclidean')
#分成两组
M, C = kmedoids.kMedoids(D, 2)
print('')
```

```
print('medoids:')
for point_idx in M:
    print( data[point_idx] )
print('')
print('clustering result:')
for label in C:
    for point_idx in C[label]:
        print('label {0}:  {1}'.format(label, data[point_idx]))
```

程序运行结果如图 5.2 所示。

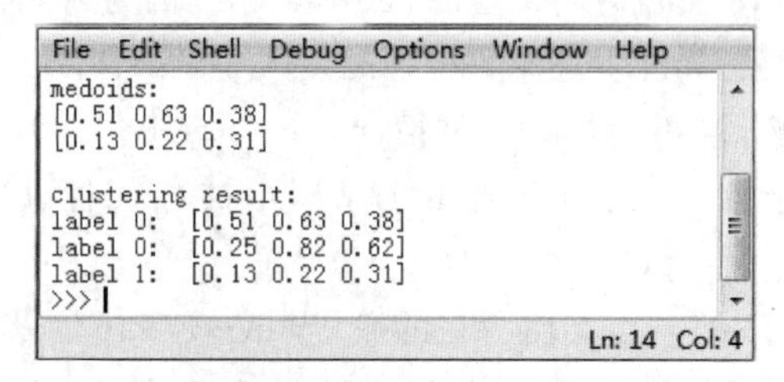

图 5.2　*k*-medoids 聚类结果

这里需要在同文件夹下定义函数，见 kmedoids.py。

```
import numpy as np
import random
def kMedoids(D, k, tmax = 100):
    #确定矩阵 D 的维数
    m, n = D.shape
    if k > n:
        raise Exception('too many medoids')
    #随机初始化 k - medoids 的一组指标
    M = np.arange(n)
    np.random.shuffle(M)
    M = np.sort(M[:k])
    #创建 medoid 指标副本
    Mnew = np.copy(M)
    #初始化
    C = {}
    for t in range(tmax):
        #确定簇
        J = np.argmin(D[:,M], axis = 1)
        for kappa in range(k):
            C[kappa] = np.where(J == kappa)[0]
        #修改聚类
        for kappa in range(k):
        J = np.mean(D[np.ix_(C[kappa],C[kappa])],axis = 1)
        j = np.argmin(J)
        Mnew[kappa] = C[kappa][j]
        np.sort(Mnew)
```

```
    #检查类别
    if np.array_equal(M, Mnew):
        break
        M = np.copy(Mnew)
else:
    #对聚类成员进行更新
    J = np.argmin(D[:,M], axis = 1)
    for kappa in range(k):
        C[kappa] = np.where(J == kappa)[0]
#返回结果
return M, C
```

当运行程序 example.py 时，在同文件夹中产生__pycache__文件，该文件是解释器将它运行的程序编译成字节码(这是一种过度简化)。

3. *k*-means 与 *k*-medoids 的区别

k-means 算法只有在平均值被定义的情况下才能使用，因此该算法容易受到孤立文档的影响；*k*-medoids 算法采用簇中最中心的位置作为代表文档而不是采用文档的平均值。因此，与 *k*-means 算法相比，当存在噪声和孤立文档数据时，*k*-medoids 算法比 *k*-means 算法健壮，而且没有 *k*-means 算法那样容易受到极端数据的影响。在时间复杂度上，*k*-means 算法的时间复杂度为 $O(nkt)$，而 *k*-medoids 算法的时间复杂度大约为 $O(n^2)$，后者的执行代价要高得多。此外，这两种算法都要求用户指定聚类数目 k。

基于划分的聚类方法的缺点是它要求类别数目 k 可以合理地估计，并且初始中心的选择和噪声会对聚类结果产生很大影响。

5.2.2　基于层次的方法

基于层次的聚类方法是对给定的数据进行层次的分解，直到满足某种条件为止。首先将文档集中的文档组成一棵聚类树，然后根据层次，自底向上或自顶向下分解。基于层次的方法可以分为凝聚的方法和分裂的方法。

凝聚的方法也称为自底向上的方法，初始时每个文档都被看成是单独的一个簇，然后通过相近的文档或簇形成越来越大的簇，直到所有的文档都在一个簇中，或者达到某个终止条件为止。层次凝聚的代表是 AGNES(Agglomerative Nesting)算法。

分裂的方法也称为自顶向下的方法，它与层次凝聚聚类恰好相反，初始时将所有的文档置于一个簇中，然后逐渐细分为更小的簇，直到最终每个文档都在单独的一个簇中，或者达到某个终止条件为止。层次分裂的代表是 DIANA(Divisive Analysis)算法。

1. AGNES 算法

AGNES 算法是凝聚的层次聚类方法。它最初将每个文档作为一个簇，然后这些簇根据某些准则被一步步地合并。例如，如果簇 C_1 中的一个文档和簇 C_2 中的一个文档之间的距离是所有属于不同簇的文档间距离最小的，C_1 和 C_2 可能被合并。这是一种单链接方法，每个簇可以被簇中所有文档代表，两个簇间的相似度由这两个不同簇中距离最近的文档对的相似度确定。聚类的合并过程反复进行直到所有的文档最终合并形成一个簇。在聚类中，用户可以定义希望得到的簇数目作为一个结束条件。

AGNES算法描述如下。

输入 包含 n 个文档的文档集 D，终止条件簇的数目 k。

输出 达到终止条件规定的 k 个簇。

处理流程

(1) 将每个文档当成一个初始簇；

(2) 根据两个簇中最近的文档找到最近的两个簇；

(3) 合并两个簇，生成新的簇的集合；

(4) 循环步骤(2)～步骤(4)直到达到定义的簇的数目。

例 5.5 下面给出一个样本文档集，如表 5.3 所示。对该文档集执行 AGNES 算法。

表 5.3 样本文档集

序号	权值 1	权值 2	序号	权值 1	权值 2
1	1	1	5	3	4
2	1	2	6	3	5
3	2	1	7	4	4
4	2	2	8	4	5

在所给的文档集上运行 AGNES 算法，算法的执行过程如表 5.4 所示。设 $n=8$，用户输入的终止条件为两个簇。初始簇为{1}，{2}，{3}，{4}，{5}，{6}，{7}，{8}(采用欧氏距离进行计算)。

表 5.4 AGNES 算法执行过程

步骤	最近的簇距离	最近的两个簇	合并后的新簇
1	1	{1}，{2}	{1,2}，{3}，{4}，{5}，{6}，{7}，{8}
2	1	{3}，{4}	{1,2}，{3,4}，{5}，{6}，{7}，{8}
3	1	{5}，{6}	{1,2}，{3,4}，{5,6}，{7}，{8}
4	1	{7}，{8}	{1,2}，{3,4}，{5,6}，{7,8}
5	1	{1,2}，{3,4}	{1,2,3,4}，{5,6}，{7,8}
6	1	{5,6}，{7,8}	{1,2,3,4}，{5,6,7,8}结束

具体步骤如下。

(1) 根据初始簇计算每个簇之间的距离，随机找出距离最小的两个簇，进行合并。簇{1}和{2}间的欧几里得距离 $d(1,2)=\sqrt{(1-1)^2+(2-1)^2}=1$ 为最小距离，故将簇{1}和{2}合并为一个簇。

(2) 对上一次合并后的簇计算簇间距离，找出距离最近的两个簇进行合并，合并后{3}、{4}成为一个簇{3,4}。

(3) 重复步骤(2)的工作，簇{5}、{6}合并成为一个簇{5,6}。

(4) 重复步骤(2)的工作,簇{7}、{8}合并成为一个簇{7,8}。

(5) 合并{1,2}和{3,4}成为一个包含 4 个文档的簇{1,2,3,4}。

(6) 合并{5, 6}和{7, 8}成为一个包含 4 个文档的簇{5,6,7,8},由于合并后的簇的数目已经达到了终止条件,计算完毕。

例 5.6 利用 Python 实现 AGNES 算法。

```
# - * - coding:UTF - 8 - * -
import math
import pylab as pl
#数据集: 每 3 个一组,分别是文本的编号,特征词权值 1,特征词权值 2
data = """
1,0.697,0.46,2,0.774,0.376,3,0.634,0.264,4,0.608,0.318,5,0.556,0.215,6,0.403,0.237,
7,0.481,0.149,8,0.437,0.211,9,0.666,0.091,10,0.243,0.267,11,0.245,0.057,12,0.343,
0.099,13,0.639,0.161,14,0.657,0.198,15,0.36,0.37,16,0.593,0.042,17,0.719,0.103,18,
0.359,0.188,19,0.339,0.241,20,0.282,0.257,21,0.748,0.232,22,0.714,0.346,23,0.483,
0.312,24,0.478,0.437,25,0.525,0.369,26,0.751,0.489,27,0.532,0.472,28,0.473,0.376,29,
0.725,0.445,30,0.446,0.459"""
#数据处理,dataset 是 30 个样本(特征词权值 1,特征词权值 2)的列表
a = data.split(',')
dataset = [(float(a[i]), float(a[i + 1])) for i in range(1, len(a) - 1, 3)]
#计算欧几里得距离,a 和 b 分别为两个元组
def dist(a, b):
    return math.sqrt(math.pow(a[0] - b[0], 2) + math.pow(a[1] - b[1], 2))
#dist_min
def dist_min(Ci, Cj):
    return min(dist(i, j) for i in Ci for j in Cj)
#dist_max
def dist_max(Ci, Cj):
    return max(dist(i, j) for i in Ci for j in Cj)
#dist_avg
def dist_avg(Ci, Cj):
    return sum(dist(i, j) for i in Ci for j in Cj)/(len(Ci) * len(Cj))
#找到距离最小的下标
def find_Min(M):
       min = 1000
         x = 0; y = 0
         for i in range(len(M)):
              for j in range(len(M[i])):
                   if i != j and M[i][j] < min:
                        min = M[i][j];x = i; y = j
    return (x, y, min)
#算法模型
def AGNES(dataset, dist, k):              #初始化 C 和 M
    C = [];M = []
    for i in dataset:
        Ci = []
        Ci.append(i)
```

```
            C.append(Ci)
        for i in C:
            Mi = []
            for j in C:
                Mi.append(dist(i, j))
            M.append(Mi)
        q = len(dataset) #合并更新
        while q > k:
            x, y, min = find_Min(M)
            C[x].extend(C[y])
            C.remove(C[y])
            M = []
            for i in C:
                Mi = []
                for j in C:
                    Mi.append(dist(i, j))
                M.append(Mi)
            q -= 1
        return C
#画图
def draw(C):
    colValue = ['r', 'y', 'g', 'b', 'c', 'k', 'm']
    for i in range(len(C)):
        coo_X = []                    #x坐标列表
        coo_Y = []                    #y坐标列表
        for j in range(len(C[i])):
            coo_X.append(C[i][j][0])
            coo_Y.append(C[i][j][1])
        pl.scatter(coo_X, coo_Y, marker = 'x', color = colValue[i % len (colValue)], label = i)
    pl.legend(loc = 'upper right')
    pl.show()
C = AGNES(dataset, dist_avg, 3)
draw(C)
```

程序运行结果如图 5.3 所示。

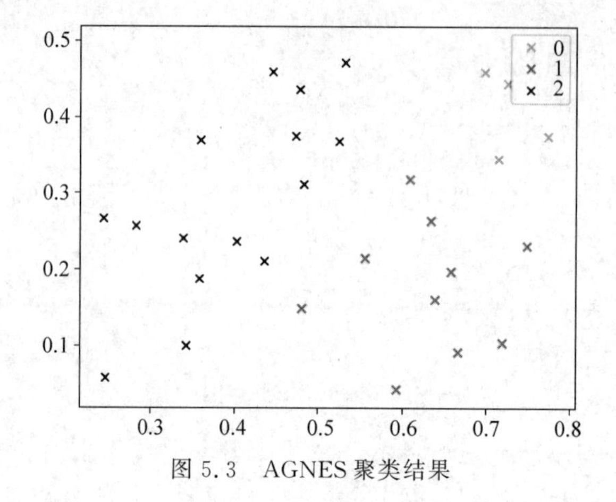

图 5.3　AGNES 聚类结果

2. DIANA 算法

DIANA 算法属于分裂的层次聚类。与凝聚的层次聚类相反,它采用一种自顶向下的策略,首先将所有文档置于一个簇中,然后逐渐细分为越来越小的簇,直到每个文档自成一簇,或者达到了某个终止条件,如达到某个希望的簇数目,或者两个最近簇之间的距离超过了某个阈值。

在 DIANA 算法处理过程中,所有的文档初始都放在一个簇中。根据一些原则(如簇中最临近文档的最大欧几里得距离),将该簇分裂。簇的分裂过程反复进行,直到最终每个新的簇只包含一个文档。

在聚类中,用户可以定义希望得到的簇数目作为一个结束条件。同时,它使用下面两种测度方法。

(1) 簇的直径:在一个簇中的任意两个文档都有一个距离(如欧几里得距离),这些距离中的最大值是簇的直径。

(2) 平均相异度(平均距离),计算式如下。

$$d_{\text{avg}}(D_{is},C_i)=\frac{1}{n_i-1}\sum_{D_{it}\in C_i,s\neq t}d(D_{is},D_{it}) \tag{5-3}$$

其中,$d_{\text{avg}}(D_{is},C_i)$表示文档 D_{is} 在簇 C_i 中的平均相异度;n_i 为簇 C_i 中文档的个数;$d(D_{is},D_{it})$为文档 D_{is} 与文档 D_{it} 之间的距离(如欧几里得距离)。

DIANA 算法描述如下。

输入 包含 n 个文档的文档集 D,终止条件簇的数目 k。

输出 达到终止条件规定的 k 个簇。

处理流程

(1) 将所有文档整体当作一个初始簇;

(2) 在所有簇中挑出具有最大直径的簇;

(3) 找出最大直径簇里与其他文档平均相异度最大的一个文档放入 splinter group,剩余的放入 old party 中;

(4) 在 old party 中找出到 splinter group 中文档的最近距离不大于到 old party 中文档的最近距离的文档,并将该文档加入 splinter group;

(5) 循环步骤(2)~步骤(4)直到没有新的 old party 的文档分配给 splinter group;

(6) splinter group 和 old party 为被选中的簇分裂成的两个簇,与其他簇一起组成新的簇集合。

例 5.7 针对表 5.3 给出的文档集数据,实施 DIANA 算法。算法的执行过程如表 5.5 所示。设 $n=8$,用户输入的终止条件为两个簇,初始簇为{1,2,3,4,5,6,7,8}。

表 5.5 DIANA 算法执行过程

步骤	具有最大直径的簇	splinter group	old party
1	{1,2,3,4,5,6,7,8}	{1}	{2,3,4,5,6,7,8}
2	{1,2,3,4,5,6,7,8}	{1,2}	{3,4,5,6,7,8}

续表

步骤	具有最大直径的簇	splinter group	old party
3	{1,2,3,4,5,6,7,8}	{1,2,3}	{4,5,6,7,8}
4	{1,2,3,4,5,6,7,8}	{1,2,3,4}	{5,6,7,8}
5	{1,2,3,4,5,6,7,8}	{1,2,3,4}	{5,6,7,8}终止

具体执行步骤如下。

(1) 找到具有最大直径的簇，对簇中的每个文档计算平均相异度(假定采用的是欧几里得距离)。文档1的平均距离为(1+1+1.414+3.6+4.24+4.47+5)/7=2.96，文档2的平均距离为(1+1.414+1+2.828+3.6+3.6+4.24)/7=2.526，文档3的平均距离为(1+1.414+1+3.16+4.12+3.6+4.47)/7=2.68，文档4的平均距离为(1.414+1+1+2.24+3.16+2.828+3.6)/7=2.18，文档5的平均距离为2.18，文档6的平均距离为2.68，文档7的平均距离为2.526，文档8的平均距离为2.96。这时挑出平均相异度最大的文档1放到splinter group中，剩余文档在old party中。

(2) 在old party里找出到splinter group中的最近的文档的距离不大于到old party中最近的文档的距离的文档，将该文档放入splinter group中，该文档是文档2。

(3) 重复步骤(2)的工作，在splinter group中放入文档3。

(4) 重复步骤(2)的工作，在splinter group中放入文档4。

(5) 没有新的old party中的文档分配给splinter group，此时分裂的簇数为2，达到终止条件。如果没有达到终止条件，下一阶段还会从分裂好的簇中选一个直径最大的簇按刚才的分裂方法继续分裂。

5.2.3 基于密度的方法

基于密度的方法(Density-Based Methods)与其他聚类算法的一个根本不同是：它不是基于距离的，而是基于密度的。由于这个特点，基于密度的方法可以克服基于距离的算法只能发现"类圆形"的聚类的缺点。其主要思想是：只要在给定半径邻近区域的密度超过某个阈值，就把它加到与之相近的聚类中去。也就是说，对给定类中的每个文档，在一个给定的区域内必须至少包含某个数目的文档。这样的方法可以用来过滤噪声数据，并且可以发现任意形状的聚类。

这种任意形状的聚类代表算法有：DBSCAN算法、OPTICS算法、DENCLUE算法等。下面只介绍最常用的DBSCAN算法。

DBSCAN(Density-Based Spatial Clustering of Applications with Noise)算法可以将足够高密度的区域划分为簇，并可以在带有"噪声"的空间数据库中发现任意形状的聚类。该算法定义簇为密度相连的文档的最大集合。DBSCAN通过检查数据库中每个文档的邻域来寻找聚类。如果一个文档P的邻域中包含文档的个数多于最小阈值，则创建一个以P作为核心文档的新簇。然后反复地寻找从这些核心文档直接密度可达的文档，当没有新的文档可以被添加到任何簇时，该过程结束。不被包含在任何簇中的文档被认为是"噪声"。DBSCAN算法不进行任何的预处理而直接对整个文档集进行聚类操作。当数据量非常大时，就必须有大内存支持，I/O 消耗也非常大。如果采用空间索引，DBSCAN 的计算复杂度为 $O(n\log n)$，这里的 n 为文档集中文档数目；否则，计算复杂度为 $O(n^2)$。聚类过程的大部分时间用在区域查询操作上。

DBSCAN 算法的优点是：能够发现文档集中任意形状的密度连通集；在给定合适的参数条件下，能很好地处理噪声文档；对用户领域知识要求较少；对数据的输入顺序不太敏感；适用于大型文档集。其缺点是要求事先指定领域和阈值，具体使用的参数依赖于应用的目的。

下面首先介绍关于密度聚类涉及的一些概念。

(1) 文档的 ε-邻域：给定文档在半径 ε 内的区域。

(2) 核心文档：如果一个文档的 ε-邻域至少包含 MinPts(预先给定的最少数阈值)个文档，则称该文档为核心文档。

(3) 直接密度可达：给定一个文档集合 D，如果文档 p 是在文档 q 的 ε-邻域内，而 q 是一个核心文档，则文档 p 从文档 q 出发是直接密度可达。

如图 5.4 所示，q 是一个核心文档，p 由 q 直接密度可达。

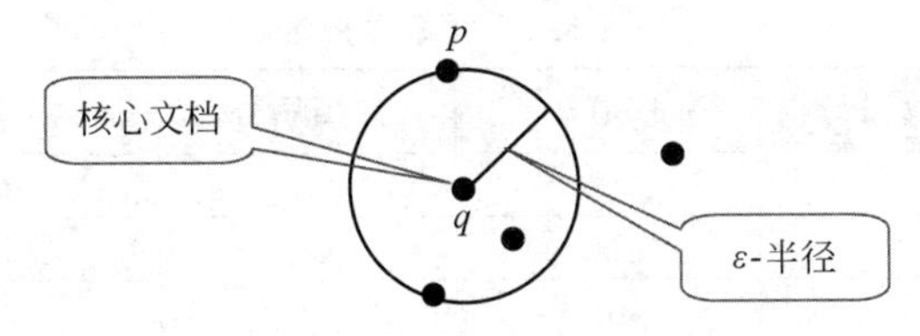

图 5.4　MinPts=4 的 ε-邻域

(4) 间接密度可达：给定一个文档集合 D，如果存在一个文档链 $p_1, p_2, \cdots, p_n, p_1=q$，$p_n=p$，对 $p\in D, l\leqslant i\leqslant n$，$p_{i+1}$ 是从 p_i 关于 ε 和 MitPts 直接密度可达，则文档 p 是从文档 q 关于 ε 和 MitPts 间接密度可达。例如，已知半径 ε、MitPts，q 是一个核心文档，p_i 是从 q 关于 ε 和 MitPts 直接密度可达，若 p 是从 p_1 关于 ε 和 MitPts 直接密度可达，则文档 p 是从 q 关于 ε 和 MitPts 间接密度可达，如图 5.5 所示。

(5) 密度相连：如果文档集合 D 中存在一个文档 d_i，使文档 p 和 q 是从 d_i 关于 ε 和 MitPts 密度可达的，那么文档 p 和 q 是关于 ε 密度相连的，如图 5.6 所示。

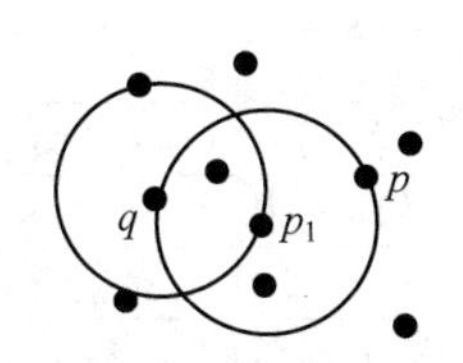

图 5.5　MinPts=4 的文档 p 由文档 q 关于 ε 间接密度可达

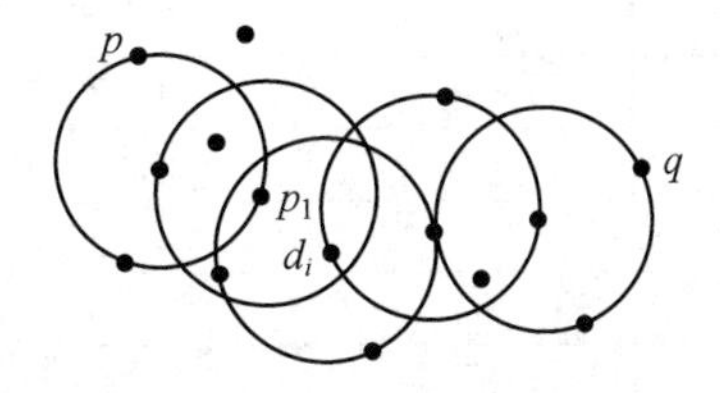

图 5.6　MinPts=4 的文档 p 和 q 关于 ε 密度相连

(6) 噪声：一个基于密度的簇是基于密度可达的最大的密度相连文档的集合，不包含在任何簇中的文档被认为是噪声。

DBSCAN 通过检查文档集中每个文档的 ε-邻域寻找聚类。如果一个文档 p 的 ε-

邻域包含多于一个文档，则创建一个 p 作为核心文档的新簇。然后，DBSCAN 反复地寻找从这些核心文档直接密度可达的文档，这个过程可能涉及一些密度可达簇的合并。当没有新的文档可以被添加到任何簇时，该过程结束。

DBSCAN 算法描述如下。

输入 包含 n 个文档的文档集 D，半径 ε，最少数阈值 MinPts。

输出 所有达到密度要求的簇。

处理流程

(1) 从文档集中抽取一个未处理的文本；

(2) IF 抽出的文档是核心文档 THEN

找出所有从该文档密度可达的文档，形成一个簇；

ELSE

抽出的文档是边缘文档(非核心文档)，跳出本次循环，寻找下一个文档；

(3) 循环步骤(1)～步骤(3)直到所有文档都被处理。

例 5.8 下面给出一个样本文档集，如表 5.6 所示，并运用 DBSCAN 算法进行聚类。

表 5.6 样本文档集

文档序号	权值 1	权值 2	文档序号	权值 1	权值 2
1	1	0	7	4	1
2	4	0	8	5	1
3	0	1	9	0	2
4	1	1	10	1	2
5	2	1	11	4	2
6	3	1	12	1	3

对给出的数据执行 DBSCAN 算法，算法执行过程如表 5.7 所示，设 $n=12, \varepsilon=1$，MinPts=4。

表 5.7 DBSCAN 算法执行过程

步骤	选择的点	在 ε 中点的个数	通过计算可达点而找到的新簇
1	1	2	无
2	2	2	无
3	3	3	无
4	4	5	簇 C_1：{1,3,4,5,9,10,12}
5	5	3	已在一个簇 C_1 中
6	6	3	无
7	7	5	簇 C_2：{2,6,7,8,11}
8	8	2	已在一个簇 C_2 中
9	9	3	已在一个簇 C_1 中
10	10	4	已在一个簇 C_1 中
11	11	2	已在一个簇 C_2 中
12	12	2	已在一个簇 C_1 中

聚出的类为{1,3,4,5,9,10,12},{2,6,7,8,11},具体步骤如下。

(1) 在文档集中选择文档 1,由于在以它为圆心,以 1 为半径的圆内包含两个点(小于 MinPts),因此它不是核心文档,选择下一个文档。

(2) 在文档集中选择文档 2,由于在以它为圆心,以 1 为半径的圆内包含两个文档,因此它不是核心文档,选择下一个文档。

(3) 在文档集中选择文档 3,由于在以它为圆心,以 1 为半径的圆内包含 3 个文档,因此它不是核心文档,选择下一个文档。

(4) 在文档集中选择文档 4,由于在以它为圆心,以 1 为半径的圆内包含 5 个文档(大于 MinPts),因此它是核心文档,寻找从它出发可达的文档(直接可达 4 个文档,间接可达 3 个文档),得出新类为{1,3,4,5,9,10,12},选择下一个文档。

(5) 在文档集中选择文档 5,已经在簇 C_1 中,选择下一个文档。

(6) 在文档集中选择文档 6,由于在以它为圆心,以 1 为半径的圆内包含 3 个文档,因此它不是核心文档,选择下一个文档。

(7) 在文档集中选择文档 7,由于在以它为圆心,以 1 为半径的圆内包含 5 个文档,因此它是核心文档,寻找从它出发可达的文档,得出新类为{2,6,7,8,11},选择下一个文档。

(8) 在文档集中选择文档 8,已经在簇 C_2 中,选择下一个文档。

(9) 在文档集中选择文档 9,已经在簇 C_1 中,选择下一个文档。

(10) 在文档集中选择文档 10,已经在簇 C_1 中,选择下一个文档。

(11) 在文档集中选择文档 11,已经在簇 C_2 中,选择下一个文档。

(12) 在文档集中选择文档 12,已经在簇 C_1 中,由于这已经是最后一个文档(所有文档都已处理),计算完毕。结果如图 5.7 所示。

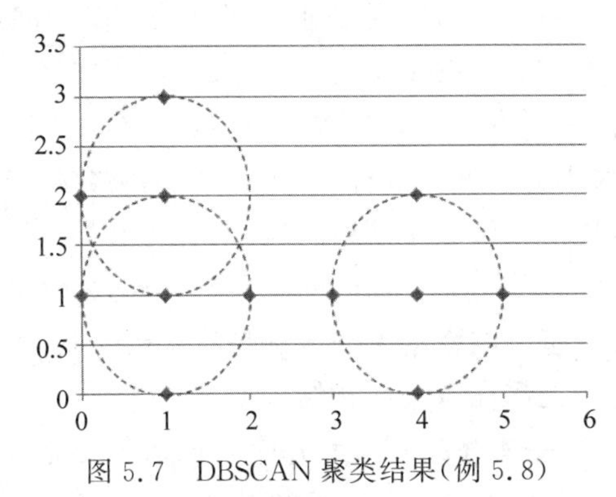

图 5.7　DBSCAN 聚类结果(例 5.8)

例 5.9　利用 Python 实现 DBSCAN 算法。

```
from sklearn.cluster import DBSCAN
import numpy as np
# 输入: 10 个文档的向量,是一个 narrary
data = [[121.26,31.12],[118.46,32.3],[120.39,31.2],[116.28,39.54],[117.10,39.10],
[114.55,40.1],[113.18,23.10],[116.4,23.21],[110.10,25.18],[112.55,28.12]]
data1 = np.array(data)
```

```
y_pred_DBSCAN = DBSCAN(eps = 4,min_samples = 2).fit_predict(data1)
plt.scatter(data1[:,0], data1[:, 1], c = y_pred_DBSCAN)
plt.show()
```

程序运行结果如图 5.8 所示。

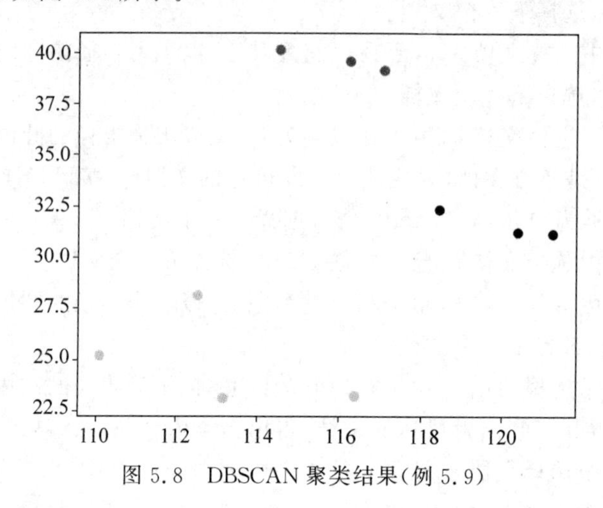

图 5.8 DBSCAN 聚类结果(例 5.9)

5.2.4 基于网格的方法

聚类算法很多,其中一大类传统的聚类算法是基于距离的,这种基于距离的聚类算法只能发现球状簇,处理大文档集以及高维文档集时不够有效。另外,发现的聚类个数往往依赖于用户参数的指定,这对于用户来说是非常困难的。基于网格的聚类方法将空间量化为有限数目的单元格,形成一个网格结构,所有聚类都在网格上进行。

基于网格的聚类方法采用空间驱动的方法,把嵌入空间划分成独立于输入文档分布的单元格。基于网格的聚类方法使用一种多分辨率的网络数据结构。它将文档空间量化为有限数目的单元格,这些网格形成了网格结构,所有的聚类结构都在该结构上进行。这种方法的主要优点是处理速度快,其处理时间独立于文档数,仅依赖于量化空间中的每一维的单元格数。也就是说,基于网格的聚类方法是将文档空间量化为有限数目的单元格,形成一个网状结构,所有聚类都在这个网状结构上进行。

基于网格的聚类方法的基本思想就是将每个特征词的可能取值分割成许多相邻的区间,创建网格单元的集合。每个文档落入一个网格单元,网格单元对应的特征词空间包含该文档的取值。

常见的基于网格聚类的方法有 STING 算法、CLIQUE 算法和 WAVE-CLUSTER 算法。STING 利用存储在网格单元中的统计信息进行聚类处理,CLIQUE 是在高维数据空间中基于网格和密度的聚类方法,WAVE-CLUSTER 用一种利用小波变换的方法进行聚类处理。下面介绍最具代表性的 STING 算法。

STING(Statistical Information Grid)算法是一种基于网格的多分辨率聚类技术,它将空间区域划分为矩形单元格。针对不同级别的分辨率,通常存在多个级别的矩形单元格,这些单元格形成了一个层次结构,每个高层的单元格被划分为多个低一层的单元格。高层单元格的统计参数可以很容易地由低层单元格的计算得到。这些参数包括与特征无关的参数 count,与特征相关的参数平均值、标准偏差、最小值、最大值,以及该单元格中特征值遵循的分布 (Distribution)类型。

STING 聚类的层次结构如图 5.9 所示。

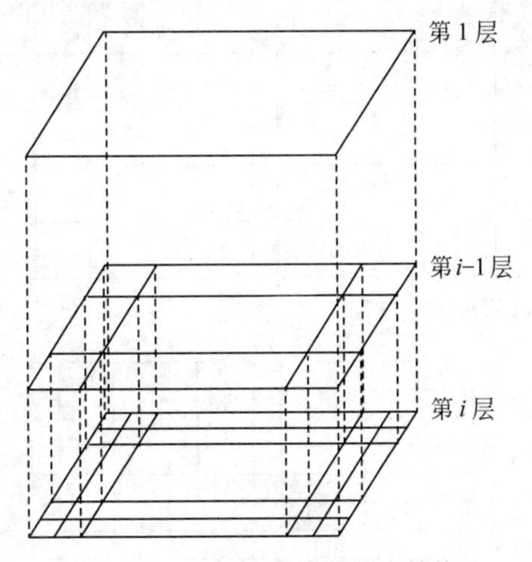

图 5.9　STING 聚类的层次结构

由图 5.9 可以看出,第 1 层是最高层,仅有一个单元格,第 $i-1$ 层的一个单元格对应于第 i 层的 4 个单元格。

依次展开 STING 聚类层次结构图的第 i 层、第 $i+1$ 层和第 $i+2$ 层,如图 5.10 所示。

通过图 5.9 和图 5.10,我们可以清晰地看出 STING 的层次结构及上一层与下一层的关系。

STING 查询算法描述如下。

(1) 从一个层次开始。

(2) 对于这一个层次的每个单元格,计算查询相关的特征值。

(3) 在计算的特征值以及约束条件下,将每个单元格标记成相关或不相关(不相关的单元格不再考虑,下一个较低层的处理就只检查剩余的相关单元)。

(4) 如果这一层是底层,那么转到步骤(6),否则转到步骤(5)。

(5) 由层次结构转到下一层,依照步骤(2)进行。

(6) 查询结果得到满足,转到步骤(8),否则执行步骤(7)。

(7) 恢复文档数据到相关的单元格,进一步处理以得到满意的结果,转到步骤(8)。

(8) 停止。

总之,STING 算法的核心思想就是:根据特征的相关统计信息进行网格划分,而且网格是分层次的,下一层是上一层的继续划分,在一个网格内的数据点即为一个簇。

同时,STING 聚类算法有一个性质:如果粒度趋向于 0(即朝向非常底层的文档数据),则聚类结果趋向于 DBSCAN 聚类结果。即使用计数和大小信息,使用 STING 算法可以近似地识别稠密的簇。

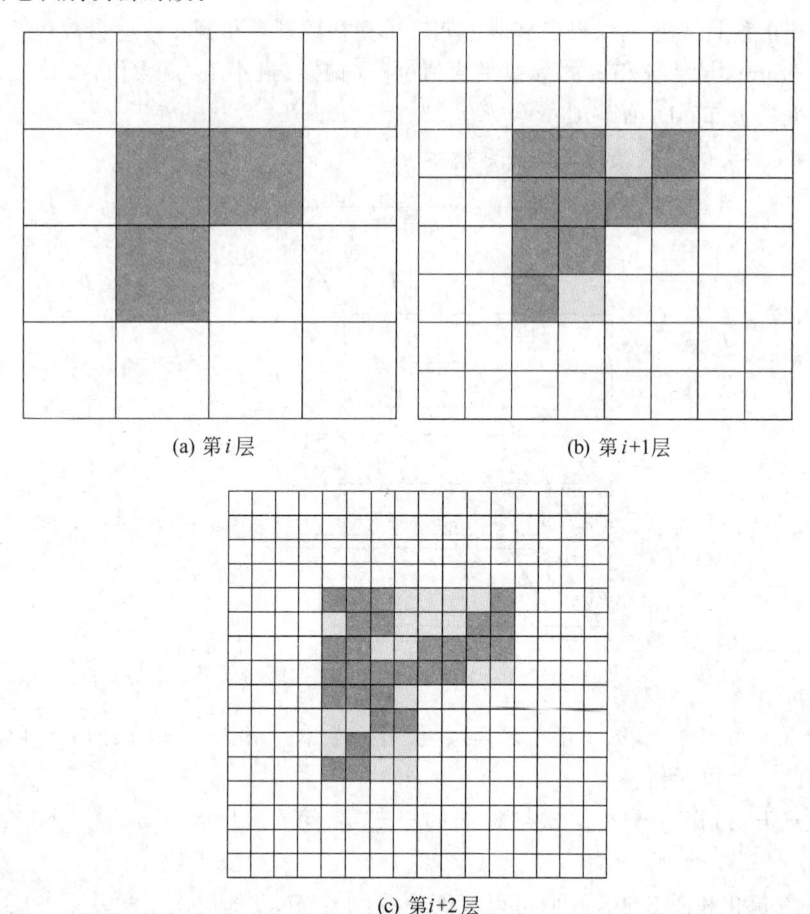

图 5.10 STING 聚类层次结构的第 i 层、第 $i+1$ 层和第 $i+2$ 层

STING 算法的优点如下。

(1) 基于网格的计算是独立于查询的，因为存储在每个单元的统计信息提供了单元中文档数据汇总信息，不依赖于查询。

(2) 网格结构有利于增量更新和并行处理。

(3) 效率高。STING 算法扫描一次文档集 D 计算单元格的统计信息，因此产生聚类的时间复杂度为 $O(n)$，其中 n 为文档的数目。在层次结构建立后，查询处理时间复杂度为 $O(g)$，g 为最底层中单元格的数目，通常远远小于 n。

STING 算法的缺点如下。

(1) 由于 STING 算法采用了一种多分辨率的方法来进行聚类分析，因此它的聚类质量取决于网格结构的最底层的粒度。如果最底层的粒度很细，则处理的代价会显著增加。然而，如果粒度太粗，聚类质量难以得到保证。

(2) STING 算法在构建一个父单元格时没有考虑到子单元格和其他相邻单元格之间的联系。所有的簇边界不是水平的，就是竖直的，没有斜的分界线，降低了聚类质量。

5.2.5 基于模型的方法

基于模型的方法借助一些统计模型获得文档集的聚类分布信息。该方法的基本思想是为每个聚类假设一个模型,再去发现符合模型的数据对象,寻找给定数据与某个数学模型的最佳拟合,以进一步考虑噪声点和孤立点的影响。例如,Moore 提出的 MRKD-Tree (Multiple Resolution K-Dimension Tree)算法就是一种基于模型的聚类方法,其中 K 是数据的维数,它通过构造一个树形结构来减少存取数据的次数,进而克服算法处理速度较慢的缺点。Fisher 提出的 COBWEB 算法是一个常用的、简单的增量式概念聚类方法,它采用分类树的形式表现层次聚类结果。

有些变量之间的相关性的形式常常如图 5.11 所示,按照欧几里得距离标准可以推测,左下角的点将聚为一类,其余点聚为一类。然而事实上,或许回归线附近的点更应该聚为一类,其余点则构成另一类。

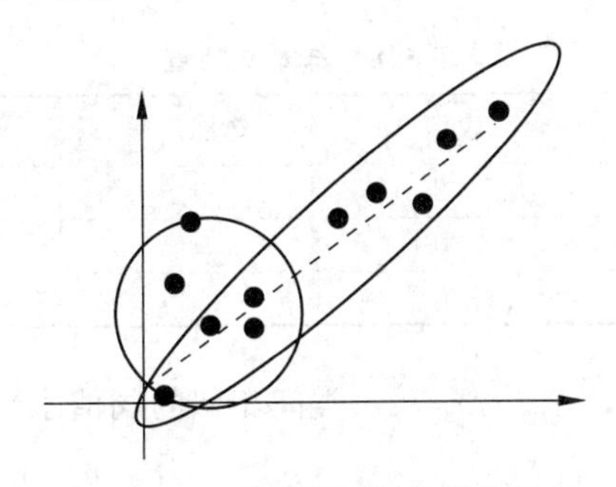

图 5.11 二维数据可能的结构类型

对该现象的一种解释是,欧几里得距离并没有考虑到变量之间的相关性,如果变量之间表现出很强的相关性(信息重叠),意味着这些变量实际上测量的大致是同一个特征。

1. MRKD-Tree 算法

MRKD-Tree 是一棵由包含一定数量信息的节点构成的二叉树,它是通过自上向下递归划分文档集的过程构造而成的。树中的节点分为叶节点和非叶节点。树中的每个节点存储以下信息:

- 超矩形(Hyper-Rectangle)的边界,其中超矩形囊括了节点存储的所有对象;
- 统计量集,其中统计量概述了节点所存储的数据。

如果节点是非叶节点,还包含以下信息:

- 划分数据点集的分裂值;
- 划分数据点集的分裂值涉及的维数。

MRKD-Tree 算法的简单描述如下。

(1) 确定数据点集的有界超矩形。

(2) 查明有界超矩形的最大维数。

(3) 如果有界超矩形的最大维数大于某一阈值 δ,那么断定该节点为叶节点并记录其所包含的数据点集,转到步骤(4);否则,在最大维数中心的任一边划分数据点集,称该中心为分裂值，并连同分裂维数一起被存入节点。

(4) 如果节点是叶节点，停止；否则，在其子节点上重复步骤(1)～步骤(4)。

2. COBWEB 算法

COBWEB 是一种简单实用的概念增量聚类算法。

COBWEB 算法的简单描述如下。

(1) 将第一个数据项分配到第一个类里。

(2) 将下一个数据项分配到目前某个类中或一个新类中，其分配基于一些准则，如采用新数据项到目前类的重心的距离法，在这种情况下，每次添加一个新数据项到一个目前的类中时，需要重新计算重心的值。

(3) 重复步骤(2)，直到所有的数据样本聚类完毕。

例 5.10 下面给出一个样本文档集，如表 5.8 所示，使用 COBWEB 算法进行聚类。

表 5.8 样本文档集

文档序号	权值 1	权值 2	文档序号	权值 1	权值 2
x_1	0	2	x_4	5	0
x_2	0	0	x_5	5	2
x_3	1.5	0			

假定样本的顺序是 x_1, x_2, x_3, x_4, x_5，类间相似的阈值水平是 $\delta=3$。

聚类过程如表 5.9 所示。

表 5.9 COBWEB 算法执行过程

步骤	M_1	M_2	C_1	C_2
1	(0,2)		{(0,2)}	
2	(0,1)		{(0,2),(0,0)}	
3	(0.5,0.66)		{(0,2),(0,0),(1.5,0)}	
4	(0.5,0.66)	(5,0)	{(0,2),(0,0),(1.5,0)}	{(5,0)}
5	(0.5,0.66)	(5,1)	{(0,2),(0,0),(1.5,0)}	{(5,0),(5,2)}

具体步骤如下。

(1) 第一个文档 x_1 将变成第一个类 $C_1=\{(0,2)\}$，x_1 的坐标就是重心坐标 $M_1=(2,0)$。

(2) 第二个文档 x_2 与 M_1 比较，距离 d 为：$d(x_2,M_1)=\sqrt{0^2+2^2}=2.0<3$，因此 x_2 属于类 C_1，新的重心是 $M_1=(0,1)$。

(3) 第三个文档 x_3 与重心 M_1 比较：$d(x_3,M_1)=\sqrt{1.5^2+1^2}=1.8<3$，$x_3\in C_1$，从而 $C_1=\{(0,2),(0,0),(1.5,0)\}$，有 $M_1=(0.5,0.66)$。

(4) 第四个文档 x_4 与重心 M_1 比较：$d(x_4,M_1)=\sqrt{4.5^2+0.66^2}=4.55>3$，因为样本到重心 M_1 的距离比阈值 δ 大，因此该样本将生成一个自己的类 $\{(5,0)\}$，相应的重心为 $M_2=\{(5,0)\}$ 。

(5) 第五个文档与这两个类的重心比较：$d(x_5, M_1)=\sqrt{4.5^2+1.44^2}=4.72>3$，$d(x_5, M_2)=\sqrt{0^2+2^2}=2<3$，这个样本更靠近重心 M_2。因此，文档 x_5 被添加到 C_2 中。

分析完所有的样本，最终的聚类解决方案是获得两个类，$C_1=\{x_1, x_2, x_3\}$，$C_2=\{x_4, x_5\}$。

在这种方法中，如果文档的排列顺序不同，增量聚类过程的结果也不同。通常这个算法不是迭代的，一次迭代中分析完所有的文档生成的类便是最终类。

5.3　文本聚类评估

聚类评估是估计在文档集上进行聚类的可行性和由聚类产生的结果的质量。聚类评估主要包括以下任务。

(1) 估计聚类趋势。在这项任务中，对于给定的文档集，评估该文档是否存在非随机结果。盲目地在文档集上使用聚类方法将返回一些簇，然而，所挖掘的簇可能是误导。仅当文档中存在非随机结构时，文档集上的聚类分析才是有意义的。

(2) 确定簇数。一些诸如 k-means 的算法需要文档集的簇数作为参数。此外，簇数可以看作文档集的一个重要的概括统计量。因此，在使用聚类算法导出详细的簇之前，估计簇数是可取的。

(3) 测定聚类质量。在文档集上使用聚类算法后，要评价聚类结果的质量，许多度量都可以使用。有些方法测定簇对文档的拟合程度，而其他方法测定簇与基准匹配的程度(如果这种基准存在)。还有一些测定对聚类打分，因此可以比较相同文档集上的两组聚类结果。

5.3.1　估计聚类趋势

估计聚类趋势可以确定给定的文档集是否具有导致有意义的聚类的非随机结构。考虑一个没有任何非随机结构的文档集，如文档空间中的均匀分布的点，尽管聚类算法可以为该文档计算返回簇，但是这些簇是随机的，没有任何意义。

估计文档集的聚类趋势，直观地可以评估文档集均匀分布产生的概率。这可以通过空间随机性的统计检验来实现，如一种简单有效的方法——计算霍普金斯统计量(Hopkins Statistic)，该统计量可对空间分布的变量的空间随机性进行检验。

对于任意的文档集 D，可以视为由随机变量 D_i 组成的一个样本，为确定 D_i 与文档空间中的均匀分布的相异程度，要先计算霍普金斯统计量，可按照以下步骤执行。

(1) 从 D 的空间中抽取 m 个点 $D_1, D_2, \cdots, D_m$，并保证文档空间 D 中的每个点被包含在样本中的概率相等。对于每个点 $D_i(1\leqslant i\leqslant m)$，找出 D_i 在 D 中的最近邻，并设 d_i 为 D_i 与它在 D 中的最近邻之间的距离，即

$$d_i=\min_{V\in D}\{\mathrm{dist}(D_i, V)\} \tag{5-4}$$

(2) 均匀地从 D 中抽取 m 个点 $Q_1, Q_2, \cdots, Q_m$。对于每个点 $Q_i(1\leqslant i\leqslant m)$，找出 Q_i 在 $D-\{Q_i\}$ 中的最近邻，并设 y_i 为 Q_i 与它在 $D-\{Q_i\}$ 中的最近邻之间的距离，即

$$y_i = \min_{V \in D, v \neq Q_i} \{\mathrm{dist}(Q_i, V)\} \tag{5-5}$$

(3) 计算霍普金斯统计量 H。

$$H = \frac{\sum_{i=1}^{m} y_i}{\sum_{i=1}^{m} d_i + \sum_{i=1}^{m} y_i} \tag{5-6}$$

如果 D 是均匀分布的，则 $\sum_{i=1}^{m} y_i$ 和 $\sum_{i=1}^{m} d_i$ 将会很接近，因而 H 大约为 0.5。然而，如果 D 是高度倾斜的，则 $\sum_{i=1}^{m} y_i$ 将会显著小于 $\sum_{i=1}^{m} d_i$，因而 H 将趋近于 0。

原假设是同质假设(D 是均匀分布的)，因而不包含有意义的簇。备选假设如下：D 不是均匀分布的，因而可将数据分为不同的子类，即类簇。这个假设也称为非均匀假设。可以迭代地进行霍普金斯统计量检验，使用 0.5 作为拒绝假设阈值，即如果 $H>0.5$，则 D 不大可能具有统计显著的簇。

5.3.2 确定簇数

确定文档集中"正确的"簇数是重要的，不仅因为像 k-means 这样的聚类算法需要这种参数，而且合适的簇数可以控制适当的聚类分析粒度。这可以看作在聚类分析的可压缩性与准确性之间寻找平衡点。考虑两种极端情况：一方面，如果把整个文档集看作一个簇，这将最大化数据的压缩，但是这种聚类分析没有任何价值；另一方面，把文档集的每个文档看作一个簇将产生最细的聚类(即最准确的解)，由于对象到其对应的簇中心的聚类都为 0，但每一个文档并不提供任何数据概括。

确定簇数并非易事，因为"正确的"簇数常常是含糊不清的。通常，找出正确的簇数依赖于文档集分布的形状和尺度，也依赖于用户要求的聚类分辨率。估计聚类簇数的方法有很多。下面简要介绍几种简单、有效的方法。

(1) 一种简单的经验方法是，对于含有 n 个文档的文档集 D，设置簇数 p 大约为 $\sqrt{\frac{n}{2}}$。在期望情况下，每个簇大约有 $\sqrt{2n}$ 个文档。

(2) 肘方法(Elbow Method)。我们注意到，每个簇的簇内方差之和会在簇数增加时降低。原因是有更多的簇可以捕获更细的文档簇，簇中文档之间更为相似。然而，如果形成太多的簇，则簇内方差的边缘效应可能下降，因为把一个凝聚的簇分类成两个只引起簇内方差和稍微降低。因此，一种选择正确的簇数的启发式方法是，使用簇内方差和关于簇的数的曲线的拐点。

严格地说，给定 $k>0$，可使用诸如 k-means 的算法对数据集聚类，并计算簇内方差和 $\mathrm{var}(k)$。然后，绘制 $\mathrm{var}(k)$ 关于 k 的曲线，可以取曲线的第一个(或显著的)拐点作为"正确的"簇数。

数据集中"正确的"簇数还可以通过交叉验证确定。这也是一种常用的分类技术。首先，把给定的文档集 D 划分成 s 个部分。其次，使用 $s-1$ 个部分建立一个聚类模型，并使用剩下的部分检验聚类的质量。例如，对于检验集中的每个文档，可以找出最近的簇心。因此，可应用检验集中的所有文档与它们的最近簇心之间的距离的平方和度量聚类模型拟合聚集的过程。对于任意整数($k>0$)，如果使用每一部分作为检验集，重复以上过程 s 次，导出 k 个聚类。取质量的平均值作为总体质量的度量。然后，对不同的 k 值，比较总体质量度量，并选择最佳拟合数据的簇数。

5.3.3 测定聚类质量

假设已估计了给定文档集的聚类趋势，可能已试着确定数据集的簇数，现在可以使用一种或多种聚类方法来得到文档集的聚类。要测定聚类质量，有多种方法可供选择，一般根据是否有基准可用，这里基准是一种理想的聚类，通常由专家构建。

如果有可用的基准，则可使用外在方法(Extrinsic Method)，即使用外在方法比较聚类结果和基准。如果没有基准可用，则可使用内在方法(Intrinsic Method)，即考虑簇的分离情况。外在方法是监督方法，而内在方法是无监督方法。

1. 外在方法

当有基准可用时，可以将外在方法与聚类进行比较，以评估聚类。外在方法的核心任务是，给定基准 Ω_g，对聚类 Γ 赋予一个评分 $Q(\Omega,\Omega_g)$。该方法是否有效很大程度上取决于其使用的聚类质量度量 Q。通常，如果满足以下 4 项基本准则，则聚类质量度量 Q 是有效的。

(1) 簇的同质性(Cluster Homogeneity)。聚类中的簇越纯，聚类越好。假设基准是数据集 D 中的文档可能属于类别 $L_1,L_2,\cdots,L_m$。考虑一个聚类 Ω_1，其中簇 $C'\in\Omega_1$ 包含来自两个类 L_i 和 L_j($1\leqslant i\leqslant j\leqslant m$)的文档。再考虑一个聚类 Ω_2，除了把 C' 划分成分别包含 L_i 和 L_j 中文档的两个簇之外，它等价于 Ω_1。关于簇的同质性，聚类质量度量 Q 应该赋予 Ω_2 更高的得分，即 $Q(\Omega_2,\Omega_g)>Q(\Omega_1,\Omega_g)$。

(2) 簇的完全性(Cluster Completeness)。这与簇的同质性相辅相成。簇的完全性要求：对于聚类，依据基准，如果两个文档属于相同的类，则它们应该被分配到相同的簇。簇的完全性要求把(依据基准)属于相同类的文档分配到相同的簇。假设 Ω_2 除 Ω_1 和 Ω_2 在 Ω_2 中合并到一个簇之外，它等价于聚类 Ω_1。关于簇的完全性，聚类质量 Q 应该赋予 Ω_2 更高的得分，即 $Q(\Omega_2,\Omega_g)>Q(\Omega_1,\Omega_g)$。

(3) 碎布袋(Rag Bag)。在许多实际情况下，常常有一种“碎布袋”类别。这种类别包含一些不能与其他文档合并的文档。这种类别通常称为“杂项”或“其他”。“碎布袋”准则是说把一个异种文档放入一个纯的簇中应该比放入一个“碎布袋”中受到更大的“处罚”。考虑聚类 Ω_1 和簇 $C'\in\Omega_1$，依据基准，除了一个文档(记为 D_s)之外，C' 中的所有文档都属于相同的类。考虑聚类 Ω_2，它几乎等价于 Ω_1，唯一例外是在 Ω_2 中，D_s 被分配给 $C^*\neq C'$，使 C' 包含来自不同类的文档(根据基准)，因而是噪声。换言之，Ω_2 中的 C^* 是一个“碎布袋”。于是，关于“碎布袋”准则，聚类质量度量 Q 应该赋予 Ω_2 更高的得分，即 $Q(\Omega_2,\Omega_g)>Q(\Omega_1,\Omega_g)$。

(4) 小簇保持性(Small Cluster Preservation)。如果小的类别在聚类中被划分成小片,则这些小片可能成为噪声,从而小的类别就不可能被该聚类发现。小簇保持性准则是说把小类别划分成小片比把大类划分成小片更有害。考虑一个极端情况:设 D 是 $n+2$ 个文档的文档集,依据基准,n 个文档 $D_1,D_2,\cdots,D_n$ 属于同一个类,而其他两个文档 D_{n+1} 和 D_{n+2} 属于另一个类。假设聚类 Ω_1 有 3 个簇:$C_{11}=\{D_1,D_2,\cdots,D_n\}$,$C_{12}=\{D_{n+1}\}$,$C_{13}=\{D_{n+2}\}$;聚类 Ω_2 也有 3 个簇:$C_{21}=\{D_1,D_2,\cdots,D_{n-1}\}$,$C_{22}=\{D_n\}$,$C_{23}=\{D_{n+1},D_{n+2}\}$。换言之,$\Omega_1$ 划分了小类别,而 Ω_2 划分了大类别。保持小簇的聚类质量度量 Q 应该赋予 Ω_2 更高的得分,即 $Q(\Omega_2,\Omega_g)>Q(\Omega_1,\Omega_g)$。

2. 内在方法

当没有文档集的基准可用时,必须使用内在方法评估聚类质量。一般而言,内在方法通过考查聚类的分类情况及其紧凑情况来评估聚类。

轮廓系数(Silhouette Coefficient)是关于文档集中文档之间相似性的一种度量,内在方法通常的做法就是计算文档之间的相似性。为了度量聚类的簇的拟合性,我们可以计算簇中所有文档的轮廓系数的平均值。对于 n 个文档的文档集 D,假设 D 被划分成 k 个簇 $C_1,C_2,\cdots,C_k$。对于每个文档 $D'\in D$,计算 D' 与 D' 所属簇的其他文档之间的平均距离 $a(D')$,类似地,$b(D')$ 是 D' 到不属于 D' 的所有簇的最小平均距离。假设 $D'\in C_i(1\leqslant i\leqslant k)$,则有

$$a(D')=\frac{\sum\limits_{D^*\in C_i,D^*\neq D'}\operatorname{dist}(D',D^*)}{|C_i|-1} \tag{5-7}$$

而

$$b(D')=\min_{C_j:1\leqslant j\leqslant k,i\neq j}\left\{\frac{\sum\limits_{D^*\in C_j}\operatorname{dist}(D',D^*)}{|C_j|}\right\} \tag{5-8}$$

文档 D' 的轮廓系数定义为

$$s(D')=\frac{b(D')-a(D')}{\max\{a(D'),b(D')\}} \tag{5-9}$$

轮廓系数的值为 $-1\sim1$。$a(D')$ 的值反映 D' 所属簇的紧凑性,该值越小,簇越紧凑。$b(D')$ 的值捕获 D' 在多大程度上与其他簇相分离,D' 与其他簇分离的程度会随着 $b(D')$ 的增大而增大。因此,下面这一种情况是可取的,即当 D' 的轮廓系数值接近 1 时,包含 D' 的簇是紧凑的,并且这时 D' 与其他簇的距离较远。然而,当轮廓系数的值为小于 0 时(即 $b(D')<a(D')$),表明在平均状况下,D' 与自己在同一簇的文档距离要小于 D' 与其他簇中文档的距离。在许多情况下,这样的分析结果是不可靠的,应该努力避免这种情况的出现。

为了度量聚类中的簇的拟合性,我们可以计算簇中所有文档的轮廓系数的平均值。轮廓系数和其他内在度量也可用在肘方法中,通过启发式地导出文档集的簇取代内方差之和。

习题 5

5-1　简述文本聚类的意义。

5-2　描述基于划分的聚类方法，并分别验证例 5.1 和例 5.2 中的 k-means、k-medoids 聚类算法。

5-3　描述基于层次的聚类方法。验证例 5.6 中的 AGNES 算法。

5-4　参照例 5.9，给定一组文档集的向量，利用 Python 实现 DBSCAN 算法。

5-5　描述基于网格的聚类方法。

5-6　描述基于模型的聚类方法。

第 6 章

文本关联分析

文本关联分析是文本挖掘领域的重要任务之一，它是从文档集合中找出不同词语之间的关系的过程。文本关联分析的多数方法是从数据挖掘领域的关联规则挖掘借鉴而来。它在数据挖掘中是一个重要的课题，最近几年已被业界广泛研究。

6.1 关联规则挖掘概述

关联规则挖掘(Data Mining of Association Rules)是由美国 IBM Almaden Research Center 的 Rakesh Agrawal 等于 1993 年在进行市场购物篮分析时首先提出的，现在已经广泛应用于许多领域。关联规则挖掘目前主要应用于顾客购物分析，用以发现商品销售中的顾客购买商品行为模式与故障分析等。关联规则挖掘是从大量的数据中或对象间抽取其相互之间的关联性，揭示数据间未知的依赖关系，根据这种关系可以从某一数据对象的信息推断另一数据对象信息，挖掘的关联规则可以帮助人们进行市场运作、决策支持等。文本关联规则分析则是将无结构或半结构的文本通过一定的方式转化为结构化的文本特征向量，也可以在大规模文本集中寻找文本频繁模式或文本关联规则。

关联规则具有形式简单、易于解释和理解并可以有效捕捉数据间的重要关系等特点，因此从数据库中挖掘关联规则已经成为近年来数据挖掘领域的一个热点，引起了数据库、人工智能、统计学、信息检索等诸多领域广大学者的重视，并取得了不少的研究成果。

文本数据和数据库数据都是数据的存储形式，数据挖掘的对象不仅是数据库，还可以是任何组织在一起的数据集合，因此对非结构化的文本数据进行关联规则挖掘是数据挖掘的挑战之一，有非常重要的现实意义。将非结构化的文本数据转化成结构化的特征向量形式后，可以在大规模文本集中发现基于特征词的频繁模式或关联规则。然而，文本数据的特性决定了特征向量的高维度，传统的关联规则挖掘算法应用于文本数据时还存在一些不足。

6.2 文本关联规则

传统的关联规则挖掘是基于结构化数据的，而文本是一种半结构甚至是根本没有结构的数据，并且文本的格式可能存在着段落、缩进以及正文与图形、表格等形式的差别，而且文本的内容是由自然语言组成，这对计算机而言很难区分其语法，更别说理解其语义内容了。由于文本的这些特殊性质，传统的关联规则挖掘技术根本无法直接应用在文本集。目前，较为可行的方法是把文本适当转化为某种结构化形式，然后进行挖掘。在文本表示上，较为流行、简单、易理解的模型就是空间向量模型。利用这个模型可以把每个文本转化为长度相等的、由若干个文本特征词组成的文本特征向量，并以文本特征向量为事务，以文本特征词为事务项，把成熟的数据挖掘技术应用于其上以发现文本特征词之间的关联关系。

6.2.1 关联规则的基本概念

关联规则挖掘可以发现存在于文档集中的文档或特征词之间的有意义的联系，这些联系是未知的或被隐藏的。为了准确描述文本关联规则挖掘问题，需要给出关联规则挖掘问题的正式定义，在给出文本关联规则的正式定义之前，首先通过事务数据库的关联规则概念对应给出文本关联规则中用到的基本概念，并给出对应的文本数据信息。

1. 基本概念

事务集：每一个事务(Transaction)对应一个文档，因此事务集合对应于文档集 $D=\{D_1,D_2,\cdots,D_m\}$。

事务：事务是项的集合，其中一个事务对应于一个文档 D_i，项对应于特征词，即 $D_i=\{w_{i1},w_{i2},\cdots,w_{ip}\}$，$D_i\subseteq D$。每一个文档有唯一的标识，如文档号，记为 D_ID。

项：项是事务中的元素，对应于文档中的特征词。

项集：项集是若干项的集合。对应于文档集中，假设 $I=\{w_1,w_2,\cdots,w_n\}$ 是文档集 D 中所有特征词的集合，I 的任何子集 X 都称为项集(Itemset)，若 $|X|=k$，则称 X 为 k-项集。设 D_i 是一个文档，X 是项集，如果 $X\subseteq D_i$，则称文档 D_i 包含项集 X。

有了上述概念的定义，则可将关联规则的定义表述如下。

关联规则：一个关联规则是形如 $X\Rightarrow Y$ 的蕴涵式，$X\subset I$，$Y\subset I$，且 $X\cap Y=\phi$，X、Y 分别称为关联规则 $X\Rightarrow Y$ 的前提和结论。

关联规则 $X\Rightarrow Y$ 表示这样一种关联，如果一个文档 D_i 包含项集 X 中的所有特征词，那么该文档 D_i 与项集 Y 的所有特征词有着关联关系。

2. 支持度和置信度

一般使用支持度(Support)和置信度(Confidence)这两个参数描述关联规则的属性。

1) 支持度

文档集 D 中包含项集 X 的文档数称为项集 X 的支持数，记为

$$\text{S\_port\_count}(X) = |\{D_i \mid D_i \in D, X \subseteq D\}| \tag{6-1}$$

项集 X 的支持度是指 X 在文档集 D 中出现的概率，计算式为

$$\text{S\_port}(X) = P(X) = \frac{\text{S\_port\_count}(X)}{|D|} \tag{6-2}$$

规则支持度：关联规则 $X \Rightarrow Y$ 在文档集 D 中的支持度是 D 中同时包含 X、Y 的文档数与所有文档数之比，记为 S_port($X \Rightarrow Y$)。支持度描述了 X、Y 在文档集 D 中同时出现的概率。

$$\text{S\_port}(X \Rightarrow Y) = \frac{\text{S\_port}(X \cap Y)}{|D|} \tag{6-3}$$

实际上，关联规则 $X \Rightarrow Y$ 的支持度就是项集 $X \cup Y$ 在文档集 D 中的支持度，即 S_port($X \Rightarrow Y$)=S_port($X \cup Y$)。

2）置信度

关联规则 $X \Rightarrow Y$ 的置信度是指同时包含 X、Y 的文档数与包含 X 的文档数之比，它用来衡量关联规则的可信程度，计算式为

$$\text{C\_dence}(X \Rightarrow Y) = \frac{\text{S\_port}(X \cup Y)}{\text{S\_port}(X)} \tag{6-4}$$

一般情况下，只有关联规则的置信度大于期望可信度，才说明出现对的且有促进的作用，也说明了它们之间的某种程度的相关性。

3. 频繁特征词项集

如果规则置信度大于或等于用户给定的最小置信度阈值，那么称规则是可信的。

关联规则挖掘就是在文档集中找出所有频繁和可信的关联规则，即强关联规则，通常所说的关联规则指的就是强关联规则。

频繁特征词项集：设 k-项集 X 的支持度为 S_port(X)，若 S_port(X)不小于用户指定的最小支持度，则称 X 为 k-项频繁特征词项集(Frequent k-Itemset)或频繁 k-项集，否则称 X 为 k-项非频繁特征词项集或非频繁 k-项集。

频繁特征词项集挖掘就是找出文档集中所有支持度大于或等于最小支持度阈值的项集。

最大频繁集：如果 X 是一个频繁特征词项集，而且 X 的任意一个超集都是非频繁的，则称 X 是最大频繁特征词项集。

候选项集：给定某文档集和最小支持度阈值，如果挖掘算法需要判断 k-项集是频繁特征词项集还是非频繁特征词项集，那么 k-项集称为候选项集。

频繁特征词项集具有以下两个非常重要的性质。

(1) 频繁特征词项集的所有非空子集也是频繁的。

(2) 非频繁特征词项集的所有超集是非频繁的。

由频繁特征词项集的性质，设 X、Y 是 D 中的特征词项集。若 $X \subseteq Y$，如果 X 是非频繁特征词项集，则 Y 也是非频繁特征词项集；若 $X \subseteq Y$，如果 Y 是频繁特征词项集，则 X 也是频繁特征词项集。

给定一个文档集 D,挖掘关联规则的问题就是产生支持度和置信度分别大于用户事先给定的最小支持度和最小置信度的关联规则。关联规则挖掘的任务就是要挖掘出 D 中所有的强关联规则 $X\Rightarrow Y$。强关联规则 $X\Rightarrow Y$ 对应的项目集 $X\cup Y$ 必定是频繁特征词项集,频繁特征词项集 $X\cup Y$ 导出的关联规则 $X\Rightarrow Y$ 的置信度可由频繁特征词项集 X 和 $X\cup Y$ 的支持度计算。

因此,可以把关联规则挖掘划分为两个子问题:一个是找出所有的频繁特征词项集,即所有支持度不低于给定的最小支持度的项集;另一个是由频繁特征词项集产生强关联规则,即从第一个子问题得到的频繁特征词项集中找出置信度不小于用户给定的最小置信度的规则。其中,第一个子问题是关联规则挖掘算法的核心问题,是衡量关联规则挖掘算法的标准。

6.2.2 关联规则分类

我们将关联规则按不同的情况进行如下分类。

(1) 基于规则中处理的变量的类型,关联规则可以分为布尔型和数值型。

布尔型关联规则处理的值都是离散的、种类化的,它显示了这些变量之间的关系;而数值型关联规则可以与多维关联规则或多层关联规则结合起来,对数值型字段进行处理,将其进行动态分割,或者直接对原始数据进行处理,当然,数值型关联规则中也可以包含分类变量。

(2) 基于规则中数据的抽象层次,关联规则可以分为单层关联规则和多层关联规则。

在单层关联规则中,所有的变量都没有考虑到现实数据是具有多个不同的层次的;而在多层关联规则中,对数据的多层性进行了充分考虑。

(3) 基于规则中涉及的数据的维数,关联规则可以分为单维的和多维的。

在单维的关联规则中,只涉及数据的一个维度,如用户购买的物品;而在多维的关联规则中,要处理的数据将涉及多个维度。换言之,单维关联规则是处理单个属性中的一些关系;多维关联规则是处理各个属性之间的某些关系。如啤酒⇒尿布,这条规则只涉及用户购买的物品;性别="女"⇒职业="秘书",这条规则就涉及两个字段的信息,是一条二维的关联规则。

6.3 关联规则挖掘算法

对关联规则挖掘算法的研究是关联规则挖掘研究的主要内容,关联规则挖掘算法的效率和健壮性直接影响着关联规则挖掘的应用。文本关联规则挖掘算法是从大量的文本数据中挖掘关联规则,以发现一个文档集中的特征词之间联系的规律。

6.3.1 Apriori 算法

Agrawal 等于 1993 年首先提出了挖掘顾客交易数据库中项集间的关联规则问题,其核心方法是基于频繁特征词项集理论的递推方法。

1. Apriori 算法思想

Apriori 算法一般分为两个阶段。

第一阶段，找出所有超出最小支持度的项集，形成频繁集。首先通过扫描文档集，产生一个大的候选特征词项集，并计算每个候选特征词项发生的次数，然后基于预先给定的最小支持度生成一维特征词项集 L_1。再基于 L_1 和文档集中的文档，产生二维特征词项集 L_2；依此类推，直到生成 N 维特征词项集 L_N，并且已不可能再生成满足最小支持度的 $N+1$ 维特征词项集。这样就产生特征词项集 $\{L_1, L_2, \cdots, L_N\}$。

第二阶段，利用频繁集产生所需的规则。对给定的 L，如果 L 包含其非空子集 A，假设用户给定的最小支持度和最小置信度阈值分别为 minS_port 和 minC_dence，并满足 minS_port(L)/minS_port(A)≥minC_dence，则产生形式为 $A \Rightarrow L-A$ 的规则。

在这两个阶段中，第一阶段是算法的关键。一旦找到了特征词项集，关联规则的导出是自然的。事实上，我们一般只对满足一定的支持度和可信度的关联规则感兴趣。挖掘关联规则的问题就是产生支持度和置信度分别大于用户给定的最小支持度和最小置信度的关联规则。

例 6.1 5 条短文档集合 D 的特征词如表 6.1 所示。

表 6.1 短文档集 *D* 特征词

D_ID	特　征　词	D_ID	特　征　词
D_1	文本、数据、挖掘、模式、资料、分析	D_4	文本、查找、分析
D_2	数据、分析	D_5	文本、挖掘、存储
D_3	文本、存储、分析		

假设用户的最小支持度 minS_port=0.4，最小置信度 minC_dence=0.6，用 Apriori 算法产生关联规则。

第一阶段，找出存在于 D 中所有的频繁特征词项集，即那些支持度大于 minS_port 的特征词项集。

(1) 利用 minS_port=0.4，创建频繁 1-项集，如表 6.2 所示。

表 6.2 创建 1-项频繁集

候选项集：候选 1-项集 C_1

项	计数
文本	4
数据	2
挖掘	2
模式	1
资料	1
分析	4
存储	2
查找	1

频繁特征词项集：频繁 1-项集 L_1

项	计数
文本	4
数据	2
挖掘	2
分析	4
存储	2

根据 minS_port=0.4,在1-项候选集 C_1 中,特征词"模式""资料"和"查找"不满足用户最小支持度要求,所以将这些特征词删除,得到频繁1-项集 L_1。

(2) 利用 minS_port=0.4,创建频繁2-项集,如表6.3所示。

表6.3 创建频繁2-项集

候选项集		频繁特征词项集	
候选2-项集 C_2		频繁2-项集 L_2	
文本、数据	1	文本、分析	3
文本、挖掘	2	文本、挖掘	2
文本、分析	3	文本、存储	2
文本、存储	2	分析、数据	2
数据、挖掘	1		
数据、分析	2		
数据、存储	0		
挖掘、分析	1		
挖掘、存储	1		
分析、存储	1		

(3) 通过表6.3进行链接,形成候选3-项集 C_3。仍然利用 minS_port=0.4,可以看出 C_3 集合中的每个项集都有非频繁子集,所以创建频繁3-项集 L_3 为空集,项集生成过程结束,如表6.4所示。

表6.4 创建频繁3-项集

候选项集		频繁特征词项集
候选3-项集 C_3		频繁3-项集 L_3
文本、分析、挖掘	1	空集
文本、分析、存储	1	
文本、挖掘、存储	1	
文本、分析、数据	1	

由此可知,最大频繁特征词项集为 L_2。

第二阶段,在找出的频繁特征词项集的基础上产生强关联规则,即产生那些支持度和置信度大于或等于用户给定的阈值的关联规则。

以生成的 L_2 为基础,生成可能的关联规则如下。

(1) C_dence(文本⇒分析)=3/4=0.75; (2) C_dence(分析⇒文本)=3/4=0.75;

(3) C_dence(文本⇒挖掘)=2/4=0.5; (4) C_dence(挖掘⇒文本)=2/2=1.0;

(5) C_dence(文本⇒存储)=2/4=0.5; (6) C_dence(存储⇒文本)=2/2=1.0;

(7) C_dence(分析⇒数据)=2/4=0.5; (8) C_dence(数据⇒分析)=2/2=1.0。

根据用户最小置信度 minC_dence=0.6,关联规则为(1)、(2)、(4)、(6)、(8)。

2. Apriori 算法的具体实现

Apriori 算法是一种深度优先算法，它使用频繁特征词项集性质的先验知识，利用逐层搜索的迭代方法完成频繁特征词项集的挖掘工作，即 k-项集用于搜索产生($k+1$)-项集。其具体做法是首先产生候选 1-项集 C_1，再根据 C_1 产生频繁 1-项集的集合 L_1，然后利用 L_1 产生候选 2-项集 C_2，从 C_2 中找出频繁 2-项集 L_2，而 L_2 可以进一步找出 L_3，这样如此不断地循环继续下去，直到找不到频繁 k-项集为止。

由于从候选项集中产生频繁特征词项集的过程需要遍历文档集，因此如何正确地产生数目最少的候选项集十分关键。候选项集产生的过程被分为两个阶段：联合与剪枝。采用这两种方式，使得所有的频繁特征词项集既不会遗漏，又不会重复。剪枝的目的是减少扫描文档集时需要比较的候选项集的数量。剪枝的原则是：候选项集 C 的 k 个长度为 $k-1$ 的子集都在 L_{k-1} 中，则保留 C；否则 C 被剪枝。

Apriori 算法用 apriori_gen()函数生成候选项集，该函数从频繁特征词项集 L_{k-1} 中派生出候选项集 C_k。apriori_gen()函数分为两步，第一步用 L_{k-1} 自链接生成 C_k，第二步剪掉无效的项集。

生成候选 k-项集函数 apriori_gen()算法描述如下。

(1) 生成候选 k-项集 C_k。

```
Insert into C_k
Select p.Item_1,p.Item_2, … ,p.Item_{k-1},q.Item_{k-1}
From L_{(k-1)p},L_{(k-1)q}
Where p.Item_1 = q.Item_1,p.Item_2 = q.Item_2, … ,p.Item_{k-2} = q.Item_{k-2},p.Item_{k-1} < q.Item_{k-1}
//这里是对两个具有 k-1 个共同特征词的频繁集 L_{k-1} 进行链接
```

(2) 剪枝。对于特征词集 $c \in C_k$，如果存在 c 的子集 s，$|s|=k-1$，且 $s \notin L_{k-1}$，则剪掉 c。

```
for all 特征词集 c∈C_k do
for all (k-1)-项集 c 的子集 s do
    if s∉L_{k-1} then C_k = C_k - {c}
```

Apriori 算法伪代码如下。

```
算法  产生关联规则
输入  文档集 D,最小支持度阈值 minS_port,最小置信度 minC_dence
输出  产生关联规则
1)  L_1 = {1-项集};
    //扫描所有特征词,计算每个特征词出现的次数,产生频繁 1-项集
2)  for(k = 2;L_{k-1} ≠ Φ;k++) do begin
    //进行迭代循环,根据前一次的 L_{k-1} 得到频繁 k-项集 L_k
3)  C_k = apriori_gen(L_{k-1});                //产生 k-项候选集
4)  for all D_i ∈ D do                          //扫描一遍文档集 D
```

```
5)     begin
6)       Ci = subset(Ck,Di);              //确定每个 Di 所含候选 k - 项集的 subset(Ck,Di)
7)       for all c∈Ci do   c.count++      //对候选集的计数
8)       Lk = { c∈Ci | c.count≥minS_port};
         //删除候选项集中小于最小支持度的,得到频繁 k - 项集
9)     end
10)  end
11)  for all subset s⊆Lk  //对每个频繁特征词项集 Lk,产生 Lk 的所有非空子集 s
12)  if C_dence(s ⇒Lk - s) ≥minC_dence       //可信度大于或等于最小可信度
13)     输出 s ⇒Lk - s;                         //由频繁集产生关联规则
```

Apriori 算法有两个致命的性能瓶颈：一是对文档集的多次扫描，需要很大的 I/O 负载；二是可能产生庞大的侯选集，增加计算的工作量。因此，包括 Agrawal 在内的许多学者提出了算法的改进方法。

3. Apriori 算法的 Python 的实现

利用 Python 实现 Apriori 算法如下。

```
from numpy import *
def loadDataSet():
    # 返回文档特征词向量集
    return[['文本','数据','挖掘','模式','资料','分析'],
           ['数据','分析'],
           ['文本','存储','分析'],
           ['文本','查找','分析'],
           ['文本','挖掘','存储']]
#获取候选 1 项集,dataSet 为事务集.返回一个 list,每个元素都是 set 集合
def createC1(dataSet):
    C1 = []   #元素个数为 1 的项集(非频繁项集,因为还没有同最小支持度比较)
    for transaction in dataSet:
        for item in transaction:
            if not [item] in C1:
                C1.append([item])
    C1.sort()
    return list(map(frozenset, C1))
#找出候选集中的频繁项集
'''dataSet 为全部数据集,Ck 是大小为 k(包含 k 个元素)的候选项集,minSupport 为设定的最小支持度'''
def scanD(dataSet, Ck, minSupport):
    ssCnt = {}                              #记录每个候选项的个数
    for tid in dataSet:
        for can in Ck:
            if can.issubset(tid):
                ssCnt[can] = ssCnt.get(can, 0) + 1
    #计算每一个项集出现的频率
    numItems = float(len(dataSet))
```

```
    retList = []
    supportData = {}
    for key in ssCnt:
        support = ssCnt[key] / numItems
        if support >= minSupport:
            retList.insert(0, key)        #将频繁项集插入返回列表的首部
        supportData[key] = support
    return retList, supportData
'''retList 为在 Ck 中找出的频繁项集(支持度大于 minSupport 的),supportData 记录各频繁项集
的支持度'''
#通过频繁项集列表 Lk 和项集个数 k 生成候选项集 C(k+1)
def aprioriGen(Lk, k):
    retList = []
    lenLk = len(Lk)
    for i in range(lenLk):
        for j in range(i + 1, lenLk):
            #前 k-1 项相同时,才将两个集合合并,合并后才能生成(k+1)-项集
            L1 = list(Lk[i])[:k-2]; L2 = list(Lk[j])[:k-2]
            #取出两个集合的前 k-1 个元素
            L1.sort(); L2.sort()
            if L1 == L2:
                retList.append(Lk[i] | Lk[j])
    return retList
#获取事务集中的所有的频繁项集
def apriori(dataSet, minSupport=0.5):
    C1 = createC1(dataSet)                    #从事务集中获取候选 1-项集
    D = list(map(set, dataSet))               #将事务集的每个元素转化为集合
    L1, supportData = scanD(D, C1, minSupport)
    #获取频繁 1-项集和对应的支持度
    L = [L1]                                  # L用来存储所有的频繁项集
    k = 2
    while (len(L[k-2]) > 0):
    #一直迭代到项集数目过大而在事务集中不存在这种 n-项集
        Ck = aprioriGen(L[k-2], k)
        #根据频繁项集生成新的候选项集,Ck 表示项数为 k 的候选项集
        Lk, supK = scanD(D, Ck, minSupport)
        # Lk 表示项数为 k 的频繁项集,supK 为其支持度
        L.append(Lk);supportData.update(supK)
        #添加新频繁项集和它们的支持度
        k += 1
    return L, supportData
if __name__ == '__main__':
    dataSet = loadDataSet()                   #获取事务集,每个元素都是列表
    L, suppData = apriori(dataSet,minSupport=0.7)
    print(L,suppData)
```

程序运行结果如图 6.1 所示。

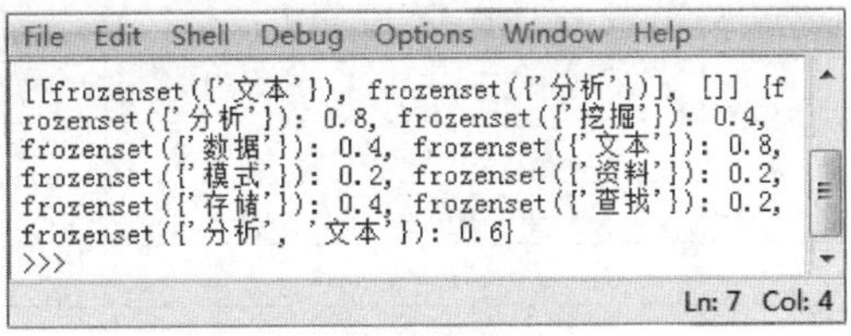

```
File Edit Shell Debug Options Window Help
[[frozenset({'文本'}), frozenset({'分析'})], []] {f
rozenset({'分析'}): 0.8, frozenset({'挖掘'}): 0.4,
frozenset({'数据'}): 0.4, frozenset({'文本'}): 0.8,
frozenset({'模式'}): 0.2, frozenset({'资料'}): 0.2,
frozenset({'存储'}): 0.4, frozenset({'查找'}): 0.2,
frozenset({'分析', '文本'}): 0.6}
>>>
Ln: 7 Col: 4
```

图 6.1 Apriori 算法运行结果

6.3.2 FP-Growth 算法

Apriori 算法在产生频繁模式完全集前需要对文档集进行多次扫描,同时产生大量的候选频繁集,这就使 Apriori 算法的时间和空间复杂度较大。但是 Apriori 算法有一个很重要的性质:频繁特征词项集的所有非空子集都必须也是频繁的。但是 Apriori 算法在挖掘长频繁模式的时候性能往往低下,韩嘉炜等在 2000 年提出了一种频繁模式增长(Frequent-Pattern Growth,FP-Growth)算法,将数据集存储在一个特定的称作频繁模式树(Frequent Pattern Tree,FP-Tree)的结构之后发现频繁项集或频繁项对,即常在一块出现的元素项的集合 FP-Tree。

FP-Growth 算法比 Apriori 算法效率更高,在整个算法执行过程中,只须遍历文档集两次,就能够完成频繁模式发现,其发现频繁项集的基本过程如下。

(1) 构建 FP-Tree。

(2) 从 FP-Tree 中挖掘频繁项集。

1. FP-Growth 算法采用的策略

FP-Growth 算法采取分治策略:将提供频繁特征词项集的文档集压缩到一棵频繁模式树,但仍保留特征词项集关联信息;然后,将这种压缩后的文档集分成一组条件文档集,每个关联一个频繁特征词项,并分别挖掘每个文档集。

算法中使用了 FP-Tree 数据结构。FP-Tree 是一种特殊的前缀树,由频繁特征词项头表和特征词项前缀树构成。FP-Growth 算法基于以上的结构加快了整个挖掘过程。

FP-Tree 将文档集中的各个特征词项按照支持度排序后,把每个文档中的特征词项按降序依次插入一棵以 NULL 为根节点的树中,同时在每个节点处记录该节点出现的支持度。

2. 构建 FP-Tree

FP-Growth 算法通过构建 FP-Tree 来压缩文档集中的信息,从而更加有效地产生频繁特征词项集。FP-Tree 其实是一棵前缀树,按支持度降序排列,支持度越高的频繁特征词项离根节点越近,从而使得更多的频繁特征词项可以共享前缀。

通过下面的例子说明 FP-Tree 的构建过程。用于购物篮分析的文档集如表 6.5 所示,其中,a,b,…,p 分别表示文档集的特征词项。

表 6.5　用于购物篮分析的文档集

编　号	特 征 词 项	频繁特征词项集
100	f,a,c,d,g,i,m,p	f,c,a,m,p
200	a,b,c,f,l,m,o	f,c,a,b,m
300	b,f,h,j,o	f,b
400	b,c,k,s,p	c,b,p
500	a,f,c,e,l,p,m,n	f,c,a,m,p

首先，对该文档集进行一次扫描，计算每一行记录中各种特征词项的支持度，然后按支持度降序排列，仅保留频繁特征词项集，剔除那些低于支持度阈值的特征词项，这里支持度阈值取 3，从而得到<(f:4)，(c:4)，(a:3)，(b:3)，(m:3)，(p:3)>(由于支持度计算式中的 N 是不变的，所以仅需要比较公式中的分子)。表 6.5 中的第 3 列展示了排序后的结果。

FP-Tree 的根节点为 NULL，不表示任何特征词项。接下来，对文档集进行第二次扫描，从而开始构建 FP-Tree。

第一条记录< f,c,a,m,p >对应于 FP-Tree 中的第一条分支<(f:1)，(c:1)，(a:1)，(m:1)，(p:1)>，如图 6.2 所示。

由于第二条记录< f,c,a,b,m >与第一条记录有相同的前缀< f,c,a >，因此< f,c,a >的支持度分别加 1，同时在(a:2)节点下添加节点(b:1)和(m:1)。所以，FP-Tree 中的第二条分支是<(f:2)，(c:2)，(a:2)，(b:1)，(m:1)>，如图 6.3 所示。

第三条记录< f,b >与前两条记录相比，只有一个共同前缀< f >，因此，只需要在(f:3)下添加节点<b:1>，如图 6.4 所示。

第四条记录< c,b,p >与之前所有记录都没有共同前缀，因此在根节点下添加节点(c:1)，(b:1)，(p:1)，如图 6.5 所示。

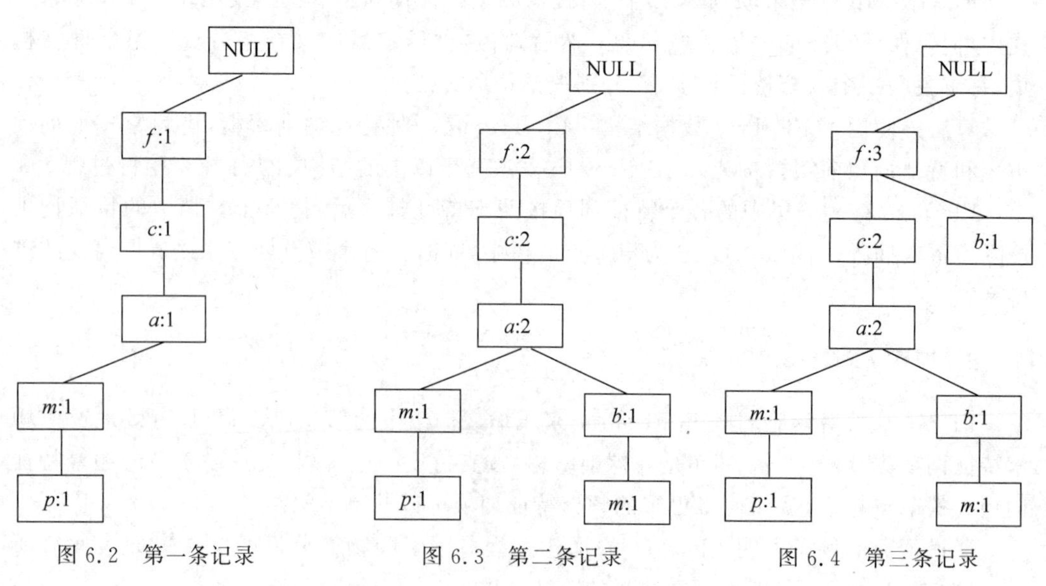

图 6.2　第一条记录　　图 6.3　第二条记录　　图 6.4　第三条记录

类似地，将第五条记录< f,c,a,m,p >作为 FP-Tree 的一个分支，更新相关节点的支持度，如图 6.6 所示。

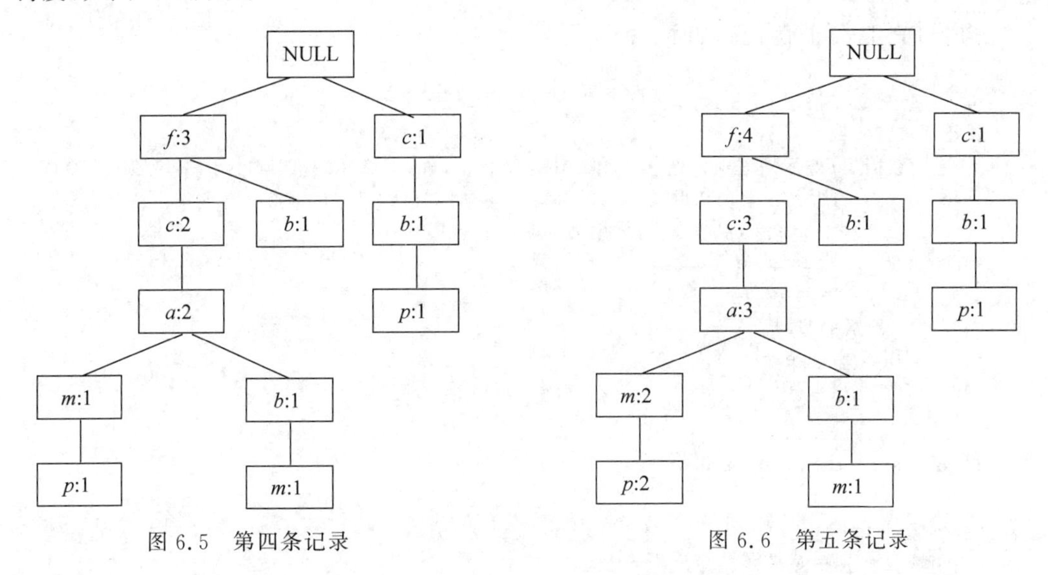

图 6.5　第四条记录　　　　图 6.6　第五条记录

为了便于对整棵树进行遍历，建立一张特征词项的头表(Item Header Table)。这张表的第一列是按照降序排列的频繁特征词项。第二列是指向该频繁特征词项在 FP-Tree 中节点位置的指针。FP-Tree 中每个节点还有一个指针，用于指向相同名称的节点，如图 6.7 所示。

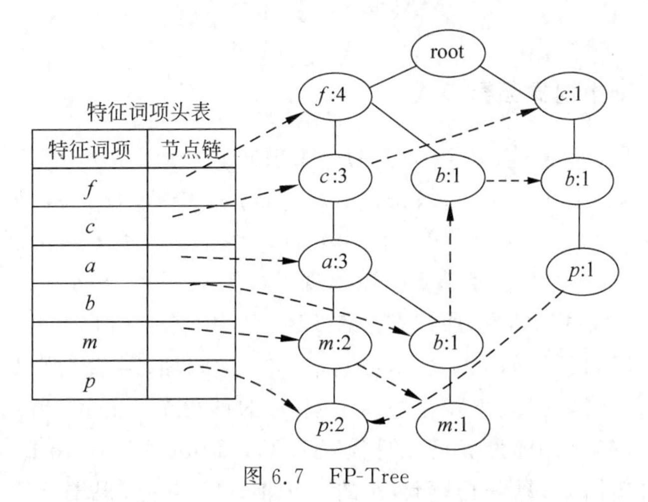

图 6.7　FP-Tree

综上，FP-Tree 的建立流程如下。

第一遍扫描数据，统计文档集中各特征词的出现次数，剔除不满足要求的特征词，剩下的特征词加入频繁 1-项集 L，并建立特征词项头表，按出现次数由高到低的顺序排列元素。

第二遍扫描数据，对文档集的每个文档，从中选出包含在特征词项头表中的特征词，将这些项按 L 的顺序排序。将文档集中每个文档的频繁 1-项集插入 FP-Tree 中。在插入节点的同时,将各节点索引到特征词项头表,把 FP-Tree 中相同的节点通过索引链接起来。

构造 FP-Tree 的伪代码如下。

```
输入  文档集 D,最小支持度
输出  FP-Tree
1) 遍历文档集,得到频繁项候选集 L 和 L 中每个特征词的支持度,并删除小于最小支持度的特征词项,对 L 中的所有频繁项依照支持度的高低降序排列,得到最终的频繁 1-项集;
2) 创建一个 FP-Tree 的根节点 T,标记为 NULL;
3) for each 文档 in D do
4)     sort by order of L;
5)     for 频繁项的词 w
6)     调用函数 insert_tree(w,T);
7) end for
```

函数 insert_tree()定义如下。

```
insert_tree(w,root)
if root 有子节点 N 且属性与 w 相等 then
    N.count++;
else
    创建新节点 N;
    设置各属性;
    N.node-link 索引项头表中对应节点;
end if
```

3. 从 FP-Tree 中挖掘频繁模式

从头表的底部开始挖掘 FP-Tree 中的频繁模式。在 FP-Tree 中以 p 结尾的节点链共有两条,分别是<$(f:4),(c:3),(a:3),(m:2),(p:2)$>和<$(c:1),(b:1),(p:1)$>。其中,第一条节点链表示特征词项清单<$f,c,a,m,p$>在文档集中共出现了两次。需要注意的是,尽管<$f,c,a$>在第一条节点链中出现了 3 次,单个特征词项<$f$>出现了 4 次,但是它们与 p 一起出现只有两次,所以在条件 FP-Tree 中将<$(f:4),(c:3),(a:3),(m:2),(p:2)$>记为<$(f:2),(c:2),(a:2),(m:2),(p:2)$>。同理,第二条节点链表示特征词项清单<$c,b,p$>在文档集中只出现了一次。将 p 的前缀节点链<$(f:2),(c:2),(a:2),(m:2)$>和<$(c:1),(b:1)$>称为 p 的条件模式基(Conditional Pattern Base)。将 p 的条件模式基作为新的文档集,每一行存储 p 的一个前缀节点链,根据前面构建 FP-Tree 的过程,计算每一行记录中各种特征词项的支持度,然后按照支持度降序排列,仅保留频繁特征词项集,剔除那些低于支持度阈值的项,建立一棵新的 FP-Tree,这棵树称为 p 的条件 FP-Tree,如图 6.8 所示。

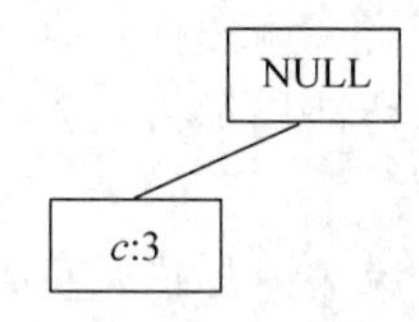

图 6.8 p 的条件 FP-Tree

从图 6.8 可以看到 p 的条件 FP-Tree 中满足支持度阈值的只有下一个节点($c:3$),所以以 p 结尾的频繁特征词项集有($p:3$)和($c:3$)。由于 c 的条件模式基为空,所以不需要构建 c

的条件 FP-Tree。

在 FP-Tree 中以 m 结尾的节点链共有两条，分别是<(f:4)，(c:3)，(a:3)，(m:2)>和<(f:4)，(c:3)，(a:3)，(b:1)，(m:1)>。所以 m 的条件模式基是<(f:2)，(c:2)，(a:2)>和<(f:1)，(c:1)，(a:1)，(b:1)>。我们将 m 的条件模式基作为新的文档集，每一行存储 m 的一个前缀节点链，计算每一行记录中各种特征词项的支持度，然后按照支持度降序排列，仅保留频繁特征词项集，剔除那些低于支持度阈值的项，建立 m 的条件 FP-Tree，如图 6.9 所示。

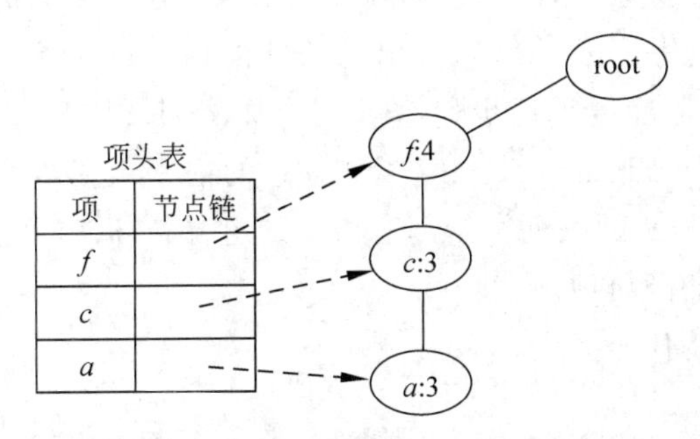

图 6.9 m 的条件 FP-Tree

与 p 不同，m 的条件 FP-Tree 中有 3 个节点，所以需要多次递归挖掘频繁特征词项集 mine(<(f:3)，(c:3)，(a:3)|(m:3)>)。按照<(a:3)，(c:3)，(f:3)>的顺序递归调用 mine(<(f:3)，(c:3)|a，m>)，mine(<(f:3)|c，m>)，mine(NULL|f，m)。由于(m:3)满足支持度阈值要求，所以以 m 结尾的频繁特征词项集为{(m:3)}。

基于(a，m)的条件模式的 FP-Tree 如图 6.10 所示。

从图 6.10 可以看出，节点(a，m)的条件 FP-Tree 有两个节点，需要进一步递归调用 mine(<(f:3)|c，a，m>)和 mine(< NULL|f，a，m>)。进一步递归调用 mine(<(f:3)|c，a，m>)生成 mine(< NULL|f，c，a，m>)。因此，以(a，m)结尾的频繁项集为{(am:3)，(fam:3)，(cam:3)，($fcam$:3)}。

基于(c，m)条件模式的 FP-Tree 如图 6.11 所示。

图 6.10 节点(a，m)的条件 FP-Tree

图 6.11 节点(c，m)的条件 FP-Tree

从图 6.11 可以看出，节点(c，m)的条件 FP-Tree 只有一个节点，所以只需要递归调用 mine(< NULL|f，c，m>)。因此，以(c，m)结尾的频繁项集为{(cm:3)，(fcm:3)}。同理，以(f，m)结尾的频繁项集为{(fm:3)}。

在 FP-Tree 中以 b 结尾的节点链共有 3 条，分别是<(f:4)，(c:3)，(a:3)，(b:1)>、

<(f:4),(b:1)>和<(c:1),(b:1)>。由于节点 b 的条件模式基<(f:1),(c:1),(a:1)>、<(f:1)>和<(c:1)>都不满足支持度阈值,所以不需要再递归。因此,以 b 结尾的频繁项集为{(b:3)}。

同理可得,以 a 结尾的频繁项集为{(fa:3),(ca:3),(fca:3),(a:3)},以 c 结尾的频繁项集为{(fc:3),(c:4)},以 f 结尾的频繁项集为{(f:4)}。

频繁项的挖掘采用自底向上的顺序,先由项头表的最后的一个节点开始,寻找每一项的条件模式基。根据项头表中各项索引,找出全部含有这个项的前缀路径,对应前缀路径即为这个项的条件模式基。然后依照找出的条件模式基建立条件 FP-Tree,对于每个新建立的条件 FP-Tree 树,重复上述步骤,直到建立的条件 FP-Tree 为空,或者只存在唯一路径。若新建立的条件 FP-Tree 是一个空树,它的前缀就是频繁项;若新建立的条件 FP-Tree 只存在唯一路径,通过列举全部有可能的组合,然后将这些组合和该树的前缀连接就得到了我们需要的频繁项。

频繁项挖掘算法伪代码如下。

```
输入  FP-Tree,项集 L(初值为空),最小支持度 SUPmin
输出  L
1) L = null;
2) if(FP-Tree 只包含单个路径 P) then
3)    for each X∈P do
4)    Compute X∪L,support(X∪L) = support(X);
5)    return L = L∪support > SUPmin 的项目集 X∪L;
6) else   //包含多个路径
7)   for each 频繁项 Y in 项头表 do
8) Compute X = Y∪L,support(Y∪L) = support(X);
9)     Resear PCB of X and create FP-Tree;
10)    if TreeX≠Φ then
11)        递归调用 FP-Growth(TreeX,X);
12)    end if
13)   end for
14) end if
```

4. 利用 Python 实现 FP-Growth 算法

```
import pprint
def loadDataSet():
    dataSet = [['文本','数据','挖掘','模式','资料','分析'],
            ['数据','分析'],
            ['文本','存储','分析'],
            ['文本','查找','分析'],
            ['文本','挖掘','存储']]
    return dataSet
def transfer2FrozenDataSet(dataSet):
    frozenDataSet = {}
```

```
    for elem in dataSet:
        frozenDataSet[frozenset(elem)] = 1
    return frozenDataSet
class TreeNode:
    def __init__(self, nodeName, count, nodeParent):
        self.nodeName = nodeName
        self.count = count
        self.nodeParent = nodeParent
        self.nextSimilarItem = None
        self.children = {}
    def increaseC(self, count):
        self.count += count
def createFPTree(frozenDataSet, minSupport):
    #第一次扫描数据集,筛选出小于最小支持度的项
    headPointTable = {}
    for items in frozenDataSet:
        for item in items:
            headPointTable[item] = headPointTable.get(item, 0) + frozenDataSet[items]
    headPointTable = {
        k: v
        for k, v in headPointTable.items() if v >= minSupport
    }
    frequentItems = set(headPointTable.keys())
    if len(frequentItems) == 0: return None, None
    for k in headPointTable:
        headPointTable[k] = [headPointTable[k], None]
    fptree = TreeNode("null", 1, None)
    #第二次扫描数据集,筛选出每个记录的项
    for items, count in frozenDataSet.items():
        frequentItemsInRecord = {}
        for item in items:
            if item in frequentItems:
                frequentItemsInRecord[item] = headPointTable [item][0]
        if len(frequentItemsInRecord) > 0:
            frequentItemsInRecord = sorted(frequentItemsInRecord. items(), key = lambda
v: v[0])
            orderedFrequentItems = [v[0] for v in sorted(frequentItemsInRecord, key =
lambda v:v[1], reverse = True)]
            updateFPTree(fptree, orderedFrequentItems, headPointTable, count)
    return fptree, headPointTable
def updateFPTree(fptree, orderedFrequentItems, headPointTable, count):
    #处理第一项
    if orderedFrequentItems[0] in fptree.children:
        fptree.children[orderedFrequentItems[0]].increaseC(count)
    else:
        fptree.children[orderedFrequentItems[0]] = TreeNode(orderedFrequentItems[0],
count, fptree)
        #修改头节点表
```

```
        if headPointTable[orderedFrequentItems[0]][1] == None:
            headPointTable[orderedFrequentItems[0]][1] = fptree.children
[orderedFrequentItems[0]]
        else:
updateHeadPointTable ( headPointTable [ orderedFrequentItems [ 0 ]] [ 1 ],  fptree. children
[orderedFrequentItems[0]])
    #处理除第一项外的其他项
    if (len(orderedFrequentItems) > 1):
        updateFPTree ( fptree. children [ orderedFrequentItems [ 0 ]],  orderedFrequentItems
[1::], headPointTable, count)
def updateHeadPointTable(headPointBeginNode, targetNode):
    while (headPointBeginNode.nextSimilarItem != None):
        headPointBeginNode = headPointBeginNode.nextSimilarItem
    headPointBeginNode.nextSimilarItem = targetNode
def mineFPTree(headPointTable, prefix, frequentPatterns, minSupport):
    #对于头节点表的每一项,查找条件前缀路径,创建条件 FP-Tree
    #迭代,直到条件 FP-Tree 中只有一个元素
    headPointItems = [v[0] for v in sorted(headPointTable.items(), key = lambda v: v[1][0])]
    if (len(headPointItems) == 0): return
    for headPointItem in headPointItems:
        newPrefix = prefix.copy()
        newPrefix.add(headPointItem)
        support = headPointTable[headPointItem][0]
        frequentPatterns[frozenset(newPrefix)] = support
        prefixPath = getPrefixPath(headPointTable, headPointItem)
        if (prefixPath != {}):
            conditionalFPtree, conditionalHeadPointTable = createFPTree(prefixPath,
minSupport)
            if conditionalHeadPointTable != None:
                mineFPTree(conditionalHeadPointTable, newPrefix, frequentPatterns,
minSupport)
def getPrefixPath(headPointTable, headPointItem):
    prefixPath = {}
    beginNode = headPointTable[headPointItem][1]
    prefixs = ascendTree(beginNode)
    if ((prefixs != [])):
        prefixPath[frozenset(prefixs)] = beginNode.count
    while (beginNode.nextSimilarItem != None):
        beginNode = beginNode.nextSimilarItem
        prefixs = ascendTree(beginNode)
        if (prefixs != []):
            prefixPath[frozenset(prefixs)] = beginNode.count
    return prefixPath
def ascendTree(treeNode):
    prefixs = []
    while ((treeNode.nodeParent!= None) and (treeNode.nodeParent. nodeName != 'null')):
```

```
            treeNode = treeNode.nodeParent
            prefixs.append(treeNode.nodeName)
        return prefixs
def rulesGenerator(frequentPatterns, minConf, rules):
    for frequentset in frequentPatterns:
        if (len(frequentset) > 1):
            getRules(frequentset, frequentset, rules, frequentPatterns,minConf)
def removeStr(set, str):
    tempSet = []
    for elem in set:
        if (elem != str):
            tempSet.append(elem)
    tempFrozenSet = frozenset(tempSet)
    return tempFrozenSet
def getRules(frequentset, currentset, rules, frequentPatterns, minConf):
    for frequentElem in currentset:
        subSet = removeStr(currentset, frequentElem)
        confidence = frequentPatterns[frequentset] / frequentPatterns[subSet]
        if (confidence >= minConf):
            flag = False
            for rule in rules:
                if (rule[0] == subSet and rule[1] == frequentset - subSet):
                    flag = True
            if (flag == False):
                rules.append((subSet, frequentset - subSet, confidence))
            if (len(subSet) >= 2):
                getRules(frequentset, subSet, rules, frequentPatterns, minConf)
if __name__ == '__main__':
    dataSet = loadDataSet()
    frozenDataSet = transfer2FrozenDataSet(dataSet)
    minSupport = 3
    fptree, headPointTable = createFPTree(frozenDataSet, minSupport)
    frequentPatterns = {}
    prefix = set([])
    mineFPTree(headPointTable, prefix, frequentPatterns, minSupport)
    print("")
    print("frequent patterns:")
    pprint.pprint(frequentPatterns)
    minConf = 0.6
    rules = []
    rulesGenerator(frequentPatterns, minConf, rules)
    print("association rules:")
    pprint.pprint(rules)
    print('rules num:', len(rules))
```

程序运行结果如图 6.12 所示。

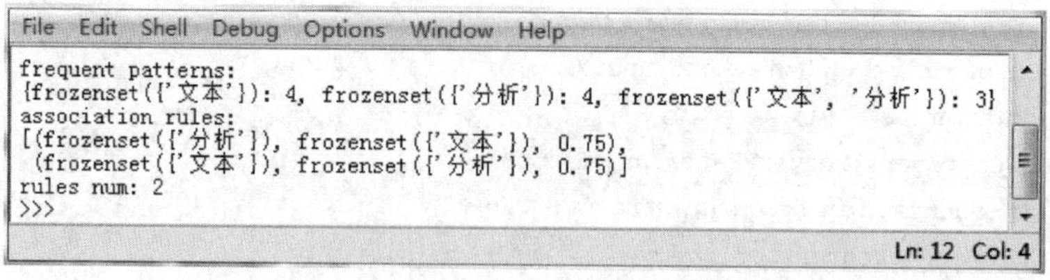

```
File Edit Shell Debug Options Window Help
frequent patterns:
{frozenset({'文本'}): 4, frozenset({'分析'}): 4, frozenset({'文本', '分析'}): 3}
association rules:
[(frozenset({'分析'}), frozenset({'文本'}), 0.75),
 (frozenset({'文本'}), frozenset({'分析'}), 0.75)]
rules num: 2
>>>
Ln: 12 Col: 4
```

图 6.12　FP-Growth 算法结果

习题 6

6-1　简述研究文本关联规则的意义。

6-2　根据例 6.1,理解 Apriori 算法的步骤。

6-3　理解 FP-Tree 的构建过程。

第 7 章

利用Python处理文本数据简单应用

本章利用 Python 的有关知识库给出了中文文本数据处理的几个简单应用案例。

7.1 情感分析

情感分析就是分析一段话是主观描述还是客观描述，分析一句话表达的是积极的情绪还是消极的情绪。

7.1.1 情感分析原理

为了说明中文文本情感分析的原理，下面通过一个例子进行说明。例如这样一句话："这手机的画面极好，操作也比较流畅。不过拍照真的太烂了！系统也不好。"

1. 情感词

要分析一句话是积极的还是消极的，最简单、最基础的方法就是找出句子里面的情感词，积极的情感词如赞、好、顺手、华丽等；消极情感词如差、烂、坏等。出现一个积极词分值就加 1，出现一个消极词就减 1。

例句里面就有"好"和"流畅"两个积极情感词，"烂"是一个消极情感词。那它的情感分值就是 1+1−1+1=2。很明显这个分值是不合理的，下面一步步修改它。

2. 程度词

"好""流畅"和"烂"前面都有一个程度修饰词。"极好"就比"较好"或"好"的情感更强，"太烂"也比"有点烂"的情感强得多。所以需要在找到情感词后往前找一下有没有程度修饰，并给不同的程度一个权值。例如，"极""无比""太"的情感分值定义为 4，"较""还算”的情感分值定义为2,“只算”“仅仅”等感情分值可以定义为0.5。那么这句话的情感分值就是4×1+1×2−1×4+1=3。

3. 感叹号

可以发现,“太烂了!”带有感叹号,感叹号意味着情感强烈。因此,发现感叹号可以为情感值加2。那么这句话的情感分值就变成了4×1+1×2−1×4−2+1=1。

4. 否定词

其实我们一眼就看出最后的“好”并不是表示“好”,因为前面还有一个“不”字。所以在找到情感词的时候,需要往前找否定词,如“不”“不能”等。而且还要数这些否定词出现的次数,如果是单数,情感分值就取−1,但如果是偶数,那情感就没有反转,还是取1。在这句话里面,可以看出“好”前面只有一个“不”,所以“好”的情感值应该反转,取值为−1。

因此,这句话的准确情感分值是4×1+1×2−1×4−2+1×(−1)=−1。

5. 积极和消极分开

接下来,可以很明显地看出,这句话里面有褒有贬,不能用一个分值表示它的情感倾向。而且这个权值的设置也会影响最终的情感分值,敏感度太高了。因此,对这句话的最终处理,是得出这句话的一个积极分值和一个消极分值(这样消极分值也是正数,无须使用负数了)。它们同时代表了这句话的情感倾向。所以这句评论应该是:积极分值为6,消极分值为7。

6. 以分句的情感为基础

一条语句的情感分值是由不同分句的情感分值加起来的,因此,要得到一条语句的情感分值,就要先计算出语句中每个句子的情感分值。例如,对某一观点的评论有4个分句,其情感分值结构为[积极分值, 消极分值],4个分句的分值分别为:[4, 0],[2, 0],[0, 6],[0, 1],则对该评论的积极分值为4+2+0+0=6;消极分值为0+0+6+1=7。

7.1.2 算法设计

以上就是使用情感词典来进行情感分析的主要流程,算法的设计也会按照这个思路来实现。

算法设计如下。

(1) 读取评论数据,对评论进行分句。

(2) 查找对分句的情感词,记录积极还是消极,以及它们的位置。

(3) 往情感词前查找程度词,找到就停止搜寻。为程度词设权值,乘以情感值。

(4) 往情感词前查找否定词,找到全部否定词,若数量为奇数,乘以−1,若为偶数,乘以1。

(5) 判断分句结尾是否有感叹号,有则往前寻找情感词,查找到情感词,相应的情感值+2。

(6) 计算一条评论所有分句的情感值,用数组(list)记录起来。

(7) 计算并记录所有评论的情感值。

(8) 通过分句计算每条评论的积极情感均值、消极情感均值、积极情感方差和消极情感方差。

7.1.3 算法实现

例 7.1 用 Python 实现对一段评论文本的情感分析。

```
import jieba
import numpy as np
#打开词典文件,返回列表
def open_dict(Dict = 'hahah', path = r'/D://python3/'):
    path = path + '%s.txt' % Dict
    dictionary = open(path, 'r', encoding = 'utf-8')
    dict = []
    for word in dictionary:
        word = word.strip('\n')
        dict.append(word)
    return dict
def judgeodd(num):
    if (num % 2) == 0:
        return 'even'
    else:
        return 'odd'
#注意,这里要修改 path 路径
deny_word = open_dict(Dict = '否定词', path = r'D://python3sy/')
posdict = open_dict(Dict = 'positive', path = r'D://python3sy/')
negdict = open_dict(Dict = 'negative', path = r'D://python3sy/')
degree_word = open_dict(Dict = '程度级别词语', path = r'D://python3sy/')
mostdict = degree_word[degree_word.index('extreme') + 1 : degree_word.index('very')]
                                                        #权重 4,即在情感词前乘以 4
verydict = degree_word[degree_word.index('very') + 1 : degree_word.index('more')] #权重 3
moredict = degree_word[degree_word.index('more') + 1 : degree_word.index('ish')]  #权重 2
ishdict = degree_word[degree_word.index('ish') + 1 : degree_word.index('last')] #权重 0.5
def sentiment_score_list(dataset):
    seg_sentence = dataset.split('.')
    count1 = []
    count2 = []
    for sen in seg_sentence: #循环遍历每一个评论
        segtmp = jieba.lcut(sen, cut_all = False)
        #将句子进行分词,以列表的形式返回
        i = 0                                        #记录扫描到的词的位置
        a = 0                                        #记录情感词的位置
        poscount = 0                                 #积极词的第一次分值
        poscount2 = 0                                #积极词反转后的分值
        poscount3 = 0                                #积极词的最后分值(包括感叹号的分值)
        negcount = 0
```

```
        negcount2 = 0
        negcount3 = 0
        for word in segtmp:
            if word in posdict:                         #判断词语是否是情感词
                poscount += 1
                c = 0
                for w in segtmp[a:i]:                   #扫描情感词前的程度词
                    if w in mostdict:
                        poscount * = 4.0
                    elif w in verydict:
                        poscount * = 3.0
                    elif w in moredict:
                        poscount * = 2.0
                    elif w in ishdict:
                        poscount * = 0.5
                    elif w in deny_word:
                        c += 1
                if judgeodd(c) == 'odd':              #扫描情感词前的否定词数
                    poscount * = -1.0
                    poscount2 += poscount
                    poscount = 0
                    poscount3 = poscount + poscount2 + poscount3
                    poscount2 = 0
                else:
                    poscount3 = poscount + poscount2 + poscount3
                    poscount = 0
                a = i + 1                             #情感词的位置变化
            elif word in negdict:                     #消极情感的分析,与上面一致
                negcount += 1
                d = 0
                for w in segtmp[a:i]:
                    if w in mostdict:
                        negcount * = 4.0
                    elif w in verydict:
                        negcount * = 3.0
                    elif w in moredict:
                        negcount * = 2.0
                    elif w in ishdict:
                        negcount * = 0.5
                    elif w in degree_word:
                        d += 1
                if judgeodd(d) == 'odd':
                    negcount * = -1.0
                    negcount2 += negcount
                    negcount = 0
                    negcount3 = negcount + negcount2 + negcount3
                    negcount2 = 0
                else:
```

```
                negcount3 = negcount + negcount2 + negcount3
                negcount = 0
            a = i + 1
        elif word == '!' or word == '!':
        # 判断句子是否有感叹号
            for w2 in segtmp[::-1]:
              # 扫描感叹号前的情感词,发现后权值 + 2,然后退出循环
                if w2 in posdict or negdict:
                    poscount3 += 2
                    negcount3 += 2
                    break
        i += 1 # 扫描词位置前移
        # 以下是防止出现负数的情况
        pos_count = 0
        neg_count = 0
        if poscount3 < 0 and negcount3 > 0:
            neg_count += negcount3 - poscount3
            pos_count = 0
        elif negcount3 < 0 and poscount3 > 0:
            pos_count = poscount3 - negcount3
            neg_count = 0
        elif poscount3 < 0 and negcount3 < 0:
            neg_count = -poscount3
            pos_count = -negcount3
        else:
            pos_count = poscount3
            neg_count = negcount3
        count1.append([pos_count, neg_count])
    count2.append(count1)
    count1 = []
  return count2
def sentiment_score(senti_score_list):
    score = []
    for review in senti_score_list:
        score_array = np.array(review)
        Pos = np.sum(score_array[:, 0])
        Neg = np.sum(score_array[:, 1])
        AvgPos = np.mean(score_array[:, 0])
        AvgPos = float('%.4f' % AvgPos)
        AvgNeg = np.mean(score_array[:, 1])
        AvgNeg = float('%.4f' % AvgNeg)
        StdPos = np.std(score_array[:, 0])
        StdPos = float('%.4f' % StdPos)
        StdNeg = np.std(score_array[:, 1])
        StdNeg = float('%.4f' % StdNeg)
        score.append([Pos, Neg, AvgPos, AvgNeg, StdPos, StdNeg])
    return score
data1 = '你们的手机真不好用!非常生气,心情也不好,我非常郁闷!!!!'
```

```
data2 = '我好开心啊,非常非常非常高兴!今天我得了一百分,我很兴奋开心,愉快,开心'
print('Pos, Neg, AvgPos, AvgNeg, StdPos, StdNeg\n','data1 分值: ',sentiment_score(sentiment
_score_ list(data1)))
print('data2 分值: ',sentiment_score(sentiment_score_ list(data2)))
```

程序运行结果如图 7.1 所示。

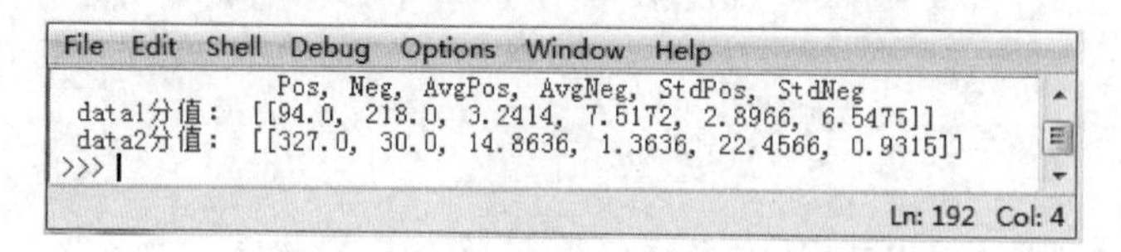

图 7.1 情感分析运行结果

程序中调用了 D://python3sy/下的 4 个文本文件 positive.txt、negative.txt、程度级别词语.txt 和否定词.txt。从得分可以看出第一段话是消极的,第二段话是积极的(主要看 Pos 与 Neg 的大小)。

7.2 自动生成关键词和摘要

TextRank 算法可以用来从文本中生成关键词和摘要(重要的句子)。TextRank4ZH 是针对中文文本的 TextRank 算法的 Python 实现。

7.2.1 TextRank 算法

TextRank 算法基于 PageRank 算法,用于为文本生成关键字和摘要。

1. PageRank 算法

PageRank 最开始用来计算网页的重要性。整个万维网可以看作一张有向图,节点是网页。如果网页 A 中存在到网页 B 的链接,那么有一条从网页 A 指向网页 B 的有向边。

构造完图后,使用下面的公式计算网页的重要性。

$$S(V_i)=(1-d)+d\sum_{j\in \mathrm{In}(V_i)}\frac{1}{|\mathrm{Out}(V_j)|}S(V_j) \tag{7-1}$$

其中,$S(V_i)$是网页 i 的重要性(PR 值);d 是阻尼系数,一般设置为 0.85;$\mathrm{In}(V_i)$是存在指向网页 i 链接的网页集合;$|\mathrm{Out}(V_j)|$是集合中元素的个数。

PageRank 需要使用式(7-1)多次迭代才能得到结果。初始时,可以设置每个网页的重要性为 1。式(7-1)等号左边计算的结果是迭代后网页 i 的 PR 值,等号右边用到的 PR 值全是迭代前的。

例 7.2 网页链接如图 7.2 所示。

图 7.2 表示了 3 张网页之间的链接关系,直觉上网页 A 最重要。可以得到如表 7.1 所示的网页链接示意表。

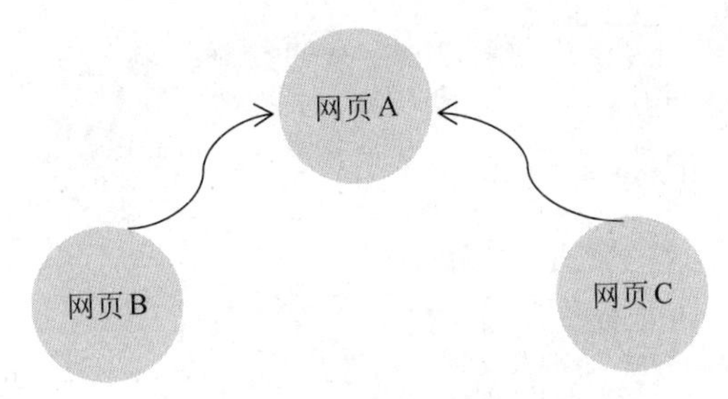

图 7.2　网页链接示意图

表 7.1　图 7.1 网页链接示意表

结　束	起　始		
	A	**B**	**C**
A	0	1	1
B	0	0	0
C	0	0	0

行代表起始的节点,列代表结束的节点。若两个节点间有链接关系,对应的值为1。

根据公式,需要将每一列归一化(每个元素除以元素之和),归一化的结果如表 7.1 所示。

上面的结果构成矩阵 $\boldsymbol{M}$。我们用 Python 编程迭代 100 次可以得到最后每个网页的重要性。

```
import numpy as np
M = np.array([[0,1,1],[0,0,0],[0,0,0]])
PR = np.array([1,1,1])
for iter in range(1,101):
    MT = np.dot(M,PR)
    PR = 0.15 + 0.85 * MT
    print("")
    print(iter)
    print(PR)
```

程序运行结果如图 7.3 所示。

最终网页 A 的 PR 值为 0.405,网页 B 和 C 的 PR 值为 0.15。

2. TextRank4ZH

TextRank4ZH 是针对中文文本的 TextRank 算法的 Python 实现。

类 TextRank4Keyword、TextRank4Sentence 在处理一段文本时会将文本拆分成以下 4 种格式。

- sentences：由句子组成的列表。
- words_no_filter：对 sentences 中每个句子分词得到的两级列表。

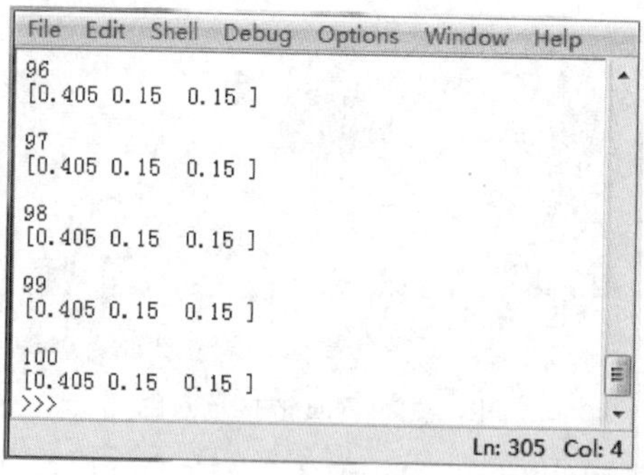

```
File  Edit  Shell  Debug  Options  Window  Help
96
[0.405 0.15  0.15 ]

97
[0.405 0.15  0.15 ]

98
[0.405 0.15  0.15 ]

99
[0.405 0.15  0.15 ]

100
[0.405 0.15  0.15 ]
>>>
                                   Ln: 305  Col: 4
```

图 7.3 迭代 100 次后的网页重要性

- words_no_stop_words：去掉 words_no_filter 中的停用词得到的二维列表。
- words_all_filters：保留 words_no_stop_words 中指定词性的单词得到的二维列表。

例 7.3 对于文本“这间酒店位于北京东三环，里面摆放很多雕塑，文艺气息十足。答谢宴于晚上 8 点开始。敬请各位按时参加。”的拆分。

```
# - * - encoding:UTF - 8 - * -
from __future__ import print_function
import codecs
from textrank4zh import TextRank4Keyword, TextRank4Sentence
import sys
try:
    reload(sys)
    sys.setdefaultencoding('utf - 8')
except:
    pass
text = "这间酒店位于北京东三环,里面摆放很多雕塑,文艺气息十足.答谢宴于晚上 8 点开始.
敬请各位按时参加."
tr4w = TextRank4Keyword()
tr4w.analyze(text = text, lower = True, window = 2)
print()
print('sentences:')
for s in tr4w.sentences:
    print(s)
print()
print('words_no_filter')
for words in tr4w.words_no_filter:
    print('/'.join(words))
print()
print('words_no_stop_words')
for words in tr4w.words_no_stop_words:
    print('/'.join(words))
print()
print('words_all_filters')
```

```
for words in tr4w.words_all_filters:
    print('/'.join(words))
```

程序运行结果如图 7.4 所示。

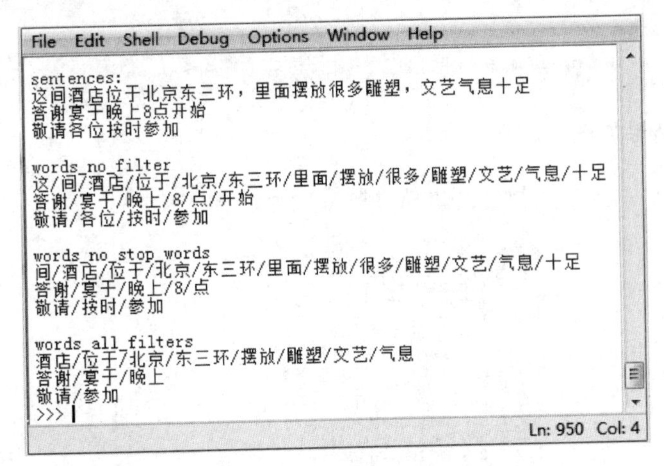

图 7.4 文本拆分运行结果

7.2.2 生成关键词和摘要

使用 TextRank 生成中文文本关键词和摘要。

1. 生成关键词

将原文本拆分为句子，在每个句子中过滤掉停用词(可选)，并只保留指定词性的词汇(可选)，由此可以得到句子的集合和词汇的集合。

每个词汇作为 PageRank 中的一个节点。设窗口大小为 k，假设一个句子依次由词汇 $w_1, w_2, \cdots, w_n$ 组成；而$[w_1, w_2, \cdots, w_{k+1}]$，$[w_2, \cdots, w_{k+2}]$，$[w_3, w_4, \cdots, w_{k+3}]$，…都是一个窗口。在一个窗口中的任意两个词汇对应的节点之间存在一个无向无权的边。

基于上面构成的图，可以计算出每个词汇节点的重要性，即可以确定若干词汇作为关键词。

例 7.4 提取中文文本 D://python3sy/002.txt 的关键词。

```
# - * - encoding:UTF - 8 - * -
from __future__ import print_function
import sys
try:
    reload(sys)
    sys.setdefaultencoding('utf - 8')
except:
    pass
import codecs
```

```
from textrank4zh import TextRank4Keyword, TextRank4Sentence
text = codecs.open('D://python3sy/002.txt', 'r', 'utf-8').read()
tr4w = TextRank4Keyword()
tr4w.analyze(text = text, lower = True, window = 2)
print( '关键词：')
for item in tr4w.get_keywords(20, word_min_len = 1):
    print(item.word, item.weight)
```

程序运行结果如图 7.5 所示。

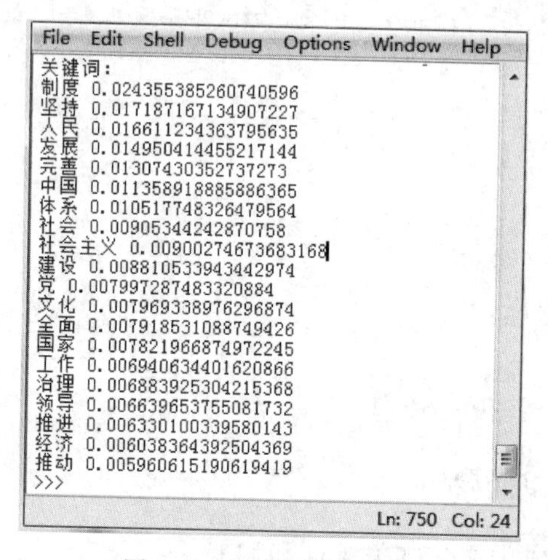

图 7.5　关键词提取结果

2. 生成摘要

将每个句子看作图中的一个节点，若两个句子之间有相似性，则可以认为对应的两个节点之间有一个无向有权边，权值是相似度。通过 PageRank 算法计算得到的重要性最高的若干句子可以作为摘要。

例 7.5　提取中文文本 D://python3sy/002.txt 的摘要。

```
# - * - encoding:UTF-8 - * -
from __future__ import print_function
import sys
try:
    reload(sys)
    sys.setdefaultencoding('utf-8')
except:
    pass
import codecs
from textrank4zh import TextRank4Keyword, TextRank4Sentence
text = codecs.open('d://python3sy/002.txt', 'r', 'utf-8').read()
tr4w = TextRank4Keyword()
tr4w.analyze(text = text, lower = True, window = 2)
tr4s = TextRank4Sentence()
```

```
tr4s.analyze(text = text, lower = True, source = 'all_filters')
print()
print( '摘要：')
for item in tr4s.get_key_sentences(num = 3):
    print(item.sentence)
    #print(item.index, item.weight, item.sentence)
```

程序运行结果如图7.6所示。

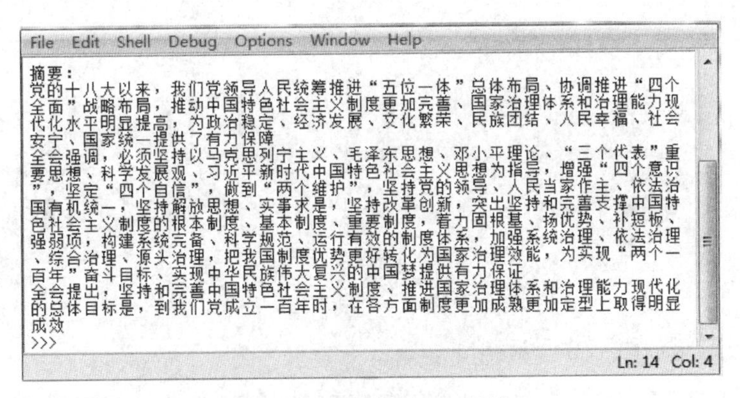

图7.6 提取摘要运行结果

7.3 使用SnowNLP进行商品评价

SnowNLP是一个Python中文文本处理库，它内置了中文词库，使用这个库可以直接处理中文，也无须做分词的操作。此外，它还可以做简单的关键字提取以及关键句提取等操作。

7.3.1 SnowNLP库简介

SnowNLP是一个Python的类库，可以方便地处理中文文本内容。SnowNLP库一般对于商品买卖具有比较好的分析效果，调用简单方便，无须顾及中文分词和创建各种NLP模型即可进行分析。

1. SnowNLP主要功能

1）分词

SnowNLP具有分词功能。

```
from snownlp import SnowNLP
text = '自然语言处理是一门融语言学,它是融计算机科学、数学于一体的科学.'
s = SnowNLP(text)
print("")
print(s.words)
```

程序运行结果如图 7.7 所示。

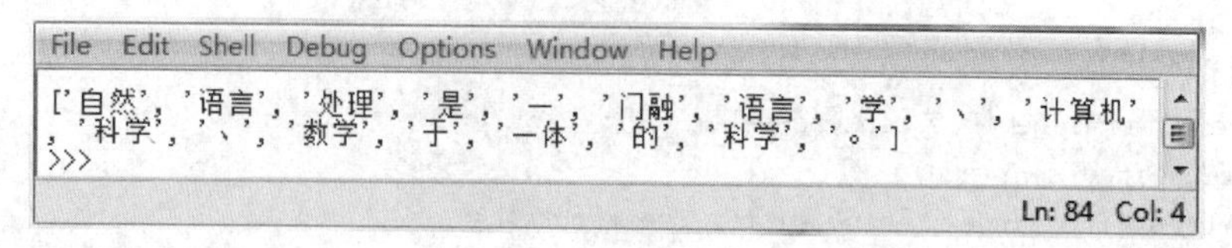

图 7.7 SnowNLP 分词结果

2）词性标注

SnowNLP 给每个词标注词性。

```
from snownlp import SnowNLP
text = '自然语言处理是一门融语言学,它是计算机科学、数学融于一体的科学.'
s = SnowNLP(text)
tags = [x for x in s.tags]
print("")
print(tags)
```

程序运行结果如图 7.8 所示。

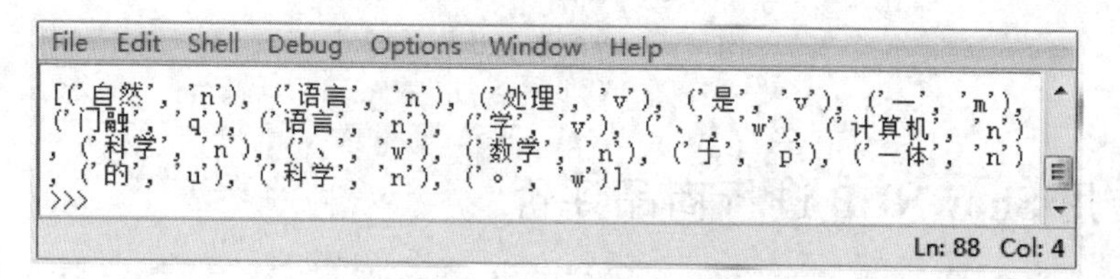

图 7.8 SnowNLP 词性标注结果

3）断句

SnowNLP 根据标点符号，给一段文本断句。

```
from snownlp import SnowNLP
text ='自然语言处理是一门融语言学,它是融于计算机科学、数学于一体的科学.'
s = SnowNLP(text)
print("")
print(s.sentences)
```

程序运行结果如图 7.9 所示。

图 7.9 SnowNLP 断句结果

4）商品评价分值

利用 SnowNLP 可以获得商品评价，输出一个 0～1 的评价分值。

```
from snownlp import SnowNLP
text1 = '这次购买的包包还不错,服务也比较好.'
text2 = '新买的这个包包烂透了,服务态度也不好.'
s1 = SnowNLP(text1)
s2 = SnowNLP(text2)
print("")
print(text1, s1.sentiments)
print(text2, s2.sentiments)
```

程序运行结果如图 7.10 所示。

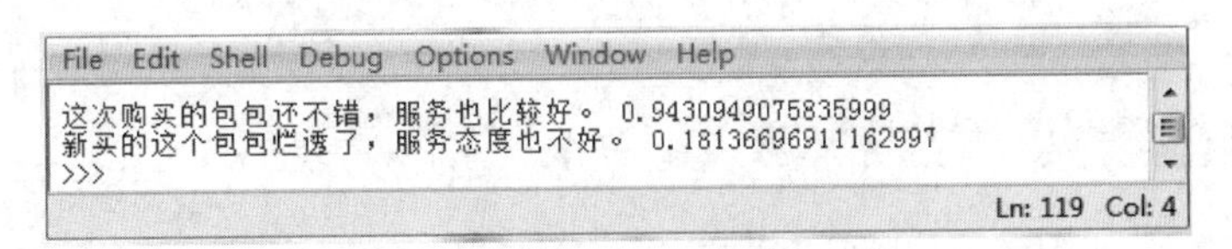

图 7.10　SnowNLP 商品评价分值

5）拼音

利用 SnowNLP 可以得到每个汉字的拼音。

```
from snownlp import SnowNLP
text = '自然语言处理是一门融语言学、计算机科学、数学于一体的科学.'
s = SnowNLP(text)
print("")
print(s.pinyin)
```

程序运行结果如图 7.11 所示。

```
File Edit Shell Debug Options Window Help
['Zi', 'ran', 'yu', 'yan', 'chu', 'li', 'shi', 'yi', 'men', 'rong', 'yu',
'yan', 'xue', '、', 'ji', 'suan', 'ji', 'ke', 'xue', '、', 'shu', 'xue',
'于', 'yi', 'ti', 'de', 'ke', 'xue', '。']
>>>
Ln: 133 Col: 4
```

图 7.11　SnowNLP 转换拼音

6）繁体转换为简体

SnowNLP 具有把汉语繁体字转换为简体字的功能。

```
from snownlp import SnowNLP
text = '凱風飄陰雲,白日揚素暉.良友揥我游,高會宴中闈.'
s = SnowNLP(text)
print("")
print(s.han)
```

程序运行结果如图 7.12 所示。

7）关键词抽取

可以利用 SnowNLP 抽取关键词,下面的例子是抽取 10 个关键词。

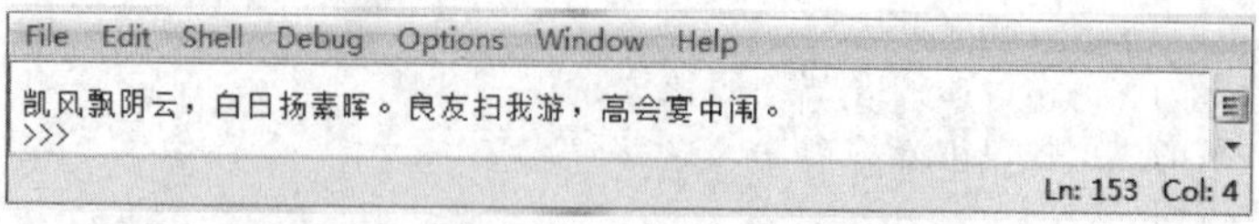

```
File  Edit  Shell  Debug  Options  Window  Help
凯风飘阴云，白日扬素晖。良友扫我游，高会宴中闱。
>>>
                                          Ln: 153  Col: 4
```

图 7.12　SnowNLP 繁体字转换为简体字

```
from snownlp import SnowNLP
import sys
import codecs
text = codecs.open('D://python3sy/002.txt', 'r', 'utf-8').read()
s = SnowNLP(text)
print("")
print(s.keywords(limit=10))
```

程序运行结果如图 7.13 所示。

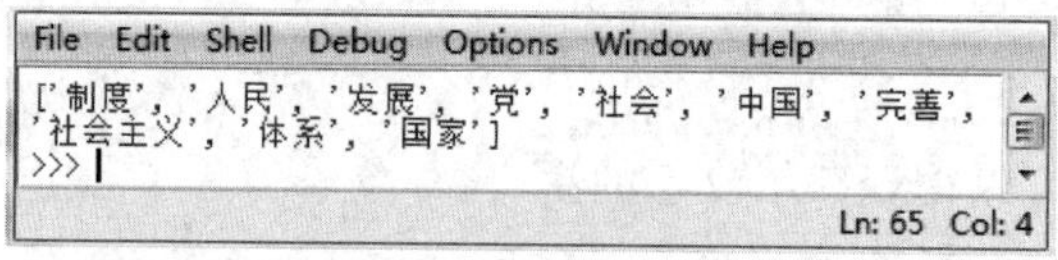

```
File  Edit  Shell  Debug  Options  Window  Help
['制度', '人民', '发展', '党', '社会', '中国', '完善',
'社会主义', '体系', '国家']
>>>
                                          Ln: 65  Col: 4
```

图 7.13　SnowNLP 关键词抽取结果

8）抽取主题语句

可以利用 SnowNLP 提取主题语句，下面的例子是抽取 4 个主题语句。

```
from snownlp import SnowNLP
import sys
import codecs
text = codecs.open('D://python3sy/002.txt', 'r', 'utf-8').read()
s = SnowNLP(text)
print("")
print(s.summary(limit=4))
```

程序运行结果如图 7.14 所示。

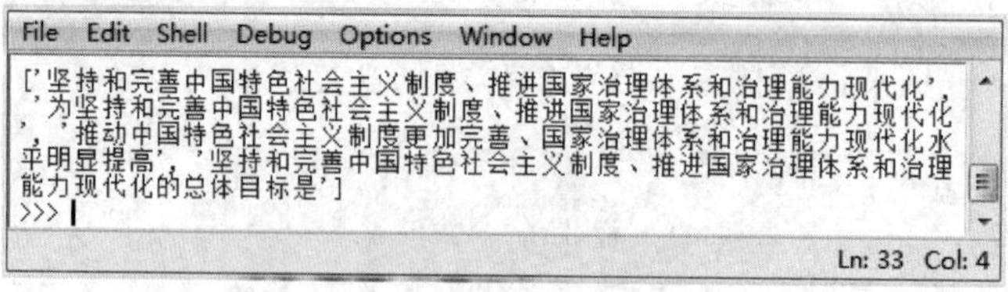

```
File  Edit  Shell  Debug  Options  Window  Help
['坚持和完善中国特色社会主义制度、推进国家治理体系和治理能力现代化',
'为坚持和完善中国特色社会主义制度、推进国家治理体系和治理能力现代化
', '推动中国特色社会主义制度更加完善、国家治理体系和治理能力现代化水
平明显提高', '坚持和完善中国特色社会主义制度、推进国家治理体系和治理
能力现代化的总体目标是']
>>>
                                          Ln: 33  Col: 4
```

图 7.14　SnowNLP 抽取主题语句

9）词语信息量

TF-IDF 是一种统计方法，用以评估字和词汇对于一个文件集或一个语料库中的其中一份文件的重要程度。可以利用 SnowNLP 计算 TF 和 IDF 的值。下面的例子中假设 5 个文档向量：['性格', '善良'],['温柔', '善良', '善良'],['温柔', '善良'],['好人'],

['性格', '善良']。

```
from snownlp import SnowNLP
s = SnowNLP([['性格', '善良'],['温柔', '善良', '善良'],['温柔', '善良'],['好人'],['性格', '
善良'],])#假设的五个文档向量
print("TF的值:")
print(s.tf)
print("IDF的值:")
print(s.idf)
```

程序运行结果如图 7.15 所示。

```
File Edit Shell Debug Options Window Help
TF的值:
[{'性格': 1, '善良': 1}, {'温柔': 1, '善良': 2}, {'温柔': 1, '善良': 1}
, {'好人': 1}, {'性格': 1, '善良': 1}]
IDF的值:
{'性格': 0.33647223662121295, '善良': -1.0986122886681098, '温柔': 0.33
647223662121295, '好人': 1.0986122886681098}
>>> |
Ln: 15 Col: 4
```

图 7.15　SnowNLP 计算 TF 和 IDF 的值

10）文本相似度

可以利用 SnowNLP 计算词汇和文档的相似度。

```
from snownlp import SnowNLP
s = SnowNLP([['性格', '善良'],['温柔', '善良', '善良'],['温柔', '善良'],['好人'],['性格',
'善良'],])
print("")
print("词汇'温柔'和五个文档相似度分别为:")
print(s.sim(['温柔']))
print("词汇'好人'和五个文档相似度分别为:")
print(s.sim(['好人']))
```

程序运行结果如图 7.16 所示。

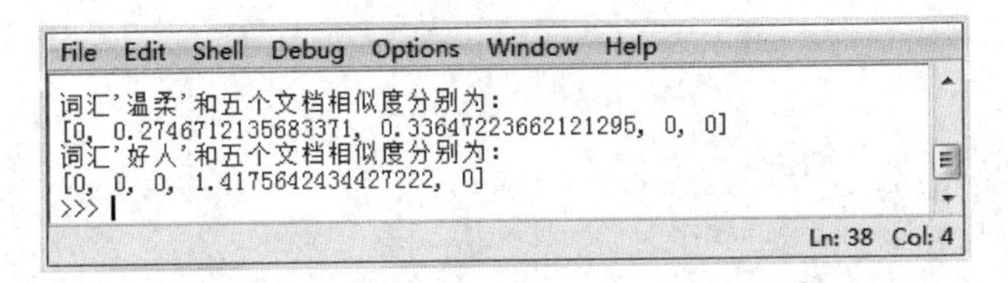

图 7.16　SnowNLP 计算词汇和文档的相似度

2. jieba 与 SnowNLP 的简单比较

jieba 与 SnowNLP 在处理中文文本上有些功能相同，下面通过实例进行处理质量的对比。

1）分词对比

SnowNLP 返回一个列表，直接打印出来即可。

```
from snownlp import SnowNLP
s = SnowNLP('这个商品很赞')
print("")
print(s.words)
```

程序运行结果如图 7.17 所示。

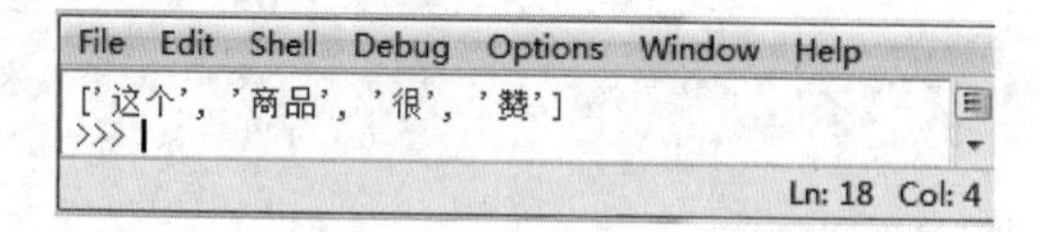

图 7.17 SnowNLP 分词结果

jieba.cut 返回一个生成器。

```
import jieba
s = list(jieba.cut('这个东西很赞'))
print("")
print(s)
```

程序运行结果如图 7.18 所示。

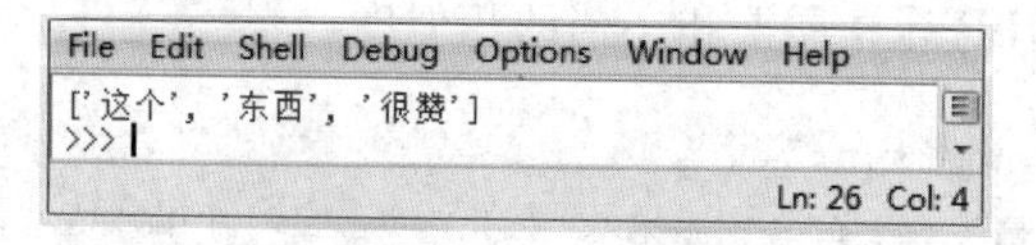

图 7.18 jieba 分词结果

由分词结果可以看出,jieba 分词的质量略优于 SnowNLP 分词。

2) 关键词抽取

下面是利用 jieba 进行关键词抽取的程序段。为了与 SnowNLP 关键词抽取进行比较,选取与 SnowNLP 关键词抽取实验相同的文本数据集。

```
import jieba
import jieba.analyse
import sys
import codecs
text = codecs.open('D://python3sy/002.txt', 'r', 'utf-8').read()
s = jieba.analyse.extract_tags(text, topK = 10)
print("")
print(s)
```

程序运行结果如图 7.19 所示。

源文档都是利用 D://python3sy/002.txt,通过与图 7.13 中 SnowNLP 关键词抽取结果对比,结合源文档的实际内容分析,jieba 关键词抽取结果略优于 SnowNLP 关键词抽取结果。

但是 SnowNLP 的有些功能是 jieba 不能实现的,如汉字标注和商品评价等。

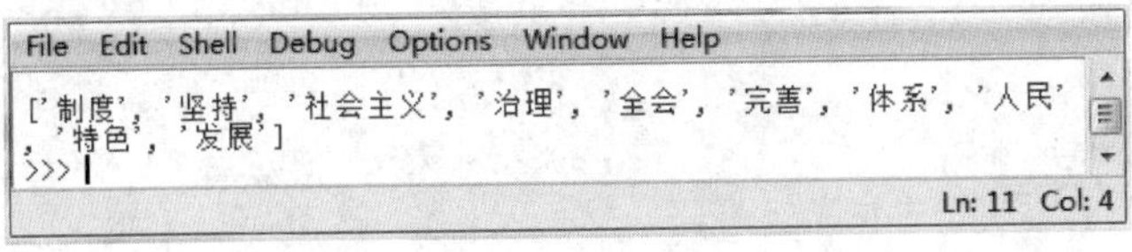

```
File  Edit  Shell  Debug  Options  Window  Help
['制度', '坚持', '社会主义', '治理', '全会', '完善', '体系', '人民'
, '特色', '发展']
>>>
                                                    Ln: 11  Col: 4
```

图 7.19　jieba 关键词抽取结果

7.3.2　SnowNLP 商品评价

SnowNLP 是用 Python 编写的一个中文情感分析的包,自带了中文正负情感的训练集和主要用于评论的语料库,可以用于对商品评论的分析。

例 7.6　对商品评论文本文件 D://python3sy/taobao.txt 进行评价,部分客户评论内容如图 7.20 所示。

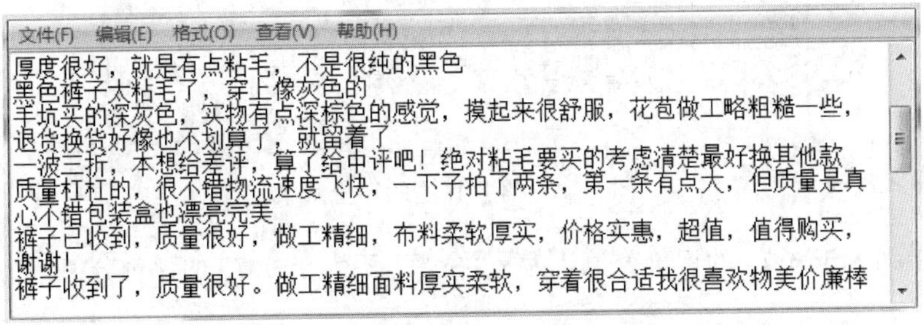

```
文件(F)  编辑(E)  格式(O)  查看(V)  帮助(H)
厚度很好，就是有点粘毛，不是很纯的黑色
黑色裤子太粘毛了，穿上像灰色的
手坑买的深灰色，实物有点深棕色的感觉，摸起来很舒服，花苞做工略粗糙一些，
退货换货好像也不划算了，就留着了
一波三折，本想给差评，算了给中评吧！绝对粘毛要买的考虑清楚最好换其他款
质量杠杠的，很不错物流速度飞快，一下子拍了两条，第一条有点大，但质量是真
心不错包装盒也漂亮完美
裤子已收到，质量很好，做工精细，布料柔软厚实，价格实惠，超值，值得购买，
谢谢！
裤子收到了，质量很好。做工精细面料厚实柔软，穿着很合适我很喜欢物美价廉棒
```

图 7.20　部分客户评论

```
import snownlp as slp
import collections as clt
Comment = clt.namedtuple('Comment', 'content,result')
def get_contents(file_path):
    with open(file_path, 'r', encoding = 'utf8') as f:
        return [n.strip() for n in f.readlines()]
def analyse_to_comment(content):
    s = slp.SnowNLP(content)
    return Comment(display_long(content),
pst_to_result(s.sentiments))
def display_long(content):
    if len(content)> 10:
        return content[0:5] + '.....' + content[ - 5:]
    return content
def pst_to_result(positive):
    if positive > 0.75:
        return '好评'
    return '差评'
if __name__ == "__main__":
    file = r'D://python3sy/taobao.txt'
    cms = (
        analyse_to_comment(c)
```

```
        for c in get_contents(file)
    )
    for c in cms:
        print(c)
```

程序运行结果如图 7.21 所示。

```
File  Edit  Shell  Debug  Options  Window  Help
Comment(content='线头有点多......还是保暖。', result='差评')
Comment(content='裤子大小正......穿很抗风。', result='好评')
Comment(content='厚度很好，......很纯的黑色', result='差评')
Comment(content='黑色裤子太......上像灰色的', result='差评')
Comment(content='手抗买的深......，就留着了', result='差评')
Comment(content='一波三折，......好换其他款', result='差评')
Comment(content='质量杠杠的......也漂亮完美', result='好评')
Comment(content='裤子已收到......买，谢谢！', result='好评')
Comment(content='裤子收到了......廉棒棒哒！', result='好评')
Comment(content='特意洗了穿......用犹豫了。', result='好评')
Comment(content='裤子面料好......，很喜欢。', result='好评')
Comment(content='质量可以，......穿一阵再看', result='好评')
Comment(content='光顾她家很......，很划算！', result='好评')
Comment(content='裤子非常好......欢爱了爱了', result='好评')
Comment(content='裤子质里很......，很喜欢。', result='好评')
Comment(content='质里不错 ......是价格便宜', result='好评')
Comment(content='裤子款式很......还这么高。', result='好评')
>>>
                                                   Ln: 64  Col: 4
```

图 7.21　客户评论的评价结果

此例中将大于 0.75 的评价分值认为是“好评”，不大于 0.75 的评价分值认为是“差评”。

7.4　生成“词云”

当我们看一本书，读一首诗或看一个电影的时候，如果想快速了解里面的主要内容，可以采用“词云”的方式将其可视化展示出来，非常方便。

7.4.1　“词云”的概念

“词云”这个概念是由美国西北大学新闻学副教授、新媒体专业主任里奇·戈登(Rich Gordon)提出的。戈登做过编辑、记者，曾担任《迈阿密先驱报》(*Miami Herald*)新媒体版的主任。他一直很关注网络内容发布的最新形式——即那些只有互联网可以采用，而报纸、广播、电视等其他媒体都望尘莫及的传播方式。通常，这些最新的、最适合网络的传播方式，也是最好的传播方式。

1. “词云”的定义

“词云”就是对网络文本中出现频率较高的“关键词”予以视觉上的突出，形成“关键词云层”或“关键词渲染”，从而过滤掉大量的文本信息，使浏览网页者只要一眼扫过就可以得到文本的主旨。“词云”图是根据词出现的频率生成“词云”，词的字体大小表现了其频率大小。

2. “词云”的应用

1）教育

“词云”在外语学习中有着开拓式的应用。在最新的电子学习网站中，已经可以使用人工智能方式辅助用户进行外语单词的学习。采用自动分析的方法,进行概率统计与分析后,提供给外语学习者相应的词汇表与“词云”图。

2) 文化

在小说阅读中,“词云”图会提示关键词和主题索引,方便用户在互联网上快速阅读。在娱乐中,变幻莫测的“词云”图为用户提供充分的想象空间和娱乐趣味,可以相互采用彩云图卡片进行教育与娱乐,也可以将这些“词云”图保存打印下来,或者印在T恤、明信片上,甚至是放到自己的网络相簿内,都是展现自我极佳的方式。

3) 计算机软件

国外已经研究并开发了相应的词云软件——Wordle。Wordle是一个用于从文本生成“词云”图的工具。“词云”图会更加突出话题并频繁地出现在源文本。用户可以调整不同的字体、布局和配色方案,用图像与Wordle创建喜欢的模式。

7.4.2 Python“词云”图的生成

用Python实现“词云”的库有很多,较常见的就是wordcloud,这个库基于PIL(Python Image Library)。PIL是必不可少的,另外还需要matplotlib和NumPy,如果是中文,还需要jieba分词。

例7.7 用Python生成“词云”图。

```
import re                              #正则表达式库
import collections                     #词频统计库
import numpy as np                     # NumPy数据处理库
import jieba                           #jieba分词
import wordcloud                       #词云展示库
from PIL import Image                  #图像处理库
import matplotlib.pyplot as plt        #图像展示库
#读取文件
fn = open('D://python3sy/article.txt', 'r', encoding = 'utf - 8')
#打开文件
string_data = fn.read()                #读出整个文件
fn.close()                             #关闭文件
#文本预处理
pattern = re.compile(u'\t|\n|\.|-|:|;|\)|\(|\?|"')
#定义正则表达式匹配模式
string_data = re.sub(pattern, '', string_data)
#将符合模式的字符去除
#文本分词
seg_list_exact = jieba.cut(string_data, cut_all = False)
#精确模式分词
object_list = []
remove_words = [u'的', u',',u'和', u'是', u'随着', u'对于', u'对',u'等',u'能',u'都',u'.',u''
,u'、',u'中',u'在',u'了', u'通常',u'如果',u'我们',u'需要']     #自定义去除词库
for word in seg_list_exact:                                   #循环读出每个分词
    if word not in remove_words:                              #如果不在去除词库中
        object_list.append(word)                              #分词追加到列表
```

```
#词频统计
word_counts = collections.Counter(object_list)                    #对分词进行词频统计
word_counts_top10 = word_counts.most_common(10)
#获取前 10 最高频的词
print (word_counts_top10)                                         #输出检查
#词频展示
mask = np.array(Image.open('wordcloud.jpg'))                      #定义词频背景
wc = wordcloud.WordCloud(font_path = 'C:/Windows/Fonts/ simhei.ttf',
#设置字体格式
    mask = mask,                                                  #设置背景图
    max_words = 200,                                              #最多显示词数
    max_font_size = 100                                           #字体最大值
    )
wc.generate_from_frequencies(word_counts)                         #从字典生成词云
image_colors = wordcloud.ImageColorGenerator(mask)
#从背景图建立颜色方案
wc.recolor(color_func = image_colors)                             #将词云颜色设置为背景图方案
plt.imshow(wc)                                                    #显示词云
plt.axis('off')                                                   #关闭坐标轴
plt.show()                                                        #显示图像
```

程序运行结果如图 7.22 所示。

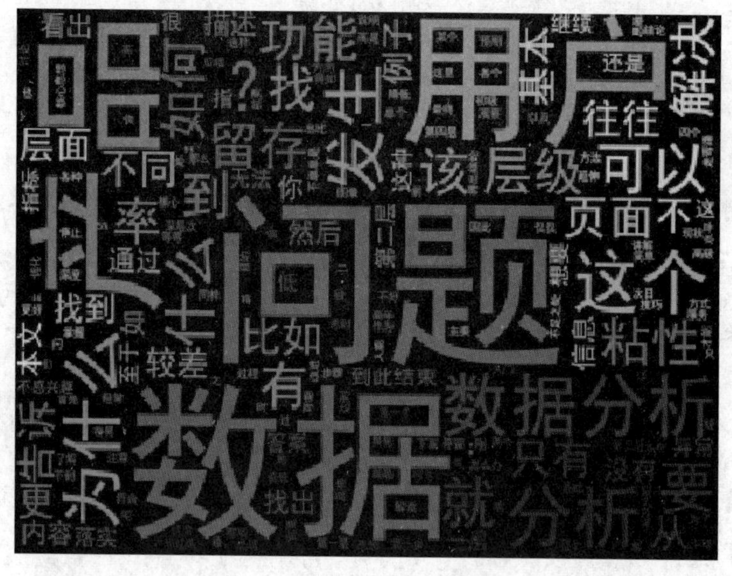

图 7.22 生成“词云”运行结果

习题 7

7-1 在 D://python3sy/文件夹下创建中文文本文件，在其中输入几条信息，参考例 7.1，写出 Python 程序，给出情感分析。

7-2 利用 TextRank 算法的 Python 程序，仿照例 7.3 实现，创建中文文本文件，利用 TextRank4Keyword 将文本拆分成 4 种格式：sentences、words_no_filter、words_no_stop_words 和 words_all_filters。

7-3 创建中文文本文件，参照例 7.4 和例 7.5 生成关键词和摘要。

7-4 输入一段中文文本，利用 7.3.1 节中的样例，验证 SnowNLP 的主要功能。

7-5 创建中文文本文件，参照例 7.7，生成“词云”图。

参考文献

[1] Choudhary A K, Oluikpe P I, Harding J A, et al. The Needs and Benefits of Text Mining Applications on Post-Project Reviews[J]. Computers in Industry,2009,60(9): 728-740.

[2] 谌志群,张国煊. 文本挖掘与中文文本挖掘模型研究[J]. 情报科学,2007,25(7): 1046-1051.

[3] 朱颢东. 文本挖掘中若干问题核心技术研究[M]. 北京: 北京理工大学出版社,2017.

[4] 谌志群,张国煊. 文本挖掘研究进展[J]. 模式识别与人工智能,2005,18(1): 65-74.

[5] 刘金岭. 一种基于语义的中文短信文本高质量聚类算法[J]. 计算机工程,2009,35(10): 201-202,205.

[6] Feldman R,Dagan I. Knowledge Discovery in Textual Databases(KDT)[C]//Proceedings of the 1st International Conference on Knowledge Discovery and Data Mining,1995: 112-117.

[7] Wuthrich B,Permunetilleke D,Leung S,et al. Daily Prediction of MajorStock Indices from Textual WWW Data[J]. HKJE Transactions,1998,5(3): 151-156.

[8] 秦赞. 中文分词算法的研究与实现[D]. 长春: 吉林大学,2016.

[9] 戴耿毅. ICTCLAS汉语词法分析系统的研究与改进[D]. 杭州: 浙江工业大学,2012.

[10] 莫建文,郑阳,首照宇,等. 改进的基于词典的中文分词方法[J]. 计算机工程与设计,2013,34(5): 1802-1807.

[11] 陈强,宋俊德,鄂海红. 基于动态词库的中文分词模块的设计与实现[J/OL]. 中国科技论文在线[2013-12-16]. http: //www. paper. edu. cn/releasepaper/content/201312-407.

[12] 张宁. 基于语义的中文文本预处理研究[D]. 西安: 西安电子科技大学,2011.

[13] 李星. 文本向量表示模型及其改进研究[D]. 太原: 山西大学,2018.

[14] 张晴. 基于LDA概率模型的科技文献主题演化挖掘技术研究[D]. 北京: 中国科学技术信息研究所,2012.

[15] 程显毅,朱倩. 文本挖掘原理[M]. 北京: 科学出版社,2010.

[16] 邢永康,马少平. 信息检索的概率模型[J]. 计算机科学,2003,30(8): 13-17.

[17] 王振. 基于机器学习的文本分类研究与实现[D]. 南京: 南京邮电大学,2018.

[18] 张帅. 基于SVM的网络舆情文本分类研究[D]. 曲阜: 曲阜师范大学,2015.

[19] 田苗苗. 基于决策树的文本分类研究[J]. 吉林师范大学学报(自然科学版),2008(1): 54-56.

[20] 刘庆瑜. 基于决策分类的手机垃圾短信过滤的设计与实现[D]. 杭州: 浙江工业大学,2011.

[21] 余伟中. 基于VSM的中文文本分类算法研究[D]. 南京: 南京邮电大学,2018.

[22] 周本金. 改进的 k-means算法在文本聚类中的应用[D]. 绵阳: 中国工程物理研究院,2018.

[23] 吴夙慧,成颖,郑彦宁,等. 文本聚类中文本表示和相似度计算研究综述[J]. 情报科学,2012,30(4): 622-626.

[24] 王鹏,高铖,陈晓美. 基于LDA模型的文本聚类研究[J]. 情报科学,2015,33(1): 63-68.

[25] 郝枫. 文本关联分析中频繁项集挖掘算法的研究与改进[D]. 太原: 太原理工大学,2008.

[26] Sarkar D. Text Analytics with Python: A Practical Real-World Approach to Gaining Actionable Insights from Your Data[M]. Berkely,CA,USA: Apress,2017.

[27] Silge J,Robinson D. Text Mining with R: A Tidy Approach[M]. Sebastopol,CA,USA: O'Reilly,2017.

[28] 谢邦昌,朱建平,李毅. 文本挖掘技术及其应用[M]. 厦门: 厦门大学出版社,2016.

图书资源支持

感谢您一直以来对清华版图书的支持和爱护。为了配合本书的使用，本书提供配套的资源，有需求的读者请扫描下方的“书圈”微信公众号二维码，在图书专区下载，也可以拨打电话或发送电子邮件咨询。

如果您在使用本书的过程中遇到了什么问题，或者有相关图书出版计划，也请您发邮件告诉我们，以便我们更好地为您服务。

我们的联系方式：

地　　址：北京市海淀区双清路学研大厦 A 座 714

邮　　编：100084

电　　话：010-83470236　010-83470237

客服邮箱：2301891038@qq.com

QQ：2301891038（请写明您的单位和姓名）

资源下载：关注公众号“书圈”下载配套资源。

资源下载、样书申请

书圈

图书案例

清华计算机学堂

观看课程直播